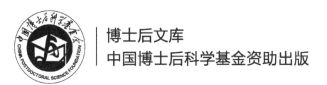

博士后文库

中国博士后科学基金资助出版

复杂环境下工程围岩损伤破坏行为与渗透特性

黄 震 著

U0287187

科 学 出 版 社

北 京

内 容 简 介

认识和掌握复杂环境下工程围岩损伤破坏行为和渗流演化规律对揭示塌方、大变形、突水突泥等灾害致灾机理,指导灾害预警和控制具有十分重要的理论意义与工程应用价值。本书围绕复杂环境下围岩的损伤破坏规律和机理以及复杂环境下围岩的渗透特征这两个核心问题,系统研究了高温、酸性地下水侵蚀、复杂地应力、高水压等环境下工程围岩的损伤破坏行为及其渗透特征和机理,为地下工程灾害防控提供了科学依据。

本书可供地质工程、采矿工程、岩土工程和土木水利工程等专业方向的研究人员、工程技术人员和高校师生参考阅读。

图书在版编目(CIP)数据

复杂环境下工程围岩损伤破坏行为与渗透特性 /黄震著. -- 北京 :科学出版社,2025.3. -- (博士后文库). -- ISBN 978-7-03-080959-9

Ⅰ.TU452

中国国家版本馆 CIP 数据核字第 2024EG2769 号

责任编辑:韦 沁 张梦雪 / 责任校对:何艳萍
责任印制:肖 兴 / 封面设计:陈 敬

科学出版社 出版

北京东黄城根北街 16 号
邮政编码:100717
http://www.sciencep.com

北京厚诚则铭印刷科技有限公司印刷
科学出版社发行 各地新华书店经销

*

2025 年 3 月第 一 版 开本:720×1000 1/16
2025 年 3 月第一次印刷 印张:17
字数:343 000
定价:228.00 元
(如有印装质量问题,我社负责调换)

作 者 简 介

黄震，博士，江西理工大学教授（破格），博士生导师，江西省"双千计划"创新创业高层次人才、江西省杰出青年基金获得者、赣州市科技创新人才、江西理工大学清江拔尖人才等。2016年博士毕业于中国矿业大学，2017年入选人力资源和社会保障部、全国博士后管理委员会"博士后创新人才支持计划"，2017～2019 年于南京大学地球科学与工程学院从事博士后研究工作，曾获全国高等学校矿业石油安全工程领域优秀青年科技人才奖、江苏省优秀博士论文、中国岩石力学与工程学会优秀博士学位论文奖、博士后创新人才支持计划优秀创新成果奖、全国博士后创新创业大赛优胜奖、江西理工大学优秀共产党员、中国青年五四奖章等。主要从事岩石力学与灾害防治方面的研究工作，在 *Earth-Science Reviews*、*Journal of Hydrology*、*International Journal of Mining Science and Technology*、*International Journal of Rock Mechanics and Mining Sciences*、*Journal of Rock Mechanics and Geotechnical Engineering*、*Engineering Geology*、*Rock Mechanics and Rock Engineering*、*Tunnelling and Underground Space Technology*、《岩石力学与工程学报》、《岩土工程学报》等期刊发表 SCI、EI 收录论文 50 余篇，以第一作者和通讯作者发表 SCI、EI 论文 40 余篇，2 篇论文入选 ESI 高被引论文，入选 2024 中国知网高被引学者 TOP1%，授权专利 5 项、软件著作权 4 项，兼任江西省岩土力学与工程学会常务副秘书长、中国岩石力学与工程学会深地空间探测与开发分会理事、江西省公路学会青年专家委员会委员，担任《应用基础与工程科学学报》编委和 *International Journal of Mining Science and Technology*、*Deep Underground Science and Engineering*、《金属矿山》等期刊的青年编委。主持国家自然科学基金项目 2 项、江西省杰出青年基金、中国博士后科学基金面上项目（一等）等省部级项目 7 项，获江西省科技进步奖二等奖、河南省科技进步奖二等奖、江苏省自然科学奖三等奖等省部级科技奖励近 10 项。

"博士后文库"序言

1985 年，在李政道先生的倡议和邓小平同志的亲自关怀下，我国建立了博士后制度，同时设立了博士后科学基金。30 多年来，在党和国家的高度重视下，在社会各方面的关心和支持下，博士后制度为我国培养了一大批青年高层次创新人才。在这一过程中，博士后科学基金发挥了不可替代的独特作用。

博士后科学基金是中国特色博士后制度的重要组成部分，专门用于资助博士后研究人员开展创新探索。博士后科学基金的资助，对正处于独立科研生涯起步阶段的博士后研究人员来说，适逢其时，有利于培养他们独立的科研人格、在选题方面的竞争意识以及负责的精神，是他们独立从事科研工作的"第一桶金"。尽管博士后科学基金资助金额不大，但对博士后青年创新人才的培养和激励作用不可估量。四两拨千斤，博士后科学基金有效地推动了博士后研究人员迅速成长为高水平的研究人才，"小基金发挥了大作用"。

在博士后科学基金的资助下，博士后研究人员的优秀学术成果不断涌现。2013年，为提高博士后科学基金的资助效益，中国博士后科学基金会联合科学出版社开展了博士后优秀学术专著出版资助工作，通过专家评审遴选出优秀的博士后学术著作，收入"博士后文库"，由博士后科学基金资助、科学出版社出版。我们希望，借此打造专属于博士后学术创新的旗舰图书品牌，激励博士后研究人员潜心科研，扎实治学，提升博士后优秀学术成果的社会影响力。

2015 年，国务院办公厅印发了《关于改革完善博士后制度的意见》（国办发〔2015〕87 号），将"实施自然科学、人文社会科学优秀博士后论著出版支持计划"作为"十三五"期间博士后工作的重要内容和提升博士后研究人员培养质量的重要手段，这更加凸显了出版资助工作的意义。我相信，我们提供的这个出版资助平台将对博士后研究人员激发创新智慧、凝聚创新力量发挥独特的作用，促使博士后研究人员的创新成果更好地服务于创新驱动发展战略和创新型国家的建设。

祝愿广大博士后研究人员在博士后科学基金的资助下早日成长为栋梁之才，为实现中华民族伟大复兴的中国梦做出更大的贡献。

中国博士后科学基金会理事长

前　　言

向地球深部进军，是我们必须解决的战略科技问题。我国社会经济的持续快速发展对资源开发和基础设施建设需求巨大，向地球深部要资源、要空间已成为我国可持续发展的必由之路。近年来，我国地下空间开发不断走向地球深部，尤以深部资源开采和各类交通、水利水电工程建设最为显著，涌现出了大量的深埋地下工程，我国已成为世界上地下工程建设规模最大的国家，工程建设面临的地质条件和环境也越来越复杂，给工程安全造成了严峻挑战。与浅部工程相比，深部地下工程围岩所处的环境极为复杂，常常处于复杂地应力、高温、高水压、地下水化学侵蚀等环境中，围岩的物理性质将会发生明显改变，极易发生损伤破坏，进而诱发塌方、大变形、突水突泥等围岩失稳灾害事故，这已成为制约我国深地空间开发的瓶颈问题。正确认识和掌握复杂环境下工程围岩损伤破坏行为和渗流演化规律，是地下工程领域亟待解决的国际重大前沿课题，对揭示塌方、大变形、突水突泥等灾害致灾机理，指导灾害防控，保障深地空间安全开发具有十分重要的理论意义与工程应用价值。

本书以隧道、矿山地下开采等地下工程围岩为研究对象，围绕复杂环境下围岩的损伤破坏规律和机理以及复杂环境下围岩的渗透特征这两个核心问题，综合运用理论分析、现场试验、室内试验及数值模拟相结合的方法，针对高温、酸性地下水侵蚀、复杂地应力、高水压等环境下工程围岩的损伤破坏行为及其渗透特征和机理开展系统深入的研究。本书的研究成果可为我国地下工程灾害防控提供基础的科学依据和理论支撑。

全书内容共分为 7 章。第 1 章为绪论，详细阐述了国内外关于复杂环境对岩石损伤和渗透特性影响的研究现状；第 2 章主要介绍高温环境下岩石损伤特征与机制；第 3 章主要介绍高温对岩石破裂面特征的影响规律；第 4 章主要介绍高温与酸性水环境下岩石损伤劣化特征；第 5 章主要介绍复杂应力条件下岩石损伤破坏特征；第 6 章主要介绍复杂环境下岩石渗透特征；第 7 章对全书进行了总结，并对相关研究进行了展望。

本书的研究内容得到了国家重点研发计划（2023YFC3012200）、博士后创新人才支持计划（BX201700113）、国家自然科学基金项目（52274082、41702326）、江西省自然科学基金重点项目（20242BAB26047）、中国博士后科学基金（2017M620205）、江西省"双千计划"创新创业高层次人才项目（jxsq2018106049）、江西理工大学青年拔尖人才项目（JXUSTQJBJ2020003）等项目的大力支持；研究过程中得到了中国矿业大学李晓昭教授、姜振泉教授、马丹教授，西安科技大学孙强教授，江西理工大学赵奎教授等专家的热心指导和帮助；感谢吴云、古启雄、李仕杰、曾伟、余健、汪振鹏、李勤等的校对，同时成书过程中也参考、吸纳了其他学者的研究成果，在此表示衷心的感谢！本书得到中国博士后科学基金会的优秀学术专著出版资助项目的资助，特此感谢！

　　由于作者水平所限，书中难免有疏漏与不妥之处，衷心希望得到读者的批评指正。

黄　震

2024 年 5 月

目　　录

第1章 绪 论

1.1 研究背景与意义

向地下要空间、要资源已经成为 21 世纪全球发展的必然趋势。为适应经济建设发展、国家安全需求及中西部国土资源开发需要，我国地下空间开发不断走向地球深部，尤以深部资源开采和各类交通、水利水电工程建设最为显著。

在资源开采方面，如图 1.1 所示，据统计，国外有 112 座矿山深度超过 1000m，采深超过 3000m 的有 16 座，姆波尼格（Mpaneng）金矿开采深度超 4500m，卡勒顿维累（Carlrtonville）金矿开采深度超 4800m；我国采深超过千米的煤矿已有近50 座，金属矿山也已进入 1000～2000m 的深度开采，千米深井的深部资源开采已逐渐成为资源开发的新常态[1-2]。例如，河南灵宝崟鑫金矿开采深度达 1600m；云南会泽铅锌矿开采深度达 1500m；辽宁红透山铜矿开采深度达 1300m；山东唐口煤业、平顶山天安煤业五矿、大屯能源孔庄煤矿、新汶矿业华丰煤矿、新汶矿业孙村煤矿等开采深度均超千米。我国深部矿产资源储量巨大，以煤炭为例，已探明储量中超 53%埋藏在地下 1000m 以下，如图 1.1 所示。

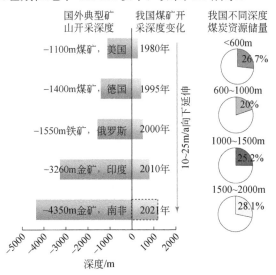

图 1.1　国内外矿山开采及我国煤炭资源储量情况示意图

在交通与水利水电工程方面，截至 2022 年底，全国公路隧道共 24850 座，总里程 26784.3km[3]；截至 2023 年底，投入运营铁路隧道 18573 座，总里程 23508km，其中高速铁路隧道 4561 座，总长达 7735km[4]。以正在建设中的国家重大工程川藏铁路为例，线路全长 1838km，其中雅安至林芝段规划隧道 72 座，总长 838km，占到该段全长的 83%，10km 以上隧道达 42 座[5]。受高海拔、高地应力等问题的影响，川藏铁路隧道面临高地温、岩爆、大变形等问题，其中高地温隧道 10 座，地温最高可达 86.0℃；高地应力隧道 35 座，隧道最大埋深为 2080m，最大地应力为 76MPa[6]。埋深超过 2500m 的锦屏引水隧洞施工过程中发生多次高压大流量突水事故，水压超过 10MPa，最大瞬时涌水量达 7m³/s，突水灾害严重影响了施工进度，突水频率之高、危害之大世所罕见。从优化交通网络和国土资源科学开发角度，交通和水利水电等基础设施建设的重心正向地形以丘陵山地为主的中、西部地区转移，因而不可避免地会涉及一大批深部地下工程。

深部地下工程赋存环境具有"高地应力、高地温、高岩溶水压"等特性[1]，建设过程中极易遭遇塌方、岩爆、突水突泥及各类动力地质灾害，如图 1.2 所示，为深地空间开发带来了严峻挑战，不仅造成巨大的经济损失和环境破坏，而且往往造成重大人员伤亡和恶劣的社会影响。

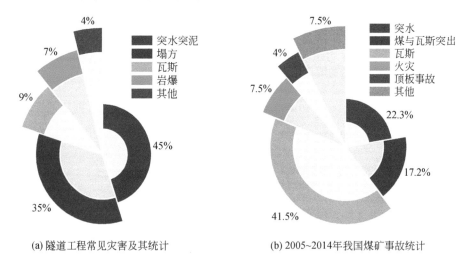

(a) 隧道工程常见灾害及其统计   (b) 2005~2014年我国煤矿事故统计

图 1.2　地下工程灾害情况统计

与浅部岩体不同，深部岩体处于复杂的温度场-应力场-渗流场的多场耦合复杂环境中，尤其在一些特殊工程中，如煤炭地下气化开采、深部地热资源开采、核废料深埋地质处置等，围岩更是处于极为复杂的热-力-化-渗耦合环境中，极易发生损伤破坏。其中，煤炭地下气化开采是指在地下煤层中通过施加高温和高压条件，将煤层转化为氢气、一氧化碳等可燃性气体，煤炭在气化过程中释放大量的热，导致地下气化炉将经历高达 1000℃高温影响，温度升高导致围岩产生热损伤，这将影响整个煤炭气化开采工程的安全性[7]。核废料处置也涉及复杂的多场耦合问题，目前，关于核废料的处置方法主要有太空处置、深海处置、冰原覆盖、深埋地质处置等[8]。经过多年的研究和实践表明，目前普遍接受的可行方案是深埋地质处置，即把高放废物埋在距离地表深 500～1000m 的地质体中[9]，使之永久与人类的生存环境隔离，核素在衰变过程中释放大量的热量，围岩在温度作用下物理力学性质将会发生相应改变，从而威胁处置库围岩的稳定性。

综上可知，随着深部地下工程的增多，工程围岩所处的环境趋于复杂，围岩常常处于复杂地应力、高温、高水压、地下水化学侵蚀等环境中，如图 1.3 所示，围岩的物理力学性质将会发生明显改变，极易发生损伤破坏失稳，进而诱发塌方、突水突泥等灾害事故。围岩稳定性本质上受其在复杂的多场环境中的物理力学行为和水力学特征控制，岩体损伤破裂、渗流演化极其复杂。限制深地空间安全高效开发、造成深部地下工程事故难以遏制的关键问题在于对工程围岩在复杂环境下的损伤破坏行为和渗透特性的认识不够深入，缺乏有效指导灾害预测与防治的系统理论和方法。可见，为了探究复杂环境下地下工程灾变机理，必须深入研究复杂地应力、高温、高水压、地下水化学侵蚀等条件下围岩的损伤破坏行为和渗流演化规律，在此基础上进一步揭示围岩破裂失稳与孕灾机理及其触发与响应机制。因此，以复杂环境下工程围岩为研究对象，揭示工程围岩在高温、复杂应力、化学侵蚀等条件下的损伤破坏规律和渗透特征，对减少和控制地下工程灾害事故、保障深地空间安全开发、保护人民生命财产安全等方面具有重要的科学意义和工程应用价值。

图 1.3　工程围岩所处的复杂环境示意图

1.2　研究现状概述

1.2.1　高温对岩石物理力学性质的影响

近年来，随着地球科学逐渐向深部探索，越来越多的工程活动需要我们掌握高温后岩石物理力学性质的变化，如深部干热岩的开采利用[10]、核废料深埋地质处置[11]、煤炭地下气化开采[12]和深地实验室[13]等。花岗岩作为多种矿物晶粒和胶结物组成含有微缺陷的天然工程材料，在高温及热循环作用后会产生大量热裂纹，这些热裂隙的产生对岩石的物理力学性质具有重要影响。此外，围岩是阻止核素迁移至生物圈的最后一道屏障，其在高温及热循环作用后物理力学性质的变化规律对于核废料处置库的长久安全运营具有重要的意义。因此，有必要对花岗岩在高温及热循环作用后的物理力学性质进行充分研究。本小节主要对高温及热循环作用后岩石的物理力学性质的研究现状作简要阐述。

自 20 世纪 70 年代以来，国内外学者在高温对岩石物理力学性质影响方面开展了大量的研究，并取得了重要的学术成果和研究发现[14]。在高温对岩石物理性质的影响方面，早在 1964 年，Lebedev 和 Khitaror[15]就对高温作用下花岗岩的导电特性进行了研究，发现温度越高导电性越差；胡建军[16]研究了高温作用后（100~500℃）灰岩的色度、纵波波速、导热系数、孔隙度等参数的变化；吴星辉等[17]和梁铭等[18]研究了高温花岗岩在不同冷却方式（自然冷却和遇水冷却）处理后其物理特性的变化，结果表明，随作用温度的升高，花岗岩的质量、密度、纵波波速和导热系数逐渐减小，体积逐渐增大，其中纵波波速对温度的变化最敏感，当作用温度超过 450℃时，岩石物理特性的变化率增加，遇水冷却后花岗岩的物理特性的变化更为显著；杜守继等[19]对花岗岩经历不同高温后的纵波波速进行分析，发现随着温度升高，花岗岩纵波波速的降幅越大。在核废料深埋地质处置过程中，持续的热荷载会导致岩体发生热损伤，从而降低岩体的导热性能，因此，研究花岗岩在高温后热物性变化对处置库的设计至关重要，Heuze[20]总结了国外学者的研究成果，得出随着加热温度的升高，岩石的比热容和热应变增大，而热导率减小；Aurangzeb 等[21]开展了岩石热损伤理论研究，研制了岩石导热系数、比热容和热扩散系数随温度变化的预测模型，并通过瞬态平面热源法对灰岩进行了热物理试验，验证了预测模型的精度。在高温对岩石力学性质的影响方面，自 20 世纪 70 年代以来，国内外学者就从不同的层次和角度对高温作用后岩石的力学性质展开了广泛的研究。方荣等[22]、秦本东等[23]、Keshavarz 等[24]、Chen 等[25]研究了热损伤作用对不同类型岩石的抗压强度和杨氏模量的影响，结果表明，单轴抗压强度与杨氏模量均随着加热温度的升高而呈现下降趋势；Guo 等[26]采用巴西劈裂试验研究了温度对花岗岩力学性质的影响，并在整个力学试验过程中采用声发射（acoustic emission，AE）技术进行监测，研究认为，随着处理温度的升高，花岗岩试样的抗拉强度和 AE 信号平均主频率逐渐降低，而 b 值逐渐增大；Fang 等[27]采用数值模拟和室内实验相结合的方法，研究了恒温时长以及作用温度对花岗岩抗拉强度的影响，得到了纵波波速与抗拉强度之间的关系；此外，大量的室内实验表明[28-31]，随着作用温度升高，岩石具有明显的脆性-延性转变。

综合分析以上研究成果可以发现，经高温作用后岩石的质量[17]、密度[18]、纵波波速[32-33]、导热系数[16]、热扩散率[21, 34-35]、抗压强度[36]、抗拉强度[37]、杨氏模量[22-25]、弹性模量[38]等物理力学参数随着作用温度的升高呈现降低趋势，而岩石的体积[17-18]、孔隙度[39]、电阻率[40]、渗透率[32, 41]、峰值应变[12]等物理力学参数随着作用温度的升高呈现增大趋势。同时，大量的研究结果也指出[39, 42-44]，岩石热损伤的主要机制是矿物的热膨胀、热反应致使岩石内部微裂隙萌生、发育以及贯通，使得岩石在宏观尺度上表现为物理力学性质的弱化。

迄今为止，大多数研究集中在高温（高温下或高温后）岩石物理力学性质的影响上，有关高温下热循环对岩石性能的影响还需要进一步研究，这对于核废料长期处置以及深部地热开采等深部岩体工程具有重要意义。目前，学者们关于热循环作用后岩石物理力学性质的研究主要集中于热循环次数和冷却方式上。Xu 和 Sun[45]研究了高温-水冷循环对花岗岩抗拉强度的影响，发现岩石抗拉强度随温度的升高和淬火循环次数的增加而降低；Zhu 等[46]研究了加热和水冷循环后花岗岩的力学特性，发现当试样温度超过 550℃ 且循环次数大于 15 次时，花岗岩的抗压强度呈现快速下降的趋势，当温度超过 450℃ 且循环次数大于 5 次时，花岗岩的抗拉强度呈现下降的趋势增大；Gautam 等[47]通过室内试验研究了 250℃ 条件下花岗岩损伤随循环次数的变化，结果表明，热循环的增加会导致抗拉强度和弹性模量的降低，但在 5 个热处理周期之后，循环次数对花岗岩损伤影响较小；胡建军等[16]发现，随着热循环次数的增加，灰岩的纵波波速下降速率增大；Zhang 等[48]研究了花岗岩在高温和水冷循环后的力学性能，发现花岗岩的单轴抗压强度和纵波波速随着温度和循环的增加而降低，并且在 1 次热循环后下降明显，然后随着周期的增加而缓慢下降；李春等[49]通过室内试验证实了花岗岩抗拉强度和纵波波速随冷热循环次数的增加而降低，但岩石抗拉强度和纵波波速的衰减幅度受温度主控；Sun 等[50]的研究发现，当红砂岩在大于 400℃ 加热后，岩石的单轴抗压强度、抗拉强度、热导率和纵波波速会迅速下降，在相同温度下，随着循环次数的增加，红砂岩的单轴抗压强度和抗拉强度降低，且在较高温度下更为明显；Ge 和 Sun[51]认为，花岗岩在高温作用后其强度特性会显著降低，主要原因是矿物颗粒的热损伤以及岩石矿物之间的不均匀膨胀和开裂，随着加热和冷却循环次数的增加，声发射信号变得更加活跃，但累计声发射信号逐渐减少；Rong 等[52]研究了热循环对两种岩石纵波波速和单轴压缩强度的影响，研究表明，随着热循环次数的增加，纵波波速和抗压强度普遍降低，但孔隙度和渗透率均呈增加趋势。

1.2.2　高温对岩石破裂特征的影响

深部采矿、地热开采以及二氧化碳地下封存等深部岩体工程也会受到高温及热循环的作用，岩体内部会产生许多微裂隙和宏观裂隙[53-54]，这些裂隙的产生对岩体的力学性质有重要影响，也为流体流动提供了良好的场所。裂隙渗流与力学特性不能忽视裂隙面几何特征的影响，定量解析和描述裂隙面的粗糙程度是研究裂隙物质传输以及力学性质的基础[55]。

选择合适的岩石破裂面信息采集方式是表征破裂面粗糙度的关键，根据测量方式的不同可以将现有岩石破裂面形貌的采集方法分为接触式测量法和非接触式测量法[56]。粗糙度的测量方法不是本章的研究重点，关于各类测量方法的优缺点详见第 4 章。无论采用何种方法测量破裂面的几何形貌，均是通过测量仪器准确获取被测表面的轮廓数据，其中最基本的信息是点云高度，基于点云数据可以定量表征破裂面的粗糙度。

定量评价表面粗糙度对评估岩石力学性质与裂隙渗流特性至关重要。Barton 和 Choubey[57]于 1977 年提出了用于评价节理形貌粗糙起伏程度的 10 条标准节理粗糙度系数（joint roughness coefficient，JRC）曲线，通过将岩石节理剖面线与 10 条标准节理粗糙系数（joint roughness coefficient，JRC）曲线进行对比得到节理粗糙度的量化数值。但有部分学者认为[58-59]，此类方法存在较大的主观性误差，使得取值结果不够精确。为了更加精确地表征岩体裂隙面的粗糙度，国内外学者开展了大量的研究，提出了一系列裂隙粗糙度的评价指标。Yu 和 Vayssade[60]与 Yang 等[61]根据常用统计参数与 JRC 之间的拟合提出了诸多应用于工程实践的经验公式；Myers[62]提出表面轮廓一阶导数的均方根 Z_2（粗糙度斜率）可以用于描述剖面的起伏特征；Wu 和 Ali[63]将结构面的形貌线视为时空信息，用时间序列分析法描述其信息特征；Tse[64]研究了 8 个统计参数，发现 Z_2 和结构函数（structure function，SF）与 JRC 值密切相关；孙辅庭等[65]研究了表面形貌一阶导数的均方根 Z_2 在不同采样间距情况下的计算结果，发现 Z_2 与采样间距成幂指数关系，以 Barton 标准轮廓曲线为研究对象，构造 Z_2 与 JRC 的关系；谢和平[66]提出了新的节理分形模型，进而建立了节理分形维数与 JRC 的关系。目前，描述岩石表面形貌的方法主要有标准轮廓线对比法[67]、粗糙度系数法[57]、统计参数法[68]、分形几何法[66]、综合参数法[69]以及三维形貌表征法[70]等。

关于高温作用后的岩石破坏特征研究方面，Tang 和 Jiao[71]通过剪切试验模拟深部高温岩体内部断裂结构，探究温度与试件表面粗糙度之间的关系；Wu 等[72]使用巴西圆盘法对不同冷却方式处理后的高温花岗岩试样进行测试，指出水冷处理后的试样具有更粗糙的断裂表面；邓龙传等[73]研究了自然冷却与遇水冷却工况下花岗岩试样的破坏模式与破损程度，发现自然冷却下岩石的完整性更高，且劈裂面的粗糙度与平整度均小于遇水冷却工况；苏海健等[74]通过分析红砂岩试样在不同温度作用后的破坏特征发现，随着温度的升高，试样破坏后的次裂纹呈现先增多后减少的趋势；Tang 等[71, 75]对 20～800℃热处理后的花岗岩试样进行了单轴压缩和剪切试验，并分析了相关参数随温度的变化，随着加热温度的升高，试样的基本摩擦角、节理粗糙度系数呈非线性减小，分析认为岩石破裂表面粗糙度参数的变化与水分丧失和矿物颗粒的不均匀膨胀有关。

关于热循环作用后的岩石破坏特征研究方面，目前国内外开展的相关研究较少。Cui 等[76]研究了加热-水冷循环次数对花岗岩试样劈裂表面粗糙度参数的影响，结果表明，随着温度的升高，试样劈裂表面的一阶导数均方根 Z_2、粗糙度系数、粗糙度轮廓指数与粗糙度角显著增加，并且劈裂表面的粗糙度随着循环次数的增加而逐渐增加，影响劈裂表面粗糙度变化因素的降序排列为加热温度、循环次数和冷却水温；Ge 等[77]通过计算剖面的算术平均偏差（R_a）和分形维数（D），研究了不同加热和冷却循环后砂岩表面粗糙度的变化，结果表明，循环会使得损伤累积，从而进一步削弱颗粒之间的黏附力，表现为砂岩的表面粗糙度随温度和循环次数的增加而增加，研究还发现，R_a 随着 D 值的增加呈指数增长；Dong 等[78]开展了不同温度和不同周期热循环下砂岩热损伤试验，发现随着循环次数的增加，岩石表面粗糙度显著增加。

1.2.3 酸性侵蚀对岩石损伤破坏的影响

随着深大交通隧道及相关地下岩土工程建设的不断推进，酸性腐蚀环境对于岩土工程围岩的物理力学性能的影响已经得到相关学者的重视。首先，在工程岩体所处的地质环境中，围岩常常处于含有大量 SO_4^{2-}、Cl^-、HCO_3^-、CO_3^{2-} 等酸性离子的地下水溶液中，而常见的围岩类型主要为大理岩、砂岩、花岗岩等，其主要的矿物元素包括氧、硅、铝、铁、钙和镁等，工程围岩经过长期的地下水溶液浸泡后，岩体内部的部分活性矿物会发生溶解反应，从而影响岩石的物理力学性能[79]。其次，酸雨作为全球工业化的产物已经对包括岩土工程在内的各类工程造成了严重的威胁与破坏，生态环境部的资料显示，我国东南沿海地区常常遭受到酸雨的侵蚀，部分污染严重地区降雨的 pH 甚至达到全国的最低值——4.22[80]。最后，生活废水、工业污水中携带的重金属污染物会在水流的驱使下沿着土壤和岩石渗流至大地深部，直接与岩石接触发生溶解反应，使得工程岩体周围产生复杂的化学水环境。

国内外学者对酸溶液腐蚀作用下岩石力学性能这一课题的研究可追溯到 20 世纪 70 年代。Feucht 和 Logan[81]对经过不同酸性条件下的氯化钠、硫酸钠和氯化钙溶液浸泡处理后的石英砂和砂岩试件进行了三轴压缩试验，评价了石英岩和砂岩在酸溶液腐蚀下的摩擦力学性能，试验结果表明，在大多数情况下，酸溶液的 pH 以及溶液离子含量是石英岩和砂岩的抗滑性能下降的主要原因。陈四利、冯夏庭[82-85]利用中国科学院武汉岩土力学研究所开发的裂纹扩展过程数字观测系统，对岩石试件表面的局部显微图像和裂纹扩展过程进行监测，对裂纹扩展过程中的信号和图像进行实时采集，得到花岗岩、砂岩在蒸馏水和不同 pH 氯化钙溶液浸泡作用后的荷载-位移曲线和裂纹显微图像，并对试件表面裂纹的扩展过程机理进行了探讨。刘永胜等[86-88]对化学腐蚀作用下深部巷道围岩的力学性能及本构模型进行了研究，并对化学腐蚀和温度耦合以及化学腐蚀和损伤耦合作用下的岩石试件进行了相关实验。Ning 等[89]通过对砂岩试件进行酸溶液浸泡试验，研究了不同浸泡时间和腐蚀强度对砂岩的变形和强度特性的影响，建立了酸溶液腐蚀作用所引起砂岩力学性能退化的损伤演化机制，并对砂岩的化学损伤模型进行了分析推导。霍润科和李宁[90]针对在不同环境影响作用下裂隙产生分布不均匀的特点，运用韦布尔（Weibull）分布函数的理论，提出了酸溶液腐蚀作用后砂岩的损伤本构模型。

综合分析国内外有关化学侵蚀作用下岩石物理力学性能的研究成果，可将酸溶液作用下岩石的损伤研究主要概括为以下方面：一方面，大量的研究者选用不同浓度、pH 以及离子的溶液对岩石试件进行浸泡处理，研究结果表明，随着酸溶液浓度的增高和溶液 pH 的降低，岩石试件的损伤破坏程度是逐渐加深的；另一方面，岩石试件在酸溶液中的浸泡时间也是酸溶液作用下岩石损伤的研究重点，大量的研究结果表明，岩石在酸溶液侵蚀作用下，随着侵蚀时间的增加，岩石表面特征逐渐粗糙，甚至出现表面颗粒大量剥落[91-93]。此外，质量、纵波波速随着侵蚀时间的增加逐渐减小[94-96]，孔隙度则随着侵蚀时间的增加呈现出上升趋势[94, 97-98]，抗拉和抗压强度逐渐下降，弹性模量逐渐增加，受理破坏形态逐渐破碎，内部微观结构也趋于劣化。

自从 Carneiro[99]和 Akazawa[100]提出巴西劈裂试验以来，专家学者们进行了大量的试验来检验该方法的有效性。一方面的结果表明，巴西劈裂试验所测出的强度值是低于岩石真实的抗拉强度的[101-102]；而另一方面，一些研究人员发现，使用巴西劈裂试验会高估岩石的拉伸强度[103-104]。尽管存在着两种截然相反的意见，但巴西劈裂试验仍然是目前较为流行的一种测定岩石抗拉强度的方法，并被载入国际岩石力学与岩石工程学会（International Society for Rock Mechanics and Rock Engineering，ISRM）建议的试验指导书中[105]。因此，基于巴西劈裂试验来研究高温和酸溶液作用下岩石材料的抗拉强度变化具有积极的现实意义和不错的可行性。

1.2.4　岩石的热-化耦合损伤破坏机制

目前，核废料地下处置库建设、矿产资源（石油、天然气、煤炭）的开采、地下能源储存、地热资源开发以及地下空间建设都与岩石在高温-化学耦合作用下的岩石破裂过程密切相关。因此，岩体在高温-化学耦合作用下的研究是地下岩土工程最基础性和前沿性的研究之一。

然而，由于高温-化学耦合作用下岩石物理力学性质变化的研究问题涉及的影响因素较多以及试验装置的复杂性和试验操作性较强等原因，目前，国内外开展的相关研究较少。高温-化学耦合作用下岩石的研究主要可以分为理论研究、室内模拟实验以及数值模拟研究。方振[106]运用岩石的损伤力学理论，对温度和化学耦合作用后的红砂岩进行了抗拉、抗压强度等力学特性的研究，提出了红砂岩的损伤本构模型，并探讨了红砂岩在热-化学耦合侵蚀作用下的损伤作用机理。王朋[107]通过室内试验探究了花岗岩试件在高温和化学耦合作用下物理力学性质的变化规律，研究结果表明，花岗岩试件的纵波波速、峰值应力和弹性模量随着耦合侵蚀的作用逐渐减小，而峰值应变则随着耦合侵蚀作用逐渐增大，此外，还通过自定义的损伤变量定量分析了花岗岩的损伤程度。王永岩和王艳春[108]通过建立连续介质耦合作用下的控制方程，采用有限元数值模拟的方法，分析了深部软岩在温度场、应力场和化学场作用下的蠕变规律。

综上所述，目前众多研究者针对某一作用或者两两作用耦合下的损伤岩石进行了研究，虽已为岩石在温度-化学-应力耦合作用下的研究奠定了一定的基础，但目前还需进行更深一步的探索与研究。

1.2.5　复杂环境下围岩渗透特征

岩石的渗透性受多种因素影响，如岩石的组成结构、外界温度和有效应力等，而在实际工程中，岩石所处的环境十分复杂。刘向君等[109]分别开展了温度和围压作用下低孔和高孔两组砂岩渗透率测试试验，两组砂岩的渗透率表现出明显的温度和围压敏感性，并且围压对渗透率的影响大于温度对渗透率的影响。刘均荣等[110]测试了不同岩性的岩石在受热后的渗透率，结果表明渗透率均随着温度的升高而增大，且渗透率突变存在一个阈值温度，分析其原因主要是温度升高导致岩石内部产生新裂缝。梁冰等[111]基于热弹性理论，结合室内试验数据，推导出岩石渗透率和温度之间的函数关系式，同时也指出在低温阶段，岩石的渗透率增加缓慢，当温度上升至某一高度后，渗透率迅速增大，存在一个明显的阈值。高红梅等[112]通过开展花岗岩在围压和温度共同作用下渗透率测试试验，结果表明，在温度较低情况下，岩石的渗透率主要由围压控制，渗透率随温度升高逐渐增大，尤其是当温度达到门槛值时，渗透率发生跳跃式增大。杨建平等[113]通过自制的低渗透介质温度-渗流-应力耦合三轴仪（T-M-PTS）对大理岩开展了在不同静水压力和不同温度条件下的渗透率测试，结合微裂隙模型对大理岩渗透率演化机制给出了分析，指出我们在测试低渗透介质时，气体滑脱效应不能忽略。赵阳升等[114]采用高温高压三轴试验机对永城细砂岩和鲁灰花岗岩进行常温至 600℃ 范围内的声发射及渗流规律进行了研究，结果表明，两种岩石的热破裂存在一个明显的阈值温度，岩石的渗透率随着破裂的程度加大而增大。贺玉龙和杨立中[115]研究了不同温度和有效应力条件下砂岩渗透率的变化规律，并指出有效应力对吼道的压缩作用以及温度造成黏土矿物的分散作用是造成砂岩渗透率变化的主要原因。以上研究结果均表明温度、压力和岩石组分都是造成岩石渗透率变化的重要因素，因此，如何准确对低渗透岩石进行测试以及分析有效应力和温度对岩石渗透率的影响机理非常重要。

当岩体所处的应力状态发生变化时，内部结构可能会产生新裂隙，进而改变岩石的渗透性，如图 1.4 所示。此外，随着深度的不断增加，深部岩体处于"高应力、高地温、高渗透压和强扰动"的复杂环境，一般而言，地温梯度约 30℃/km。此外，出于核废料深埋地质处置工程的需要，国内外学者开始关注温度-渗流-损伤耦合问题，岩石是自然界天然形成的一种复杂的材料，其内部包含微裂纹、孔洞以及裂隙等非连续面，这些缺陷的存在为地下水的流动提供了良好的通道，地下水渗流产生的渗透应力会作用于岩体，从而影响岩体中应力场的分布，与此同时，应力场的改变必然导致裂隙发生变形，影响裂隙的渗透性，这种相互作用称为渗流-应力耦合作用[116]。鉴于此，研究深部岩体在温度-渗流-应力耦合作用下渗流演化规律对于保障地下工程的稳定具有非常重要的意义。

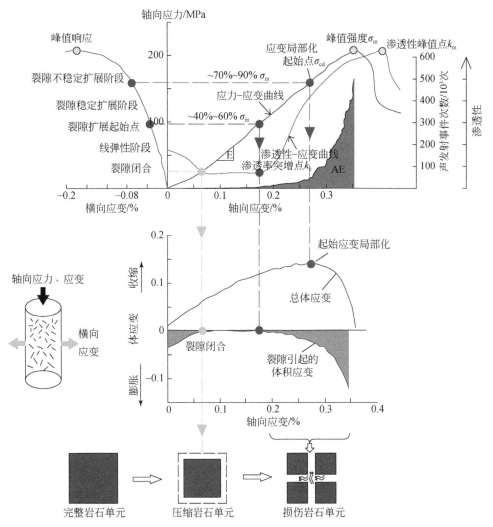

图 1.4 岩石受力破坏过程中的渗透性变化规律[116]

1.3 研究内容及技术路线

目前，国内外已对围岩的损伤破坏特征与渗透规律开展了大量研究工作，并取得了许多有益的研究成果。但随着地下工程不断向深部进军，围岩将处于极为复杂的环境中，工程围岩在一些复杂条件（如高温、化学侵蚀、复杂应力等）下的损伤破坏行为及其渗透特征和机理尚需进行深入的研究。因此，本书针对复杂地应力、高温、高水压、地下水化学侵蚀等条件下围岩的损伤破坏行为和渗流演化规律开展了系统深入的研究。

本书各章节内容与技术路线如图 1.5 所示。

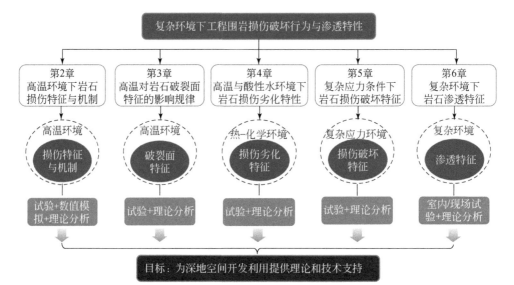

图 1.5　本书各章节内容与技术路线

第2章 高温环境下岩石损伤特征与机制

随着社会经济与科技的不断发展，人类工程活动逐渐向地球深部拓展，涉及高温的工程越来越多，如核废料深埋地质处置、地热开采等，如图 2.1 所示。高温问题已成为制约深部岩石工程可持续发展的挑战性难题之一，高温岩石力学也逐渐成为相关领域研究和发展的新方向。放射性核素衰变放热、深部高地温等将使一些地下工程围岩长期处于高温环境中，造成岩石的损伤破坏，严重影响工程

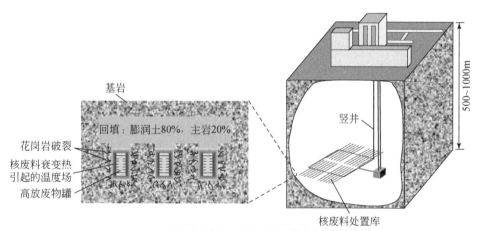

(a) 高放射性废物储存库的岩体热损伤问题

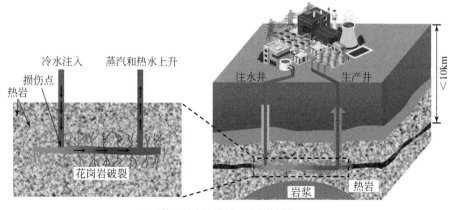

(b) 地热开采中冷热循环后岩体损伤问题

图 2.1 典型高温岩石工程[1-2]

的安全和长期稳定性。尤其一些工程可能受到冷热循环作用，更加导致围岩的物理力学性质与常温条件差异显著。因此，开展高温环境下岩石损伤特征与机制研究对核废料深埋地质处置、地热开发等深地工程具有重要的理论意义和工程应用价值。

2.1　试样准备与试验程序

2.1.1　试样选择与制备

花岗岩是地热开采和核废料处置库等涉及高温的深部岩体工程中建设中常见的岩浆岩[117]，研究花岗岩在高温和热循环作用后其物理力学性能与微观结构的演化规律，对深部地下工程灾害的防治具有重要的指导意义。基于此，本节选用甘肃北山花岗岩作为研究对象。为了消除岩石非均质性的影响，本次试验所用花岗岩试件均取自同一块花岗岩块。首先通过岩石钻孔取样机对花岗岩岩块进行钻取，得到直径为 50mm 的岩心，并对钻取的岩心进行筛选，得到结构完整，表观形态下无明显裂纹，且直径误差在±0.3mm 以内的岩心；其次使用 JKDQ-1T 型岩样切割机对选取的岩心切割成直径（Φ）50mm×25mm（直径×高度）的圆柱体；最后采用 JKSHM-200 型双面磨石机对花岗岩试件进行端面打磨，使其表面平整度误差控制在±0.05mm 以内，以满足 ISRM 建议的岩石试验尺寸及精度[118]。

利用核磁共振（nuclear magnetic resonance，NMR）试验、X 射线衍射（X-ray diffraction，XRD）试验和劈裂试验对热处理前花岗岩试件进行物理力学参数测试，得到了常温下花岗岩的基本物理力学性质，如表 2.1 所示，试件在热处理前的平均密度为 $2.620g/cm^3$，平均纵波波速为 3976m/s。根据 X 射线衍射分析，本实验所用花岗岩试件主要由石英（31.27%）、斜长石（32.44%）、微斜长石（27.83%）和黑云母（8.46%）组成，如图 2.2 所示。通过偏光显微镜观察结果可知，北山花岗岩在常温状态下质地均匀，表观形态下致密无裂纹。

表 2.1　花岗岩基本物理参数表

基本参数	参数平均值
质量/g	128.975
密度/(g/cm³)	2.620
纵波波速/(v_P)/(m/s)	3976
孔隙度/%	1.457

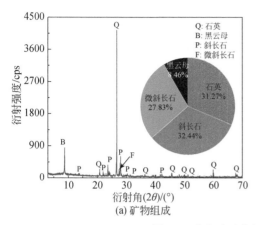

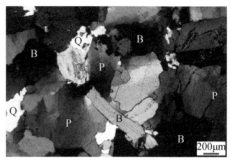

(a) 矿物组成　　　　　　　　　　　　　　　(b) 微观图像

图 2.2　花岗岩矿物组成及其微观图像

cps. 每秒计数，count per second

2.1.2　试验方案

　　目前已有大量的国内外学者研究了高温和热循环作用后岩石的物理力学特性，通过统计部分学者的研究方法发现（表 2.2），各学者对岩石的加热方案没有一个统一的标准。在热循环次数方面，各学者[76, 119]对花岗岩经过多次热循环后的物理力学性能进行了测试，发现高温循环后，花岗岩的物理力学性能劣化大部分发生在五次热循环内。冷却方式分为 3 种，主要有自然冷却、遇水冷却和液氮冷却。综合前人的研究结果，本书制定岩样加热方案如图 2.3 所示。试验设置温度梯度为 25℃、200℃、300℃、400℃、500℃、600℃、700℃和 800℃，最高循环次数为 5 次。在花岗岩试件加热前，先对岩样按照设定的温度梯度分组编号，并测量常温下的花岗岩试件物理指标，然后放入马弗炉中进行加热，为了避免热冲击造成岩石受热不均匀，参考前人的研究经验，以 8℃/min 的升温速率将花岗岩试件加热至目标温度，当温度达到预定温度后恒温 2h 使试件内外受热均匀[120]，待加热程序运行结束后关闭电源，将试件从马弗炉中取出，并在室温下自然冷却后装入密封袋中，以待下一步试验。在每次循环中重复上述加热操作，并在每次热循环冷却后对岩样的物理参数进行测量。

表 2.2　热循环对岩石物理力学性质影响的实验研究统计表

作者	岩石类型	岩石尺寸/mm	温度范围/℃	升温速率/(℃/min)	恒温时长/h	循环次数/次	冷却方式
Tiskatine 等[121]	花岗岩	Φ50×100	20~650	25	1	0、10、12、24、30、35、40、70、90、120	自然冷却

续表

作者	岩石类型	岩石尺寸 /mm	温度范围 /℃	升温速率 /(℃/min)	恒温时长 /h	循环次数/次	冷却方式
Li 和 Ju[119]	花岗岩	Φ50×100	20~650	5	2	0、1、10、20、40、60、80、100	自然冷却
Rong 等[52]	花岗岩、大理岩	Φ50×100	25~600	10	4	0、1、2、4、6、8、16	自然冷却
Zhu 等[122]	花岗岩	Φ50×100	20~500	5	2	0、1、5、10、20、30	遇水冷却
Feng 等[123]	花岗岩	Φ50×25	20~300	5	2	0、1、5、10、20	自然、遇水冷却
谢晋勇等[124]	花岗岩	Φ50×100	25~600	10	2	0、1、5、10、15	遇水冷却
唐旭海等[125]	花岗岩	Φ50×100	200~400	5	4	0、3、6、12、20	液氮冷却

岩石抗拉强度试验方法可分直接法和间接法两类，由于直接拉伸试验受夹持条件等限制，岩石的抗拉强度一般均由间接试验得出，本节采用 ISRM 推荐且普遍采用的间接拉伸法（巴西劈裂法）测定岩样的抗拉强度。

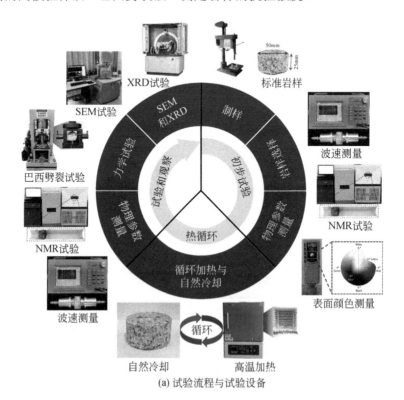

(a) 试验流程与试验设备

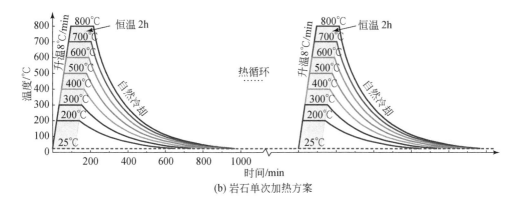

(b) 岩石单次加热方案

图 2.3　岩样加热方案

SEM. 扫描电子显微镜，scanning electron microscope

　　巴西劈裂测试在江西省矿业工程重点实验室的 RMT-150C 型岩石力学试验系统上完成［图 2.4（b）］。该系统由中国科学院武汉岩土力学研究所研制，该系统主要用于岩石、混凝土等材料的力学性能试验，能够完成单轴压缩、三轴压缩、剪切和巴西劈裂等多种力学试验。试验系统主要由控制系统、加载系统和数据采集系统组成，控制系统为伺服控制器，加载系统为液压机，数据采集系统包含载荷和位移传感器，能够提供的垂直最大出力为 1000kN，垂直活塞行程为 50.0mm，轴向加载速率为 10^{-5}～1mm/min（0.01～100.0kN/s），最小采样间隔为 0.5s。在室内岩石力学试验中，选择合适的声发射（AE）传感器是影响声发射监测结果科学性的关键，现有室内岩石力学试验声发射频率分布在几十到几百千赫兹的范围内（40～110kHz），选择谐振频率在此范围内的声发射传感器为最佳[126-127]。因此，声发射传感器采用 R6α 传感器，该传感器频率范围为 35～100kHz，声发射测试系统采用美国物理声学公司（Physical Acoustics Corp.，PAC）研制的 Micro-Ⅱ型数字声发射系统［图 2.4（c）］，试验设置声发射传感器门槛值为 35dB，前置放大器门槛值（增益）为 40dB，波形采样率为 1MSPS[①]，峰值定义时间（peak definition time，PDT）、撞击定义时间（hit definition time，HDT）、撞击锁闭时间（hit lockout time，HLT）分别设置为 50μs、200μs 和 300μs。实验过程如图 2.4 所示，试验时将两根小直径的钢条沿直径方向放置在试样和加载板之间，通过以这种方式放置钢条，加载时可以诱导试样沿着受力方向的直径开裂[128]。此外，为了减少机器和试件之间端部摩擦的影响，将两个声发射传感器前后对称放置在试件的中心[图 2.4（a）]，为了保证良好的声运输，试验时声发射传感器与花岗岩之间空隙使用

---

① MSPS 表示每秒兆采样数量（million samples per second）。

凡士林进行耦合，再用胶带将声发射探头和花岗岩试样紧密地固定在一起。本次试验采用位移加载，设定轴向加载速率为 0.02mm/min。根据弹性力学理论，圆盘试件劈裂时的抗拉强度由式（2.1）计算[74]：

$$\sigma_{t} = \frac{2P}{\pi DL} \tag{2.1}$$

式中，σ_t 为岩石抗拉强度，MPa；P 为压力机荷载，kN；D 和 L 分别代表试样的直径和厚度，mm。

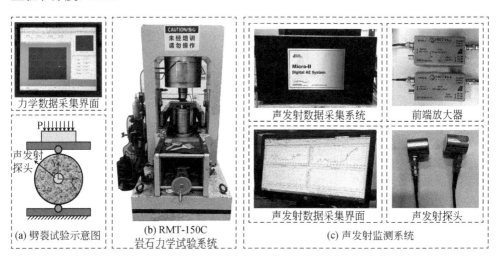

图 2.4　巴西劈裂试验设备及劈裂试验示意图

2.2　试验结果与分析

2.2.1　表观特征变化

高温和热循环作用后的花岗岩试样表面颜色会发生一定的改变，为了定量表征试样表面颜色随温度和热循环次数的变化，本节采用三恩时（3nh）公司生产的 SC-10 型色彩色差仪对花岗岩表面的色度进行测量。该色差仪采用 CIELab 表色系统将测量物体的表面颜色分解为 L^*、a^* 和 b^* 3 种原色数据来定量表征物体表面的颜色变化，其中，L^* 表示亮度值，a^* 表示绿色到红色的颜色分量，b^* 表示黄色到蓝色的颜色分量，通过 3 种原色的分量数据可以将每个测点的数据标注在 CIELab 彩度空间坐标中。花岗岩由多种矿物组成，表面不同矿物之间色差较大，如黑云母等，因此，为了保证测量结果的准确性，在试样表面颜色测量时，每个试样上下端面均测量 3 次，最后取平均值作为试样表面的色度数据。

花岗岩试样表面裂纹采用 RZSP-200C 型智能工业相机进行拍摄,该相机系统操作简单便捷,算法检测精度高,内置对位自动检测功能,适用于单机检测系统,可实现对图像进行测量、拍照、图像回显、图像对比、自动寻边和数据保存等功能。

在高温作用下,岩石内部不同种类水分在特定温度后会蒸发丧失,部分矿物也会发生分解、脱羟基等物理化学反应,导致岩石矿物和结构成分发生变化,最直观的表现就是岩石表观颜色和表面裂纹的变化。从图 2.5 中可以看出,经历不同温度热循环处理后岩样的表观颜色和纹理发生了明显的改变,由常温阶段的灰黑色转变为中温阶段的土黄色,最后转变为高温阶段的灰白色。为了定量探究高温和热循环对花岗岩试样表面颜色的影响,本节采用 3nh 公司生产的 SC-10 型色差仪对高温和热循环后岩样的表面进行色度测量。色差仪是根据国际照明委员会(Commission Internationale de I'Eclairage,CIE)规定的标准颜色系统将测量结果分为代表亮度(luminosity)的 L^* 值、代表红绿色 a^* 值和代表黄蓝色的 b^* 值。岩样的总色差通过式(2.2)计算[129]:

$$\Delta E = \left[(L_T^* - L_0^*)^2 + (a_T^* - a_0^*)^2 + (b_T^* - b_0^*)^2 \right]^{1/2} \tag{2.2}$$

式中,ΔE 为色差;L_0^*、a_0^*、b_0^* 为加热前试样的颜色;L_T^*、a_T^*、b_T^* 为热循环试样的颜色。

通过色差公式可以准确地描述和定量分析岩样表面颜色变化。图 2.6 显示了经过不同温度和不同加热次数处理后花岗岩试样表面颜色的色差值。结果表明,温度对花岗岩试样的颜色和亮度具有显著的影响,随着加热温度增加,花岗岩的颜色逐渐从灰色到黄色,再到浅黄色交替变化,岩石的亮度也逐渐升高[130],试样表面的色差呈现增长趋势。试样表面颜色随温度变化可分为两个阶段:第一阶段为 25～400℃,在此阶段总色差变化程度较大,试样黄色和红色成分增多,表面颜色变亮,含铁矿物(如黑云母等)在 200℃ 下发生铁氧化是此阶段花岗岩中颜色变化的主要原因[131],所以在图 2.5 中可以看到当温度高于 200℃ 时的试样出现明显的颜色变化;第二阶段为 400～800℃,长石矿物逐渐白化,黑云母的晶体结构容易因脱水而被破坏,导致云母的矿物含量降低[132],试样色差的变化程度逐渐减小,在 800℃ 时色差的变化达到峰值,为 27.86。另外,随着循环的增加,花岗岩颜色变化变得更加明显,岩石的色差值逐渐增加,这主要是因为在高温和热循环作用下,花岗岩试样内部的物理和化学反应更强烈,矿物相变更均匀,导致岩石表面色差增大。此外,随着温度上升,试样表面上的微裂纹逐渐增多,在热循环作用下岩石表面裂纹的长度和宽度也逐渐增大,这也是影响岩石表面色度变化的原因之一。上述分析都表明温度及热循环作用会使花岗岩试样的表面颜色发生巨大变化。

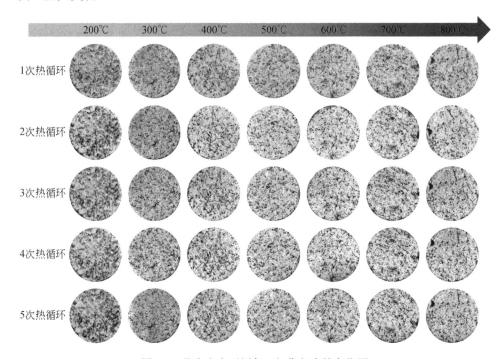

图 2.5　花岗岩表面颜色及损伤程度的变化图

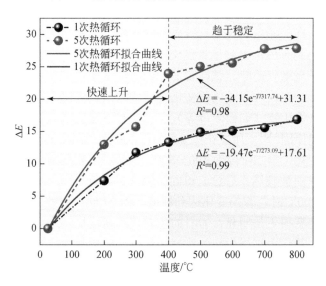

图 2.6　不同热处理后试样表面色差随温度变化图

不同温度和热循环作用后，花岗岩试样的色度变化曲线可用指数函数拟合，如式（2.3）所示：

$$\Delta E = k_1 e^{-T/k_2} + k_3 \tag{2.3}$$

式中，ΔE 为色差；T 为加热温度；k_1、k_2 和 k_3 为拟合参数。

根据数据拟合结果显示，拟合曲线的相关系数均大于 0.95，说明热循环作用后花岗岩试样的表面色度变化均满足指数增长，因此可以通过检测岩石的颜色变化来判断其所暴露的温度，由此可以估算出相应的火灾损害程度[133]。详细的拟合参数见表 2.3。

表 2.3　试样表面色度随温度和热循环变化拟合曲线参数表

热循环次数/次	k_1	k_2	k_3	R^2
1	−34.15	317.74	31.31	0.98
5	−19.47	273.09	17.61	0.99

在某些突发事件中（如突然发生的火灾或放射性废物衰变引起的高温），核废料处置库设施的温度会上升到几百摄氏度[134]。前人的研究已经证明[135-137]，加热和冷却会在花岗岩岩石中产生交变热应力，从而导致岩石产生裂缝，因此，本节采用 RZSP-200C 智能工业相机对不同热处理后花岗岩试样表面裂缝进行拍摄，以此了解不同温度和热循环作用下花岗岩试样表面裂纹的演化，如图 2.7 所示。

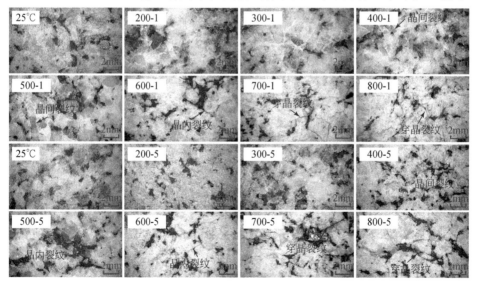

图 2.7　不同热处理后花岗岩的局部放大图

200-1 表示 200℃-1 次热循环，依次类推从图 2.7 中可以看出，高温热作用后试样表面除了颜色变化之外，其表面粗糙程度和破坏情况也发生了明显变化，经历不同温度热循环处理后的岩样表面裂纹随着加热温度的增加，由中低温阶段（≤400℃）的无明显裂纹逐渐向高温阶段（＞400℃）的出现微细小或者较大裂纹转变。此外，岩石在热循环作用后，中低温阶段的微裂纹数量增多，随着热循环次数的增加，花岗岩试样表观颜色逐渐由灰黑色向土黄色转变；在高温阶段，冷热循环在岩石中引起交替热应力，从而破坏了矿物之间的胶结作用，使得花岗岩试样产生新的微裂纹，在交变热应力的作用下，新裂纹逐渐萌生，原始微裂隙逐渐扩展、连通，从而形成较大的裂纹，所以在图 2.7 中显示出在中高温下 5 次热循环后的岩样表观裂纹的数量和开度均大于 1 次热循环后的岩样。

2.2.2 质量、体积和密度变化

待加热后的花岗岩试件冷却后，对其质量和尺寸进行测量，本节采用测量精度为 0.01g 的电子秤对花岗岩试件的质量进行测量，为了在试验中消除重力带来的实验误差，在试验开始前先调整电子秤的 4 只调整脚使水平泡处于中间，提高试验数据的准确性。花岗岩试样的尺寸采用游标卡尺进行测量，为了提高测量结果的准确度，在试样直径测量方面，分别在试样上中下端测量 3 次，然后将试样旋转 90°后再测量 3 次，最后取 6 次测量结果的平均值作为试样的直径数据；在试样高度测量方面，使用游标卡尺卡紧试样的上下端面进行测量，每测量完一次后将试样旋转 45°再进行下一次测量，直至试样旋转一周后停止测量，最终将 4 次测试结果的平均值作为试样的高度数据。

在高温作用下，岩石内部不同种类水分在特定温度下会蒸发丧失，部分矿物也会发生分解、脱羟基等物理化学反应，导致其质量、体积和密度发生变化。考虑到不同温度组的试样质量不一，且循环加热后各组的质量变化相对较小，故本研究采用质量损失率、体积膨胀率和密度变化率对高温及热循环作用后花岗岩试样的质量、体积和密度变化特征进行分析，质量损失率、体积膨胀率和密度变化率计算公式如式（2.4）～式（2.6）所示。

$$R_{m} = \frac{m_0 - m_t}{m_0} \times 100\% \qquad (2.4)$$

$$R_{V} = \frac{V_t - V_0}{V_0} \times 100\% \qquad (2.5)$$

$$R_{\rho} = \frac{\rho_0 - \rho_t}{\rho_0} \times 100\% \qquad (2.6)$$

式中，R_m、R_V 和 R_ρ 分别为岩样质量的损失率、体积膨胀率和密度减小率；m_0、

V_0 和 ρ_0 分别为高温作用前岩石试样的质量、体积和密度；m_t、V_t 和 ρ_t 分别为高温和热循环作用后试样的质量、体积和密度。

　　通过测量获取花岗岩试样在热循环前后的质量、体积和密度，并计算得出花岗岩试样在 1 次加热和 5 次循环加热后质量损失率、体积膨胀率和密度变化率绘制试样质量损失率、体积膨胀率和密度变化率随温度变化曲线，如图 2.8～图 2.10所示。

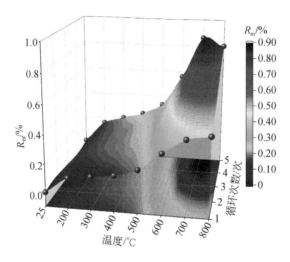

图 2.8　高温循环作用后花岗岩质量随温度变化图

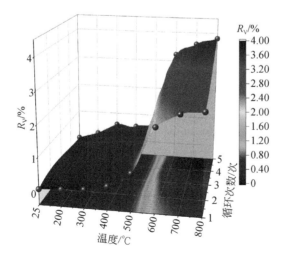

图 2.9　高温循环作用后花岗岩体积随温度变化图

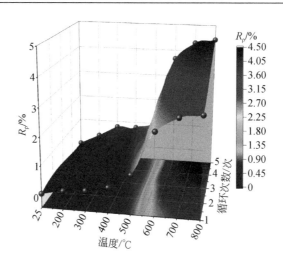

图 2.10　高温循环作用后花岗岩密度随温度变化图

如图 2.8 所示，质量损失率随着加热温度的升高在不断增加，不同温度梯度内质量损失的程度不同。在 25～200℃时，花岗岩的质量损失较快，质量损失率为 0.11%，这主要是由于附着水和弱结合水逃逸析出，导致质量随着温度升高而降低。在 200～300℃时，与 200℃下的质量损失率相比，300℃下的质量损失率仅增长了 0.02%，此阶段花岗岩内部内强结合水会气化析出，但是此部分水的占比相对较小，因此，此阶段花岗岩的质量损失较为缓慢。在 300～500℃时，矿物结晶水和结构水开始气化析出，这部分水的逃逸对矿物晶格结构造成很大影响。当加热温度达到 600～800℃时，岩石内部水分已经完全蒸发，水分的气化逸出导致试样内部开始出现大量裂纹，矿物颗粒出现破碎脱落现象，从而导致岩石的质量大幅度降低。从图 2.8 中还能看出，在 5 次热循环后，花岗岩的质量损失率增加，在 5 次循环加热后各温度梯度的质量损失率均大于 1 次加热后的质量损失，两者的质量损失率之差在 800℃时达到峰值，差值为 0.38%，这是因为在中低温阶段（25～500℃），花岗岩中的水分在热循环作用下得到持续蒸发，而在高温阶段（500～800℃），花岗岩在循环热冲击作用下，除了岩石内部水分的丧失外，岩石在高温阶段产生的剥离缺陷也会随着热循环次数的增加而逐渐累加，进而导致的试样表面剥离碎屑的持续脱落，这也是影响热循环后试样质量降低的主要原因之一。

从图 2.9 中可以看出，北山花岗岩试样的体积随着温度上升而膨胀，当温度小于 500℃时，体积膨胀率增长速度较慢，这有可能是因为只有部分矿物颗粒随着温度升高而膨胀，从而导致岩石的体积膨胀率变化不明显；当温度超过 500℃时，由于石英在 573℃左右发生 α-β 转变，晶粒的体积迅速膨胀，且在 600℃左右长石内化学键开始断裂,从而导致岩石内外表面微裂纹不断增多和宏观开裂[43-44],并引起岩石的物理力学性质发生变化;当温度超过 700℃时,由于试样内部已经形成大量微裂隙,从图 2.7 中也可以看出,试样表面已经出现宏观裂隙,矿物晶粒进一步膨胀,产生了不可恢复的变形,所以此温度阶段岩石的体积变化率基本上保持不变。此外,从图 2.9 中还可以看出,在 5 次循环加热后的体积均大于 1 次循环后的体积,其主要原因是相邻矿物颗粒之间的热变形不匹配,加热和自然冷却循环在岩石中引起交替的热应力,从而破坏了矿物之间的胶结作用,并在花岗岩试样中产生许多微裂纹,而微裂纹的产生扩大了岩石的空隙空间,从而增加了试样的总体积。

高温循环作用后花岗岩密度随温度变化如图 2.10 所示,岩石密度是质量与体积之比,密度的变化实际上是热循环期间质量损失和体积膨胀共同作用的结果,花岗岩的密度随温度变化的规律与体积的变化规律较为一致,密度减小率也随着加热温度的上升而逐渐增大,当加热温度为500~800℃时,密度减少率急剧增大,这与该温度阶段岩石的质量降低和体积膨胀密切相关。此外,5 次热循环后花岗岩的密度减少率在不同温度下均呈现不同程度的增大。

总体上看,随着温度的升高,花岗岩的质量损失率、体积膨胀率和密度减小率均随着加热温度的上升而逐渐增大,但是在不同温度梯度时的变化特征有所不同,3 个尺寸参数随温度变化曲线可分为两个阶段。第一阶段:微变阶段(25~400℃),此阶段岩石的尺寸随温度变化较小,岩石膨胀效果并不显著;第二阶段:快速膨胀阶段(500~800℃),此阶段随着加热温度的升高,岩石的尺寸快速增大。岩石的尺寸参数均在第二阶段出现显著的变化,因此可以认为第一阶段和第二阶段的分界点为岩石的受热膨胀阈值温度,即北山花岗岩的热膨胀阈值温度约为500℃,此温度接近石英的相变温度。此外,在 5 次热循环后,不同温度下的花岗岩尺寸参数均呈现出不同程度的增长,这表明热循环对岩石的质量损失和热膨胀具有促进作用。

2.2.3　纵波波速变化

声波法具有费用低、速度快和无损测量等优点,被广泛应用于岩体损伤检测领域。花岗岩试样在不同温度作用后,其内部结构会发生相应的改变,为了探究花岗岩在热处理后内部结构的变化,本节采用 CTS-65 型非金属超声波检测仪对花岗岩试样的纵波波速进行测量。该仪器采用超大功率发射模块,自带软件可以显示实现波形、自动判读波速、声幅参数、存储测试波形和连续测量等功能,且分析结果一目了然,能够很好地满足试验的需求。在测量时,由于试样表面与换能器之间的空隙会导致声能衰减,为了得到更为准确的波速数据,采用凡士林耦合试样与换能器，每块试样测量 3 次，最后取平均值作为试样的纵波波速。

纵波速度是反映岩石内部裂隙和孔隙发育程度的重要参数，通常情况下纵波速度随着岩石内部裂隙和孔隙增加而逐渐降低。为了量化高温和热循环作用下花岗岩试件的损伤和破坏，引入了纵波波速衰减率（R_P）来表征纵波波速的损伤。纵波波速衰减率（R_P）的计算公式如下：

$$R_P = \frac{v_0 - v_t}{v_0} \times 100\% \tag{2.7}$$

式中，v_0 为温度作用前花岗岩试件的平均纵波波速；v_t 为温度作用后花岗岩试件的平均纵波波速。

如图 2.11 所示，随着温度上升，花岗岩的 R_P 逐渐增大，在 25～400℃时，R_P 增加较为缓慢，到 400℃时 R_P 为 18.21%；当加热温度为 400～600℃时，R_P 急剧增加，到 600℃时达到 58.98%；当加热温度上升到 600～800℃时，R_P 增加速度逐渐放缓，到 800℃时达到了 70.12%。在 5 次热循环后 R_P 随温度的变化与 1 次热循环后的变化规律相似，且各温度梯度的 R_P 在热循环后都呈现了不同程度的增加，在 400℃、600℃和 800℃下热循环后，R_P 分别为 22.86%、64.01%和 75.88%，较同温度下 1 次热循环后分别增加了 4.65%、5.03%和 5.76%。以上结果表明，温度对花岗岩试件纵波波速的损伤具有显著的影响，并且在 5 次热循环后，纵波波速的损伤程度得到增加，而纵波波速在花岗岩内部的传播往往与其内部微观结构密切相关。这就表明，随着加热温度的逐渐升高，花岗岩内部微观结构受到的损伤逐渐加重，并且热循环对微观结构的损伤具有促进作用。

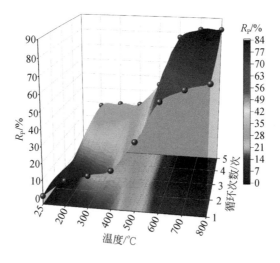

图 2.11　花岗岩纵波波速衰减率随温度和热循环次数的变化图

　　岩体质量和纵波速度是岩石最基本的物理性质，经常被用来评价高温作用后岩石内部结构损伤程度。因此，可以采用质量损失率（R_m）与纵波波速衰减率（R_P）对高温循环作用后花岗岩试件进行损伤评价。如图 2.12 所示，通过对不同热处理后花岗岩的 R_m 和 R_P 进行相关性分析，发现花岗岩试样的质量损失率（R_m）与纵波波速衰减率（R_P）可用线性函数拟合，拟合结果显示相关系数均在 0.95 以上，由此说明 R_m 和 R_P 的具有较强的相关性，近似线性。因此，可采用 R_m 和 R_P 来联合定义花岗岩试件在不同热循环作用后的损伤程度。如式（2.8）所示，详细的拟合参数见表 2.4。

$$R_P = aR_m + b \tag{2.8}$$

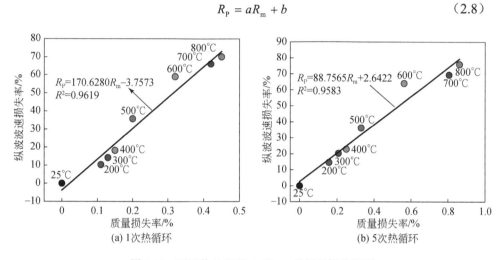

图 2.12　不同热处理后 R_P 和 R_m 的相关性分析图

表 2.4　不同热处理后 R_P 随 R_m 变化拟合曲线参数表

热循环次数/次	a	b	R^2
1	170.6280	−3.7573	0.9619
5	88.7565	2.6422	0.9583

2.2.4　热物性变化

　　岩石的导热效率是开展深部岩体工程的关键性参数之一，导热效率除了受到岩石孔隙特性等岩石本身特性影响外，还与温度等岩石所处环境密切相关[138]。通过研究高温对北山花岗岩热物性的影响，可以有效评估核废料处置库围岩的热传递和热扩散能力，也为后续开展数值模拟研究提供数据来源。本节采用湘科DRE-2C 型导热系数测试仪对花岗岩试件的导热系数进行测量（图 2.13），该设备基于瞬态平面热源（transient plane source，TPS）技术，采用 Hot Disk 传感器作为探头进行测试，可在数秒内完成对热处理后花岗岩试样的导热系数、热扩散系数和体积比热容的精准测试，每块试样测定 3 组数据，最后取平均值作为试样的热物理参数。

图 2.13　花岗岩热物理参数测量

花岗岩在不同温度作用后热导率变化如图 2.14（a）所示，从图中可以看出，花岗岩导热系数随着温度的上升呈下降趋势，大致可分为 3 个阶段：第一阶段（Ⅰ）为 25～500℃，此阶段内花岗岩的导热系数随着温度的上升而缓慢下降，25℃时试样的导热系数为 1.39W/(m·K)，随着温度升高，到 500℃时导热系数下降为 1.21W/(m·K)，下降了约 12.95%；第二阶段（Ⅱ）为 500～700℃，此阶段内试样导热系数急剧降低，到 700℃时导热系数下降为 0.70W/(m·K)，较常温下的试样导热系数下降了约 49.64%；第三阶段（Ⅲ）为 700～800℃，此阶段内试样导热系数的下降速率较小，800℃时导热系数为 0.65W/(m·K)，与 700℃下试样导热

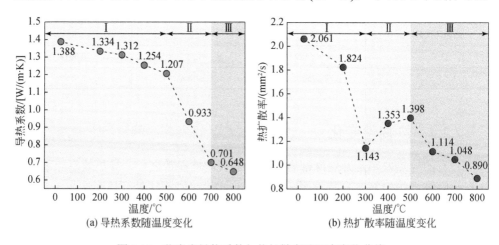

(a) 导热系数随温度变化　　　　(b) 热扩散率随温度变化

图 2.14　花岗岩导热系数与热扩散率随温度变化曲线

系数相比，仅下降了 7.14%。花岗岩在不同温度作用后热扩散率的变化如图 2.14
（b）所示，整体上看，花岗岩试样热扩散系数随温度的变化与导热系数的变化相
似，均随着温度的升高而呈下降趋势，但是在 300～500℃区间内，热扩散系数随
着温度的上升出现了缓慢增加的现象，这可能与岩石本身特性有关，除了温度会
影响岩石的热扩散系数以外，岩石的孔隙度、组成矿物的种类及含量以及密度等
都是影响岩石热扩散系数测试结果的原因[34-35]。

　　花岗岩热物性试验结果表明，温度是影响花岗岩热物理参数的重要因素之一，
随着加热温度逐渐升高，花岗岩的导热系数和热扩散系数均呈现不同程度下降。
其主要原因是在高温作用下，花岗岩各组成矿物的不均匀热膨胀以及石英相变等
物理化学变化致使岩石内部微裂隙逐渐萌生、发育并连通形成裂隙网络，孔隙之
间的热传导主要以接触部位的热传导以及孔内空气为介质的热对流和热辐射的形
式进行，而空气的传热效率很低，且孔隙的产生导致热传导路径变窄，孔隙中的
接触点产生巨大的接触热阻[139]（图 2.15），随着加热温度的上升，岩石内部裂隙
的数量与尺寸增加，传热阻力增大，导致导热系数和热扩散系数降低。

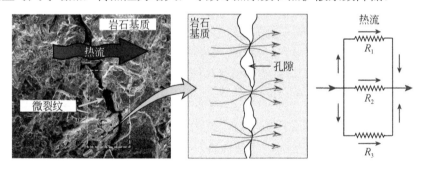

图 2.15　微裂隙的热传导与等效热阻示意图[139]

2.2.5　抗拉强度变化

　　图 2.16 绘制了不同热处理后花岗岩的应力应变曲线，从图中可以看出，高温
和热循环对花岗岩试样的劈裂强度有显著的影响，整个曲线大致可分为初始压实
阶段、弹性变形阶段、裂纹扩展阶段和失稳破坏阶段。在 600℃前，热循环前后
的岩样曲线在弹性变形阶段后没有明显的屈服，这表明在此温度区间内花岗岩具
有脆性破坏的特征；在 600℃后，随着温度的升高和热循环的持续作用，曲线出
现明显的屈服阶段，表明花岗岩试样的在 600℃后会发生脆性-塑性转变，抗拉强
度的临界温度可能在 400～600℃[140]，花岗岩试样脆性-塑性转变的主要原因可能
是高温和热循环加剧了花岗岩内部微裂纹的产生和原始微裂隙的扩展与连接，导
致花岗岩的弹性模量和泊松比产生较大的变化。此外，在 5 次循环加热后，曲线

的斜率和峰值应力减小，而破坏应变（峰值应力下的应变）呈增长趋势，这主要归因于随着热循环次数的增加，花岗岩中会产生更多的孔隙和微裂缝，进一步加剧岩石内部结构的损伤，所以岩石在热循环后抗拉强度出现明显降低，同时岩石在压实阶段需要更大的轴向位移使裂纹闭合，而破坏应变的增长也是由于压实阶段所需的更大位移所致。

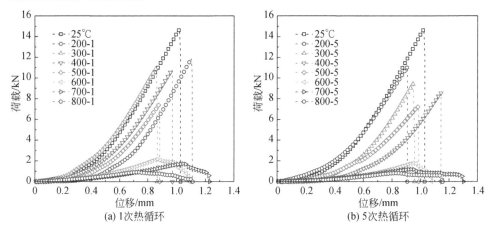

图 2.16　不同温度下花岗岩的应力-位移曲线

200-1 表示 200℃-1 次热循环，依次类推

　　岩心的巴西劈裂峰值强度可以直接反映其抗拉破坏的能力，图 2.17 中显示了花岗岩试样在不同加热循环次数下的抗拉强度（σ_t）演变。结果表明，高温和热循环次数的影响不仅使花岗岩的物理性质发生显著变化，而且对其力学性质也有显著影响[141]，当花岗岩受到高温加热后，其抗拉强度会随着加热温度的升高而下降，并且随着热循环次数增加，花岗岩试样的抗拉强度降低，破坏时的载荷位移增加，这表明热循环会使得岩石的塑性增强。从图 2.17 中可以明显看出，在 25～400℃阶段内，单次加热后试样抗拉强度的下降幅度明显小于热循环后的下降幅度，试样的抗拉强度到 400℃时降为 5.47MPa，降幅较 25℃下的试样下降了26.94%，而 5 次热循环后，花岗岩试样的抗拉强度在 400℃时下降为 4.36MPa，下降幅度为 41.82%，从图 2.17 中的$\Delta\sigma_t$也能较为直观地看出，在 25～400℃阶段内，$\Delta\sigma_t$逐渐增大，到 400℃时到达峰值，说明此温度区间内热循环作用仍然是花岗岩抗拉强度下降的主要原因；在 400～600℃阶段内，花岗岩抗拉强度的下降幅度明显增大，到 600℃时下降为 1.10MPa，降幅较 25℃下的试样下降了 85.32%，而 5 次热循环后试样的抗拉强度下降为 0.91MPa，下降幅度为 87.92%，$\Delta\sigma_t$在此温度阶段也在逐渐减小，说明在此温度阶段内，热循环对抗拉强度的影响逐渐减

小，试样的抗拉强度逐渐由温度主控，花岗岩内部矿物颗粒（如石英和长石）的不均匀热膨胀以及部分矿物的相变（如石英在 573℃发生α-β转变）被认为是这一温度阶段内引起抗拉强度变化的原因[142-143]；在 600～800℃阶段内，不同热处理后花岗岩试样的抗拉强度下降速度均逐渐放缓，在 800℃时，试样的抗拉强度下降为 0.47MPa，而热循环作用后试样的抗拉强度则下降到 0.43MPa，此外，观察 $\Delta\sigma_t$ 的变化曲线可以发现，这一阶段内的曲线趋于平缓，甚至在 700℃时还出现了增大的现象，这说明热循环在此温度区间内对花岗岩试样的抗拉强度还有一定的影响。

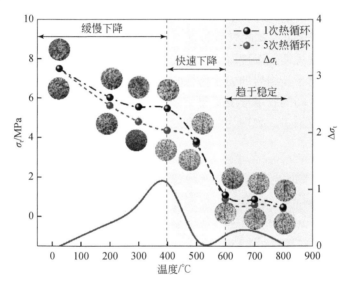

图 2.17　不同加热方式对花岗岩拉伸强度影响示意图

总而言之，在热循环中较高的加热温度有助于加剧花岗岩的损伤，第一个原因是热循环期间较高的加热温度导致较大的热应力，在循环加热和自然冷却处理过程中，受到较高温度作用后矿物遭受较大的热变形，从而导致试样中产生更高的热应力和更多的局部破坏；第二个原因是花岗岩主要由石英和云母等矿物组成，石英和云母的热膨胀明显大于其他矿物的热膨胀（如石英和云母的热膨胀是长石矿物的 4 倍）[144]，对试样热损伤有很大影响，随着温度的升高和热循环的增加，试样内部微裂纹的数量和尺寸相应增加，导致花岗岩的宏观物理力学性质出现劣化。

2.2.6　岩石宏观破坏特征

岩石的破坏特征往往蕴含着大量的信息，分析研究热损伤后花岗岩试样的巴西劈裂破坏特征随温度和热循环的演化，对处置库岩体的破裂模式及地热开发中井筒破坏失稳具有重要的理论意义。图 2.18 显示了高温和热循环后花岗岩的破坏形态，图 2.19 是巴西劈裂过程中剥落岩屑的质量（m_T）。可以看到高温和热循环作用后的花岗岩在加载过程中剥落岩屑的质量用指数函数拟合的效果较好，相关系数分别为 0.937 和 0.999。在低温阶段（$T \leqslant 400℃$），花岗岩均沿着垂直加载线上发生破裂，破裂面可相对紧密地贴合。但是随着温度的逐渐升高和热循环的作用，花岗岩的破碎程度加剧，剥落岩屑增多（图 2.19），这说明随着温度升高，破裂面的粗糙程度递增。此外，花岗岩破坏的主裂纹逐渐偏离圆盘中心，且岩石的损伤面积是逐渐扩大的。对于 $T \geqslant 600℃$ 作用后的试样，在两个加载点出产生了较大的损伤，加载平台上脱落的颗粒显著增多（图 2.19），在主裂纹周围还萌生了许多的次生裂纹，这说明此温度区间内花岗岩试样是以塑性方式破坏的。高温和热循环作用显著影响了花岗岩的力学特性和受力破坏形态，这可能是由于水分的逃逸造成矿物组分之间的胶结程度变弱[145-146]，从而使主拉应力区的破碎程度加剧，岩石上脱落的颗粒增多，表现为随温度的增加，主裂纹的开度逐渐增大，劈裂面从光滑变粗糙。

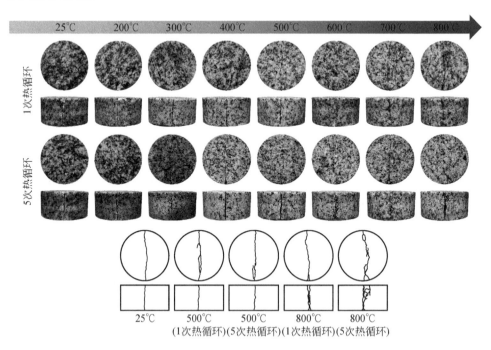

图 2.18　花岗岩宏观破坏特征示意图

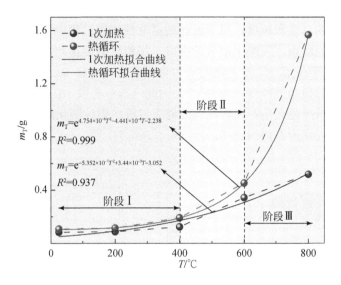

图 2.19　巴西劈裂过程中剥落岩屑随温度的变化图

2.2.7　岩石破坏声发射特征

岩石在受力破坏时，岩石内部原始裂隙与新裂纹周围区域会产生应力集中，部分区域应变能增高，随着荷载逐渐增大，原有裂纹尖端附近区域会发生微观屈服或变形导致裂纹扩展，岩石中所储藏能量以弹性波的形式释放，弹性波迅速传播并产生声发射现象[147]。声发射（AE）技术是一种动态无损的检测方法，能够准确评价岩石内部缺陷的损伤程度，可以反映岩石在整个受力变形破坏阶段的内部损伤情况和微裂纹演化过程，因而被广泛应用于岩石稳定性的评价和监测、煤岩动力灾害的预警等地下工程中[26, 44, 148-149]。花岗岩作为核废料处置库等深部岩体工程中的理想储层材料，往往同时受到高温与高压的作用，因此，通过研究热处理后花岗岩在劈裂过程中的声发射信号特征，可以分析应力-应变曲线中不同阶段的微裂纹行为，能够更好地揭示高温与荷载耦合作用下岩石变形和破裂的机理，对深部岩体工程的稳定性监测和灾害预警，以及识别工程岩体从稳定到破坏过程的前兆特征都具有重要意义[150]。

声发射基本原理如图 2.20（a）所示，岩石在受力变形破坏过程中，微裂纹的产生、扩展和贯通所释放的能量会产生瞬态弹性波，当弹性波传导到岩石表面时，由声发射探头接收并转化为电信号，经过前端放大器将电信号放大后传入声发射主机和计算机[151]。岩石声发射数据承载着大量的微观裂纹信息，包括声发射信号幅值、撞击、振铃计数、能量和峰值频率等特征。声发射各参数的定义如图 2.20（b）所示，其中事件数是由一个或者几个波击鉴别所得的声发射事件的个数，反映声发射事件的总量和频度，用于波源的活动性和定位集中评价；能量是指信号检波包络线下的面积，反映了信号的强度；振铃计数是指超过门槛值信号的震荡次数[152]。现有研究认为，事件数与裂纹数量有关，能量与裂纹事件的大小有关，振铃计数与岩石损伤过程密切相关[26]。因此，本节选取 AE 振铃计数和累计 AE 振铃计数来分析热处理后花岗岩在巴西劈裂过程中裂纹演化规律，并通过 AE 振铃计数来定性描述岩石损伤破坏。

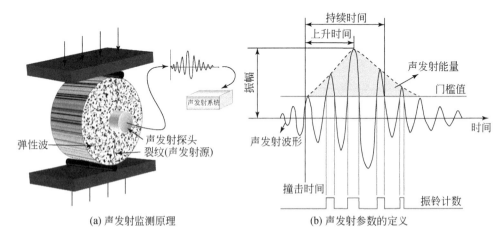

(a) 声发射监测原理　　　　　　　　　　(b) 声发射参数的定义

图 2.20　声发射信号监测原理与波形参数图

　　图 2.21 为不同热处理后花岗岩试件在整个巴西劈裂过程中 AE 振铃计数和累计 AE 振铃计数随轴向应变的变化情况。根据加载过程中 AE 振铃计数和累计 AE 振铃计数的上升特点，可以将不同热处理后花岗岩试件的声发射监测结果大致划分为 3 个阶段：平静期、上升期、高峰期。在平静期，AE 振铃计数数量较少，累计 AE 振铃计数曲线较为平坦且增长速度较为缓慢，这表明岩石此时处于初始压实阶段，荷载不足以破坏矿物颗粒之间的黏结力，岩石内部没有新裂纹产生，此阶段岩石内部原始微裂纹和孔隙在荷载的作用下被压缩闭合，矿物颗粒之间发生摩擦或滑移，从而产生了少量的声发射信号，且信号强度较低；随着荷载的逐渐增加，声发射活动进入上升期，此时岩石进入弹性变形阶段和裂纹扩展阶段，在弹性变形阶段，由于原生裂隙被压密和新裂纹的萌发，声发射信号略有增加，但是总体上稳定在较低水平，随着加载时间的推进，花岗岩试样所受的应力越来越大，岩石进入裂纹扩展阶段，微裂纹和孔隙开始发育并稳定扩展，此时 AE 振铃计数明显的增加，并伴随着偶有信号突增的现象，累计 AE 振铃计数曲线增加的速度也明显变大；当加载进入失稳破坏阶段时，岩石声发射进入高峰期，经过前面几个阶段的能量积聚，此时试样内部能量越来越大，当花岗岩试样内部积累的

弹性能超过极限时，大量裂纹开始扩展、联结、贯通，试件逐渐丧失承载能力，试件内部积聚的能量加速释放，AE 振铃计数出现激增，累计 AE 振铃计数曲线陡然上升，在荷载达到试件的抗拉强度后，宏观主裂隙贯通，试件承载能力骤降，试件内部能量迅速释放，试件最终破坏，从图 2.21 中可以清晰看出在岩石峰值强度附近，AE 振铃计数达到峰值，累计 AE 振铃计数曲线在峰值处出现拐点。

对比图 2.21 中不同温度处理后的花岗岩试件的声发射特征可以发现，随着处理温度的升高，初始压实阶段的声发射信号的数量和强度都有增加的现象，这是因为当处理温度较高时，花岗岩试件会产生更多的微裂纹和微裂隙，这些热致微裂纹和微裂隙的闭合会在初始压实阶段引发更剧烈的声发射活动，AE 振铃计数随

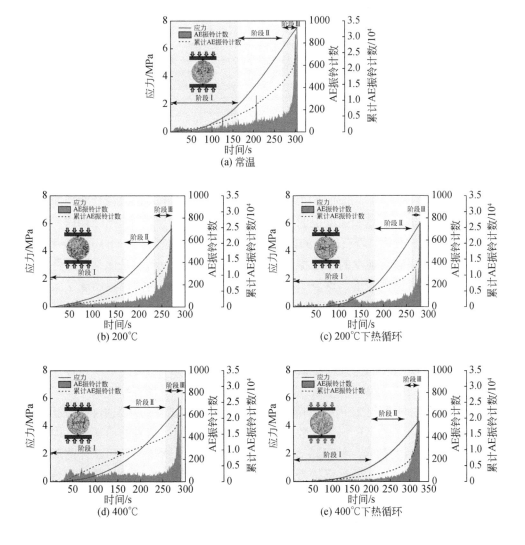

(a) 常温

(b) 200℃

(c) 200℃下热循环

(d) 400℃

(e) 400℃下热循环

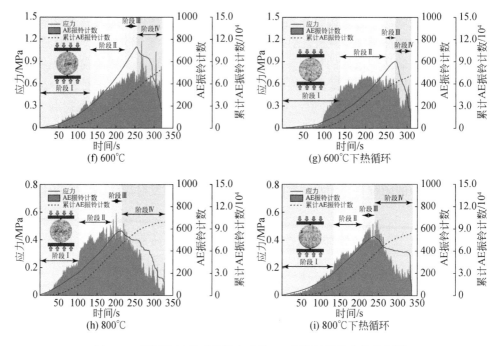

图 2.21   不同热处理后花岗岩试件 AE 振铃计数的变化特征图

作用温度升高而逐渐增加的角度也表现出了高温致使花岗岩试件内部损伤和微破裂增加的现象；在弹性变形阶段和裂纹扩展阶段的上升期，AE 振铃计数也随着温度的上升呈现出了数量和强度上的增大特征；在失稳破坏阶段的高峰期内，随着作用温度的逐渐升高，岩石破裂的前兆特征逐渐明显，如图 2.21（h）所示，800℃处理后的试样在破裂前夕的 AE 振铃计数是逐渐增大的，而不是像常温条件宏观裂纹贯通的同时出现激增，这表明在高温作用下，花岗岩内部已经出现了大量的裂纹，这些分布裂隙易受力扩展，进而产生较多的声发射信号，此时岩石破坏逐渐由低温阶段的脆性破坏转变为高温阶段的塑性破坏，这与 3.3 节中不同温度作用下花岗岩的位移-应力图所呈现的结果较为一致。此外，累计 AE 振铃计数随温度的变化也表明温度的上升会使试件的声发射信号变强，如累计 AE 振铃计数在常温下为 $3.42×10^4$，800℃作用后增加到 $12.81×10^4$，增长了 274.56%。

通过对比分析图 2.21 中不同循环次数后的花岗岩试件的声发射特征发现，5次热循环后花岗岩的 AE 振铃计数从弹性变形阶段开始，信号的活跃程度均落后于 1 次热循环后的信号，并且随着加载时间的推进，5 次热循环后试样的渐进破坏过程比 1 次热循环后的试样缓慢。从整体上看，累计 AE 振铃计数也随热循环次数的增加呈减小趋势，推测认为是花岗岩在加热过程中矿物成分发生不均匀膨胀以及在随后的自然冷却过程中岩石内部结构不断调整分布，导致岩石内部产生严重的损伤，而循环加热和冷却促进了这一损伤过程，使得试样内部微裂纹的进一步扩展和延伸，表现为加载过程中微裂纹贯通形成主裂纹的过程剧烈程度减小，累计 AE 振铃计数减小。

2.2.8　岩石破坏 b 值特征

Gutenberg 和 Richter[153]于 1944 年首次发现自然地震大小分布遵循幂律分布，并提出著名的 G-R 关系式 [式（2.9）]，该关系式使用 b 值作为表征应力状态和介质特性的关键指标。此后，b 值作为重要的前兆信息，在地震学及相关领域有着广泛的应用。岩石在应力作用下的损伤过程与地震发生的机理相似，岩石损伤产生的声信号也被定义为微震活动。因此，b 值的计算经常应用于 AE 领域[154-155]。然而，在计算 AE 的 b 值时，AE 的振幅通常除以 20 来表示幅度（M_{AE}）[156]，N 是振幅大于 A_{dB} 的选定时间窗口中相等数量的声发射事件总数：

$$\lg N = a - bM \tag{2.9}$$

式中，M 为地震的震级；N 为地震频率；a 和 b 为常数。

$$M_{AE} = A_{dB} / 20 \tag{2.10}$$

式中，A_{dB} 为 AE 的振幅；M_{AE} 为 AE 的震级。

AE 的 b 值表示小事件与大事件的比率。一般认为，b 值增大表明小尺度事件的占比增加，对应于小规模断裂在岩石材料中占主导地位，反之亦然。如果 b 值处于稳定变化且变化幅度较小，表明岩石的处于裂纹稳定扩展阶段[157]。在本研究中，高温和热循环导致的微裂纹增加使花岗岩加载过程中的声发射时空特性发生改变，也势必影响 b 值的大小。因此，本节使用声发射事件的 M_{AE} 计算 b 值。因为 b 值是一个统计分析结果，它与样本数量和采样窗口的大小等因素有关。采样窗口大小的选择是计算 b 值的关键参数。一些研究报告称，窗口大小的设置不会影响 b 值的总体趋势[158-159]。因此，基于实验数据，我们选择 100 个事件来计算 b 值。考虑到 b 值与能量之间的相关性[160]，本节将 AE 能量和 b 值绘制在一起，以便于分析。高温和热循环后花岗岩破坏过程声发射能量和 b 值的特性如图 2.22 所示。

从图 2.22 中可见，花岗岩声发射 b 值在整个加载过程中是呈现动态变化的。具体而言，当 $T \leqslant 400℃$ 时，高温和热循环作用后 b 值的变化基本相似，此温度区间内花岗岩经过热处理后，已有热损伤形成，裂隙开始发育。在初始压实阶段和弹性变形阶段，因热损伤形成的大尺度裂隙和原生孔隙发生变形闭合，b 值在较高水平波动，并且 AE 能量在小范围内波动；到裂纹稳定扩展阶段，热致裂纹与原生孔隙等实现了闭合，随着荷载的持续增加，小尺度裂隙开始萌生扩展，b 值逐渐进入小幅度波动阶段，AE 能量逐渐增大；应力加载进入失稳破坏阶段后，矿物晶体间的滑动和次生裂隙的扩展会产生大量的大尺度裂隙，在此过程中大事件增多，b 值开始小幅度剧烈波动，当临近峰值负载时，声发射 b 值显著下降，AE 能量急剧增加，花岗岩也即将面临失稳破坏。当 $T \geq 600\,℃$ 后，在整个加载过程中，AE 能量显著增加，表明高温下岩石内部损伤严重，此温度阶段内 b 值仅在初始压实阶段的波动幅度较高，而热循环后的 b 值在加载早期表现出小幅度的波动，意味着热循环后的花岗岩热损伤较为严重。此外，在弹性变形阶段、裂纹稳定扩展

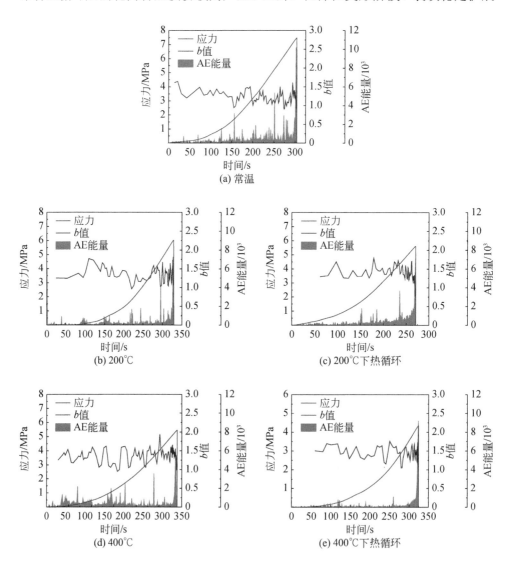

(a) 常温

(b) 200℃

(c) 200℃下热循环

(d) 400℃

(e) 400℃下热循环

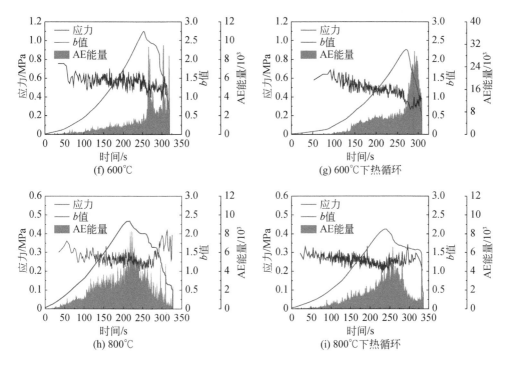

图 2.22　高温和热循环后花岗岩破坏过程声发射能量和 b 值的特性变化图

阶段和失稳破坏阶段，b 值始终保持小幅度剧烈波动下降，反映出了较高温热损伤形成的微裂纹在荷载下保持稳定扩展直至岩石破坏。值得注意的是，岩石在峰后破坏阶段 b 值出现一段波动上升情况，说明超 400℃的高温花岗岩在失稳破坏后还有小尺度裂隙的发育演化，较好地体现了高温岩石所具有的流变特性。

2.2.9　岩石破坏模式分析

众多研究学者针对声发射信号波形及参数对产生信号的裂纹类型进行分类，将其分为拉伸型信号与剪切型信号，拉伸事件与剪切事件的典型 AE 波形和分类模式如图 2.23 所示[161-162]。声发射信号的平均频率（average frequency，AF）和上升时间与最大振幅的比值（rise time to amplitude ratio，RA）是识别材料变形和失效过程中微裂纹演变的常用技术手段[163]，被广泛应用于混凝土等固体材料的破坏模式研究中[164]。AF 为振铃计数与持续时间的比值［式（2.11）］，RA 为上升时间与最大振幅的比值［式（2.12）］。日本《混凝土建筑规范》（JCMS-Ⅲ B5706）[165] 中将图 2.23（b）中的分割线斜率（AF/RA）定义为 k，将 AF/RA<k 的信号定义为剪切破裂信号，AF/RA>k 的信号定义为张拉破裂信号。k 值的选择直接影响裂纹类型的识别，而 k 值则主要取决于材料的种类。目前 k 值的选取并无绝对的规定，诸多学者依据 RA-AF 研究裂纹种类时选取标准不一，Ohno 和 Ohtsu[166]对比了矩张量反演和 RA-AF 参数法，得出当 k 值设定为 $1 \sim 200$ 时，两种方法判定结果均具有较好的一致性；Zhang 和 Deng[167]将主频分析法得到的裂纹占比与 RA-AF 法进行了对比，发现单轴压缩的脆性岩石分界线约在 $1 : 500 \sim 1 : 100$。在本研究中，岩石均发生巴西劈裂破坏，因此 k 值的选取应尽量保证拉伸事件占据主导。根据 AF 值与 RA 值的实测最大值，确定纵轴 AF 值与横轴 RA 值的最大刻度为 400kHz 和 5ms/V，进而设置 k=80 划分为两种裂纹类型。需要说明的是，RA-AF 值裂纹分类方法属于经验判别法，拉伸裂纹与剪切裂纹划分结果并非完全精确，但已有研究结果表明其可以满足实验室尺度岩石破坏过程不同类型裂纹演化与占比的分析需求[166]。

$$AF = \frac{振铃计数}{持续时间} \ (kHz) \tag{2.11}$$

$$RA = \frac{上升时间}{最大振幅} \ (ms/V) \tag{2.12}$$

$$k = \frac{AF}{RA} \tag{2.13}$$

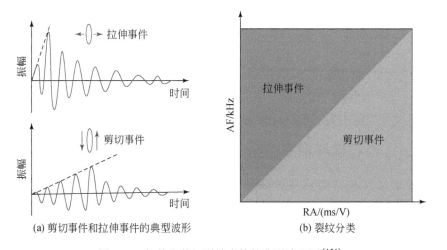

(a) 剪切事件和拉伸事件的典型波形　　　　　(b) 裂纹分类

图 2.23　拉伸和剪切裂缝事件的典型波形图[154]

　　本书基于 Python 编程语言，采用核密度估计方法，对花岗岩 RA-AF 的数据进行处理并绘制相应的密度分布图。高温和热循环后的花岗岩在加载过程中 RA-AF 的密度分布情况如图 2.24 所示，图中黄色区域显示 RA-AF 分布的高密度区域，蓝色表示低密度区域。从图 2.24 中可以看出，高温和热循环作用后的花岗岩试件破坏均表现为张拉裂纹和剪切裂纹共同作用的复合型破裂模式，AF 主要分布在 0～150kHz，同时 RA 主要分布在 0～2ms/V。高温和热循环会导致数据点总量的增加，尤其是 600℃后数据点的增加更为明显。进一步结合张拉裂纹与剪切裂纹分界线分析，随着处理温度的升高，RA-AF 数据点逐渐沿 RA 值增大的方向延展，说明剪切裂纹逐渐增加。当温度 $T \leq 400$℃时，岩石破裂以拉伸裂纹为主；当温度 $T \geq 600$℃后，RA-AF 分布表现为高 RA 值和高 AF 值，剪切裂纹所占比例开始大幅增加，值得注意的是，该阶段 RA 在 2～5ms/V 范围内的数据点数量显著增加，表明热损伤严重的花岗岩在加载的过程中会产生数量较多、尺寸较大的剪切裂纹，这些剪切裂纹与拉伸裂纹、拉剪复合裂纹相互交错联结，最终导致花岗岩最终发生破坏。总体上，随着处理温度的升高，有部分高 RA 值-高 AF 值的事件出现，但 AF 值的声发射信号仍占据主要地位，这是因为拉伸微裂纹是巴西劈裂试验中产生的主要微裂纹类型。

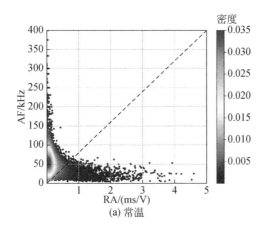

(a) 常温

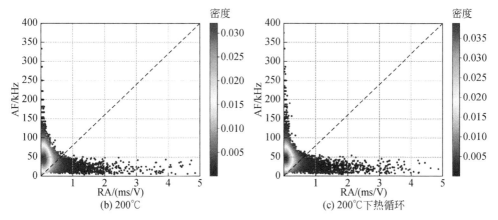

(b) 200℃　　　　　　　　　　(c) 200℃下热循环

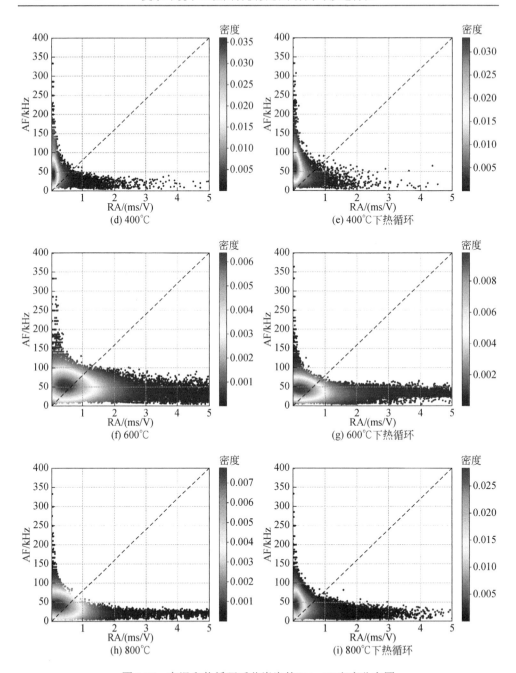

图 2.24　高温和热循环后花岗岩的 RA-AF 密度分布图

　　具有相似值的 RA-AF 点在图 2.24 的坐标中相互叠加和相交，导致无法清晰地辨别 RA-AF 分布的特征。为了定量分析高温和热循环后花岗岩试样的破裂行为，对图 2.24 中的位于拉伸裂纹区和剪切裂纹区的 RA-AF 点的数量进行统计。计算出拉伸裂纹和剪切裂纹各占总裂纹的百分比，如图 2.25 所示。从图 2.25 中可以看出，拉伸裂纹和剪切裂纹的分布表现出典型的高温处理特征。在 $T{\leqslant}400℃$ 的情况下，温度和热循环对拉伸裂纹和剪切裂纹的占比的影响很小，当 $T=25℃$、200℃ 和 400℃ 时，拉伸裂纹的占比分别为 85.78%、85.91% 和 86.97%，剪切裂纹的占比分别为 14.22%、14.09% 和 13.03%，200℃ 和 400℃ 下热循环后拉伸裂纹的占比分别为 85.36% 和 86.25%，剪切裂纹的占比分别为 14.64% 和 13.75%。当处理温度增加到 600℃ 时，拉伸裂纹和剪切裂纹的占比发生了显著的变化，拉伸裂纹的占比降低到 57.14%，而剪切裂纹的占比提高到 42.86%，而热循环后拉伸裂纹出现小幅度增加，拉伸裂纹和剪切裂纹的占比分别为 64.20% 和 35.80%。当处理温度增加到 800℃ 时，拉伸裂纹的占比开始缓慢增加，拉伸裂纹和剪切裂纹的占比分别为 76.89% 和 23.11%，热循环后拉伸裂纹和剪切裂纹的占比分别为 76.26% 和 23.74%。$T=800℃$ 高温和 $T{\geqslant}600℃$ 高温下热循环作用后拉伸裂纹占比的回升是因为热应力造成试样出现了宏观裂纹，影响了岩石的破坏过程，导致张拉和剪切信号的比例的改变。

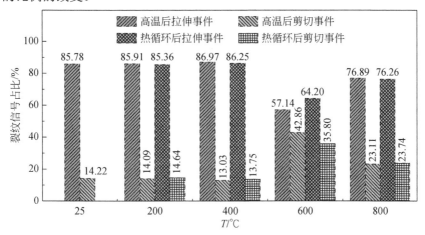

图 2.25　拉伸裂纹和剪切裂纹占比随温度和热循环的变化情况图

2.2.10　基于声发射的损伤特征研究

由 2.2.7～2.2.9 节中的分析可知，花岗岩受力破坏过程中的声发射信号特征与其内部结构损伤演化密切相关，因此，可以利用声发射活动与岩石之间的内联系来分析岩石变形破坏过程。由于岩石微缺陷的演化是随机变化的过程，可以将微缺陷系统的演化过程看成非平衡统计过程[168]，根据连续介质力学损伤理论，岩石微元的强度服从韦布尔（Weibull）分布，其分布密度函数为[169-170]：

$$\varphi(\varepsilon) = \frac{m}{\alpha}\varepsilon^{m-1}\exp\left(\frac{-\varepsilon^m}{\alpha}\right) \tag{2.14}$$

式中，$\varphi(\varepsilon)$ 为加载下岩石内部微元损伤的概率；ε 为应变；m 和 α 为韦布尔分布参数。

岩石材料的损伤程度与各微元缺陷的数量有关，这些微缺陷直接影响着微元的强度。因此，岩石损伤变量（D_{AE}）与微元破坏的概率密度之间的关系如下：

$$\frac{\mathrm{d}D_{\mathrm{AE}}}{\mathrm{d}x} = \varphi(\varepsilon) \tag{2.15}$$

联立式（2.14）和式（2.15）可得岩石的损伤变量（D_{AE}）为

$$D_{\mathrm{AE}} = \int_0^\varepsilon \varphi(x)\mathrm{d}x = 1 - \exp\left(\frac{-\varepsilon^m}{\alpha}\right) \tag{2.16}$$

大量研究结果表明，岩石在受力破坏过程中的声发射频数与其内部微裂纹的萌生、扩展和贯通相对应。从本质上看，声发射活动属于一种统计的规律，因此，其必然与岩石内部缺陷的统计分布规律相一致[171]。若花岗岩试件在完全破坏时的累计 AE 振铃计数为 N_{m}，则当受压应变增至 ε 时的累计 AE 振铃计数为

$$N = N_{\mathrm{m}}\int_0^\varepsilon \varphi(x)\mathrm{d}x \tag{2.17}$$

将式（2.14）代入式（2.17）中，解得如下方程：

$$\frac{N}{N_{\mathrm{m}}} = 1 - \exp\left(\frac{-\varepsilon^m}{\alpha}\right) \tag{2.18}$$

比较式（2.16）和式（2.18），可以得出巴西劈裂中花岗岩的损伤变量（D_{AE}）为

$$D_{\mathrm{AE}} = \frac{N}{N_{\mathrm{m}}} \tag{2.19}$$

本研究选用 AE 振铃计数对花岗岩巴西劈裂过程中的声发射特征进行描述，并采用累计 AE 振铃计数来反映花岗岩在受力破坏过程中其内部破裂事件发生的频率。根据式（2.19）计算得出不同热循环后花岗岩试件的损伤曲线如图 2.26 所示。从图 2.26 中可以看出，由声发射累计 AE 振铃计数定义的损伤变量（D_{AE}）能够很好地反映不同温度和热循环作用后的花岗岩在巴西劈裂中的渐进破坏过程。具体而言，初始压实阶段和弹性变形阶段岩石的力学损伤受温度和热循环次数的影响较小，在初始压实阶段，花岗岩试件中的原生裂隙和孔隙被压实，岩石内部的微裂隙和孔隙没有发生扩展，损伤变量接近于 0；随着荷载的增加，损伤变量开始小幅度增大，试样力学性质开始有弱化的趋势，这一阶段的变形损伤主要由试样矿物颗粒的弹性变形引起；当应力达到极限强度的 60%左右时，损伤变量急剧上升，此阶段与应力-应变曲线中裂纹非稳定扩展阶段相对应，此时岩石内部微裂纹大量萌生，并不断扩展和延伸，最后形成宏观裂缝，损伤变量（D_{AE}）

的增长速率也远远超过前两个阶段[168]；当超过极限强度时，花岗岩试件发生破坏，损伤变量（D_{AE}）趋近于 1，岩石结构遭受严重的破坏。对比图 2.26 中不同温度作用后的损伤曲线发现，在相同的应力下，随着加热温度的上升，损伤变量（D_{AE}）增大，表明加热温度越高，岩石受到的热损伤越大。此外，对比图 2.26 中不同热循环后的损伤曲线可以发现，当加载应力相同时，较低温度下（≤400℃）5 次热循环后的损伤变量（D_{AE}）在低于 80%左右的峰值应力时是小于 1 次热循环的，在高于 80%左右的峰值应力时 5 次热循环后的损伤变量（D_{AE}）是大于 1 次热循环后的损伤变量（D_{AE}），而在高温下（≥600℃）5 次热循环后试样的损伤变量（D_{AE}）均大于 1 次热循环后的损伤变量（D_{AE}），这表明在较低温度下，热循环对岩石损伤的影响较小，而在高温下，热循环对岩石的破坏和弱化作用较强，从而加剧了岩石的热损伤。

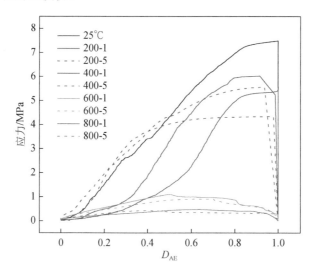

图 2.26　热循环后花岗岩损伤变量与应力关系曲线

200-1 表示 200℃-1 次热循环，依次类推，下同

2.2.11　基于热传递特性的岩石损伤数值模拟

从前文的分析中可以看出，热循环对花岗岩的岩石物理力学性质和宏观破坏特征具有显著的影响。为了揭示花岗岩在循环热负荷下其内部温度演化对岩石物理力学性质和破裂特性的影响，基于 2.7 节中花岗岩 1 次加热后的热物性实测数据，采用多物理场数值模拟软件 COMSOL Multiphysics 对热损伤花岗岩在循环加热过程中其内部瞬时温度场的变化规律进行分析，设置模型尺寸为 50mm×25mm 圆盘，模型初始温度为 25℃，外部温度分别设置为 200～800℃，温度梯度为 100℃，

加热时间为 2h，模拟所用不同温度下的模型参数如表 2.5 所示，表中的密度、导热系数、热扩散率和比热容通过室内试验测得，根据朱小舟等[172]关于导热系数与传热系数关系的研究成果，通过换算本次试验测得的导热系数，可以得到花岗岩试样在不同温度加热时的传热系数。

表 2.5　不同温度下的模型参数表

温度/℃	密度 / (g/m³)	导热系数 / [W/(m·K)]	热扩散率 /(mm²/s)	比热容 / [J/(kg·K)]	传热系数 / [W/(m²·K)]
200	2619.875	1.334	1.824	279.105	247.894
300	2617.864	1.312	1.143	438.454	246.913
400	2605.198	1.254	1.353	355.856	244.271
500	2588.683	1.207	1.398	333.427	242.071
600	2521.703	0.933	1.114	332.268	228.205
700	2466.203	0.701	1.048	271.117	215.070
800	2462.624	0.648	0.890	295.558	211.890

为了更直观地显示加热过程中花岗岩不同位置温度的变化情况，模型设置 4 个温度监测点和 1 条温度监测线（图 2.27），其中 1 号温度监测点布置在模型中心，三维坐标（x，y，z）为（25，0，12.5）；2～4 号监测点布置在模型表面，三维坐标（x，y，z）分别为（25，0，25）、（0，0，12.5）和（0，0，25），监测线 L_1 沿 x 轴方向布置，位置坐标（y，z）为（0，12.5）。

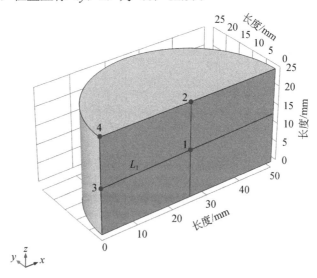

图 2.27　温度监测点与监测线的布置图

图 2.28 为不同温度作用下花岗岩试件在同一时间温度场的分布情况，从图中可以看出，花岗岩在不同温度循环加热过程中的传热趋势相同，均随着加热时间的推移，试样由外而内渐变传热，试样表面和中心的温差逐渐减小，最终整个试样的温度场趋于平衡。

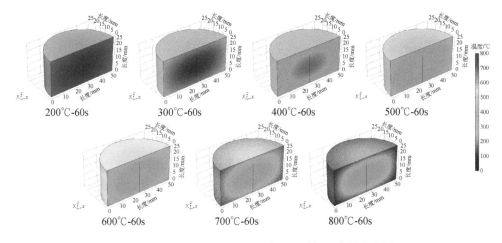

图 2.28　不同温度下试样内部在同一时间温度场分布图

为了更为直观地呈现花岗岩在整个加热过程中内部温度场的变化，绘制了花岗岩试样 1/2 圆盘中心切面（图 2.29）温度随时间的罗列图与监测线 L_1 温度随时间的变化曲线，如图 2.30 所示。根据数值模拟结果，若将试样最低温与目标温度相差 5℃ 以内视为温度平衡，可以得到 200～800℃ 作用下花岗岩试样达到温度平衡的时间分别为 149s、224s、227s、257s、275s、277s 和 325s，温度平衡所需时

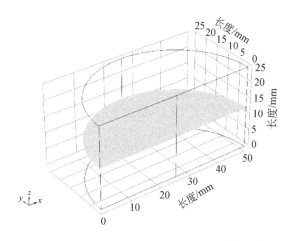

图 2.29　花岗岩试样半圆盘中心切面位置图

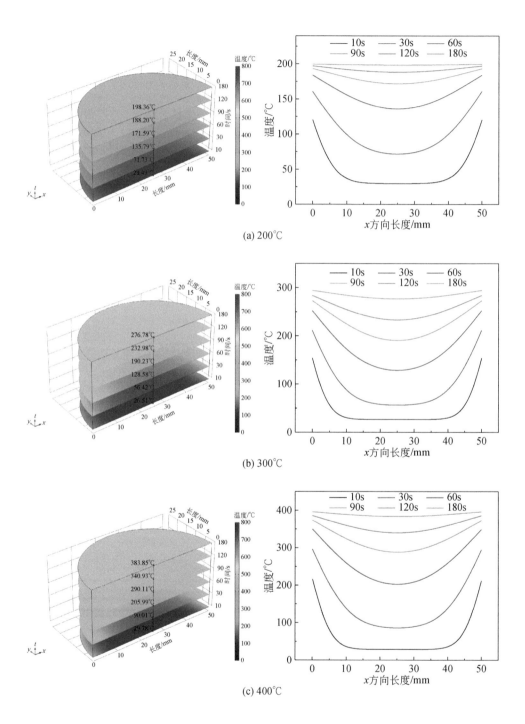

(a) 200℃

(b) 300℃

(c) 400℃

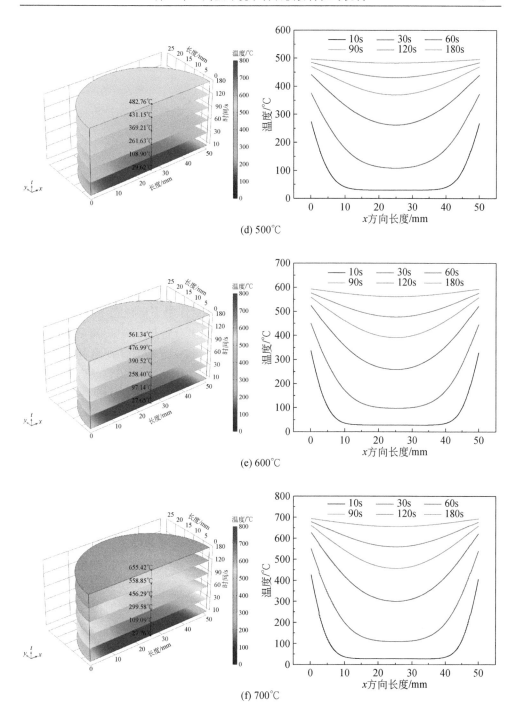

(d) 500℃

(e) 600℃

(f) 700℃

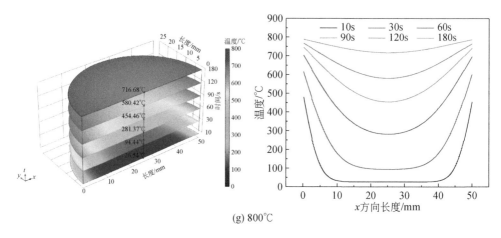

(g) 800℃

图2.30 循环加热中1/2圆盘切面（z=12.5mm）温度与监测线 L_1 温度随时间的变化图

间随着作用温度的上升而逐渐增加。对比图2.30中不同温度作用下花岗岩在同一时间 L_1 监测线温度的变化可以发现，在200～500℃作用下试样温度在180s时已趋于平衡，这说明此阶段花岗岩内部的热传速率较快，而在600～800℃作用下试样在180s时的中心温度分别为561.34℃、655.42℃和716.68℃，与目标温度存在较大温差，说明此阶段热传速率较低，主要原因是花岗岩在500℃以后内部损伤急剧增加，导热系数快速下降。

为了进一步了解在循环加热过程中花岗岩不同位置之间的温度差异，绘制了1号监测点（试样中心）与2～4号监测点（试样表面）之间的瞬时温差随加热时间变化曲线，如图2.31所示。从整体上看，随着加热温度逐渐上升，峰值温差出现的时间逐渐滞后，如1号、4号监测点200℃下加热到14s左右时达到峰值温差，而在800℃下加热到20s左右时才出现峰值温差。对比不同温度梯度下各监测点的温差可以发现，在各温度梯度下，1号、4号监测点的峰值温差最大，1号、3号监测点的峰值温差次之，而1号、2号监测点的峰值温差最小，这主要是因为试样表面监测点与试验中心的距离越大，温度梯度也越大。此外，在整个热冲击过程中，不同温度梯度下各监测点的温差都经历了急剧增加后缓慢减小的过程，并且峰值温差随着加热温度升高而逐渐增大。试样不同位置的瞬时温度分布差异为热应力的产生创造了条件，尤其是在加热初期，试样内外的巨大温差使得更大的热应力产生，并且加热温度越高，温差产生的热应力越大，热应力促进花岗岩内部微裂隙的发育和扩展，而热循环作用使得这一损伤过程逐渐累积。因此，随着作用温度升高和热循环次数的增加，花岗岩物理力学性质劣化程度越高以及破裂面呈现更为不规则的破坏（图2.16和图2.18）。通过以上分析表明，数值模拟能够直观地反映循环加热过程中花岗岩内部温度场的分布规律，可以更深入地了解高温循环后花岗岩的热损伤机理。

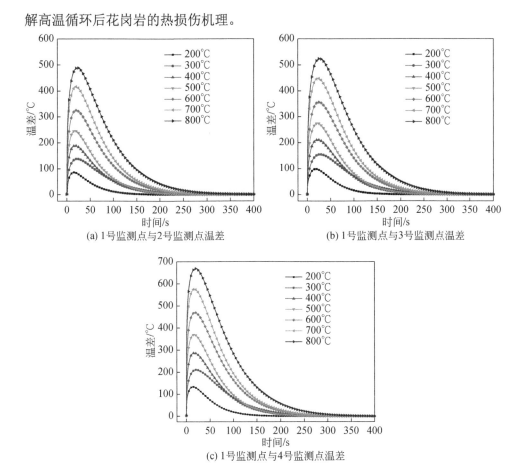

(a) 1号监测点与2号监测点温差

(b) 1号监测点与3号监测点温差

(c) 1号监测点与4号监测点温差

图 2.31　循环加热过程中不同监测点之间的温差

2.3　高温对岩石孔隙结构的影响

2.3.1　核磁共振弛豫机理

岩石中的孔隙可以通过多种技术进行测量,如光学显微镜(optical microscope, OM)、微焦点 X 射线计算机断层扫描(CT)、压汞法(mercury intrusion porosimetry, MIP)、核磁共振(NMR)等,其中核磁共振测试技术被认为是一种快速、无损的测量方法,已成为表征岩石孔隙大小分布、孔隙连通性以及孔隙度等岩石物理性质不可或缺的工具[173](图 2.32)。因此,本节采用低场核磁共振系统对高温及热循环后的花岗岩试样进行测量,研究花岗岩试样内部孔隙结构随温度及热循环的变化规律。

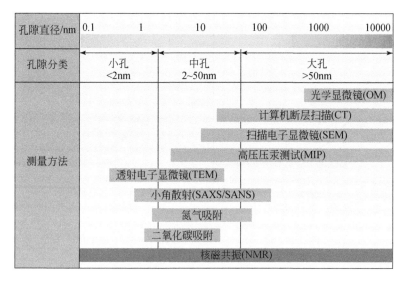

图 2.32　岩石孔隙分类及研究方法[173]

核磁共振技术的测试原理是利用外加磁场对岩石内部中的氢原子核进行磁化，使得氢原子核发生共振吸收能量，待磁场消失后氢原子核会将所吸收的能量释放，能量的释放过程可通过岩石外部的线圈被检测出来，这一过程可以测量出岩体孔隙中含氢流体的弛豫特征，从而探测岩石内部不同尺寸孔隙的含量[174-175]（图 2.33）。饱水岩石的孔隙结构主要通过自旋回讯磁振脉冲序列（Carr-Purcall-Meiboom-Gill，CPMG）序列进行测量，岩石孔隙中的流体弛豫时间主要由体积弛豫时间、表面弛豫时间和扩散弛豫时间组成，多孔介质中总横向弛豫时间（T_2）可以由式（2.20）表示[117]：

$$\frac{1}{T_2} = \frac{1}{T_{2B}} + \frac{1}{T_{2S}} + \frac{1}{T_{2D}}$$ （2.20）

式中，T_2 为横向弛豫时间，ms；T_{2B} 为体积弛豫时间，ms；T_{2S} 为表面弛豫时间，ms；T_{2D} 为扩散弛豫时间，ms。

由于实验所得的回波时间足够小，在低且均匀的磁场中可以忽略扩散弛豫时间（T_{2D}），此外，T_{2B} 可也可以被忽略，因为对于花岗岩试样中的孔隙水，其弛豫时间比表面弛豫时间要长得多。因此，在本研究中表面弛豫作为主要的作用，根据前人的研究表明[176]，T_{2S} 与孔隙表面体积比（S/V）孔隙有关，所以式（2.20）可以简化为

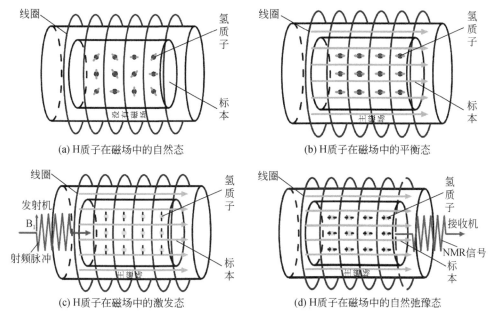

(a) H质子在磁场中的自然态　　　　　　(b) H质子在磁场中的平衡态

(c) H质子在磁场中的激发态　　　　　(d) H质子在磁场中的自然弛豫态

图 2.33　核磁共振试验原理图[175]

$$\frac{1}{T_2} \approx \frac{1}{T_{2S}} = \rho\left(\frac{S}{V}\right)_{\text{pore}} = \rho\left(\frac{F_S}{r_P}\right) \tag{2.21}$$

继续变形后得

$$r_P = T_2 \cdot \rho \cdot F_S \tag{2.22}$$

式（2.21）和式（2.22）中，ρ 为 T_2 表面弛豫强度，μm/ms，取值为 10μm/s；S 为孔隙的表面积，μm²；V 为流体体积，μm³；F_S 为岩石的形状因子（本研究岩样为管柱状，故 F_S 取值为 2）；r_P 为孔隙半径，μm。

根据式（2.22）可知，岩石的孔隙半径与 T_2 成正比关系，因此，可以将核磁共振试验所得到的 T_2 谱图换算得出岩石内部的孔隙半径分布，T_2 谱峰的个数代表不同尺寸的孔隙分布，谱峰的面积代表该尺寸孔隙的累计孔隙度，T_2 谱峰面积越大，表明岩石内部的孔隙越发育。

核磁共振（NMR）测试技术因其具有快速、无损、高效等优点，已成为表征岩石孔隙大小分布、孔隙连通性、孔隙度和渗透率等岩石物理性质不可或缺的工具。岩石作为多种矿物集合而形成的多孔介质材料，其内部孔隙结构是岩石的固有属性，在高温和热循环作用后，岩石内部的孔隙和裂隙结构会发生改变，通过核磁共振技术可以获取岩石内部孔、裂隙结构的演化规律。花岗岩孔隙度及孔隙结构测量如图 2.34 所示，在核磁共振试验开始前，需要先对花岗岩试样进行真空饱和，具体试验流程是：将制备好的试样放置在敞口容器中，往容器注入一定量的水直至没过岩心，然后将容器放置在抽真空平台上，盖上真空罩；随后开启真空泵和真空饱和装置开关，抽出真空罩内的空气形成负压，设定干抽和湿抽时间各 4h，待真空饱和完毕后，将饱水的岩心取出，擦拭岩心表面的残留的水珠，减小岩心表面残留水珠对测试结果的影响；最后，将真空饱和后的花岗岩试件放入 PQ-001（Mini-NMR）型核磁共振仪的磁体柜中，整个测试过程中，始终保持核磁共振仪中永磁铁组件的温度稳定在 32℃，以保证试验结果准确性。

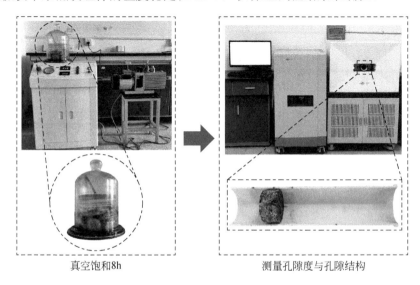

真空饱和8h　　　　　　　　　　　测量孔隙度与孔隙结构

图 2.34　花岗岩孔隙度及孔隙结构测量

2.3.2　T_2谱曲线分析

T_2谱曲线可以反映出岩石孔隙大小、数量和孔隙之间的连通性，不同热处理后的花岗岩试件的 T_2谱曲线演化如图 2.35 所示。从图中可以看出，温度和热循环次数的增加会影响花岗岩试样的峰值出现时间和信号幅值，尤其对第二个峰的影响更为显著。此外，在不同热处理后花岗岩试样的核磁共振 T_2谱曲线主要呈两峰分布，本节定义第一个峰为 P_1峰，第二个峰为 P_2峰。当加热温度为 25～500℃时，T_2谱曲线两峰之间曲线平滑且连续，说明不同尺寸之间的孔隙连通性较好，P_1峰和 P_2峰的信号幅值在 25℃时为 0.310 和 0.749，在 500℃加热后为 0.371 和 1.247，仅增加了 0.061 和 0.498，且 P_2峰在常温下出现在 84.654ms，在 500℃加热后 P_2峰出现在 110.351ms，两者仅相差 25.697ms，这表明在此温度区间内，温度对花岗岩内部孔隙结构发育的影响较小，岩石内部的孔隙数量和大小依然处于较低的范围。此外，随着热循环次数的增加，P_2峰总体上是逐渐向右移动的，两峰之间的峰谷也逐渐上移，这说明在此温度区间内，热循环能提高岩石内部孔隙的连通性；当加热温度为 600～800℃时，T_2谱曲线两个峰的信号幅值随着温度的升高明显增大，其中 P_2 峰的增加更为显著，且随着热循环次数的增加，信号幅值也逐渐增大，双峰之间也出现了波动，这表明在高温下热循环，花岗岩内部孔隙的尺寸和数量快速增长，且主要以中、大孔隙为主，其主要原因是高温和热循环会导致花岗岩内部矿物成分发生了一系列的物理化学反应，改变了内部孔隙的分布和连通性，从而促进了花岗岩孔隙大小和数量的增加。

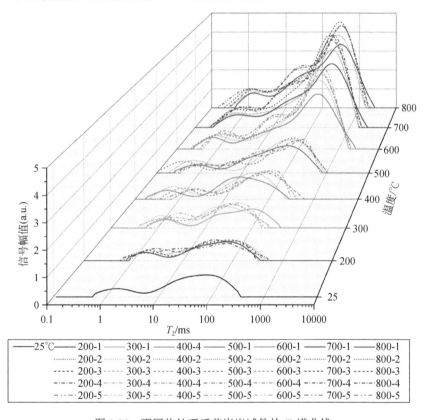

图 2.35　不同热处理后花岗岩试件的 T_2 谱曲线

200-1 表示 200℃-1 次热循环，依次类推；a.u. 表示任意单位，表示信号幅值的相对大小

表 2.6 为不同热处理后花岗岩试样的 T_2 谱曲线峰值点坐标与双峰面积，从表中可以看出，在 25～300℃的温度范围内，试样的 T_2 谱总峰面积变化不大，处于一种平衡波动的状态，与常温下的试样 T_2 谱总峰面积相比，300℃下 1 次热循环和 5 次热循环后的总峰面积仅增长了 10.40% 和 28.59%；在 300～500℃的温度范

围内，花岗岩试样的 T_2 谱总峰面积开始缓慢增加，500℃下 1 次热循环和 5 次热循环后的总峰面积增长了 93.19% 和 126.09%；当加热温度超过 500℃ 以后，花岗岩试样的核磁共振 T_2 谱总峰面积开始快速增大，800℃下 1 次热循环和 5 次热循环后的总峰面积增长 427.04% 和 561.62%。以上分析表明，不同热循环下试样的 T_2 谱总峰面积随温度的升高均经历了水平波动、缓慢增加和快速增加 3 个阶段，且 T_2 谱总峰面积也随着热循环次数的增加而增加，这表明在温度和热循环的作用下，会导致岩石内部的孔隙尺寸和数量逐渐增加，从而导致岩石损伤加剧。

表 2.6　不同热处理后 T_2 谱曲线峰值点坐标与双峰面积

热循环次数/次	温度/℃	P_1		P_2		T_2 谱总峰面积
		T_2/ms	信号幅值/a.u.	T_2/ms	信号幅值/a.u.	
0	25	1.587	0.310	84.654	0.749	19.151
1	200	1.812	0.328	84.654	0.818	21.350
	300	1.587	0.359	96.652	0.788	21.144
	400	0.550	0.394	22.490	0.967	26.861
	500	0.818	0.371	110.351	1.247	36.997
	600	0.717	0.566	318.640	2.657	74.628
	700	1.390	0.651	363.803	3.220	93.915
	800	1.390	0.779	318.640	3.358	100.934
5	200	1.153	0.488	110.351	0.695	21.490
	300	2.697	0.631	49.818	1.049	24.627
	400	2.363	0.413	125.992	1.273	30.324
	500	1.067	0.427	244.439	1.540	43.424
	600	1.390	0.891	363.803	4.031	101.166
	700	1.812	1.057	363.803	4.674	132.250
	800	1.067	0.977	318.640	4.349	126.706

2.3.3　孔隙结构变化

岩石孔隙度是评价岩体内部损伤程度的重要参数，通过 NMR 实验可以得到不同温度下孔隙度随热循环次数的变化曲线，如图 2.36 所示。从图中可以看出，中低温度下（≤500℃）热循环对花岗岩孔隙度影响较小，试样的孔隙度在 500℃ 下的孔隙度为 2.05%，经过 5 次热循环后孔隙度增加到 2.29%，热循环作用使试样的孔隙度仅增加了 0.24%；而在高温下（≥600℃）花岗岩试样的孔隙度随着热循环次数的增加而逐渐增大，并且在 3 次热循环后，试样的孔隙度增加速率逐渐减小，在 800℃作用下，花岗岩试样在 1 次热循环和 3 次热循环后的孔隙度为 4.50%和 5.23%，增加了 0.73%，而在 5 次热循环后孔隙度为 5.31%，较 3 次热循环后只增加了 0.08%，这说明在高温阶段（≥600℃），当热循环次数大于 3 次后，花岗岩内部损伤逐渐趋于稳定，热循环作用对试样内部孔隙结构发育的影响较小。

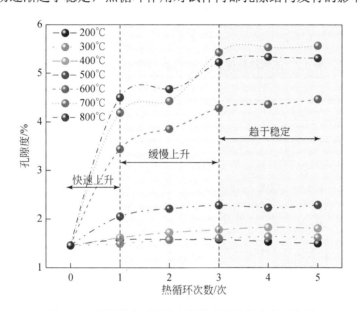

图 2.36　不同温度下孔隙度随热循环次数变化示意图

如图 2.37 所示，花岗岩试样孔隙度随温度的变化趋势可用玻尔兹曼（Boltzmann）函数很好地拟合，相关系数均达到 0.99，因此，可以用拟合公式来预测不同热处理后花岗岩的孔隙度，拟合公式如式（2.23）所示，详细的拟合参数见表 2.7。从图 2.37 中可以清晰看出，随着加热温度的升高，试样的孔隙度不断增加，且增加速度越来越快，孔隙度随温度的变化可分为 3 个阶段：在低于 300℃时，试样的孔隙度变化较小，与常温下岩样相比，300℃条件下试样的孔隙度在 1 次热循环和 5 次热循环后仅增加了 2.54%和 11.53%，这说明在低温下岩石处于微损伤状态，热循环对致密花岗岩造成的损伤较小；在 300～500℃的温度范围内，试样的孔隙度缓慢增加，相比常温状态，500℃加热下试样的孔隙度在 1 次热循环和 5 次热循环后增加了 39.74%和 55.25%，这表明在此温度阶段内，温度已经造成岩石内部结构发生破坏，并且在循环加热的交变应力作用下，原生裂纹开始逐渐扩张，形成新的孔隙通道；当加热温度大于 500℃时，试样的孔隙度急剧增加，到 800℃时达到 4.50%，而 5 次循环加热后增加到 5.31%，孔隙度的增加率高达 208.99%和

264%，此外，5 次热循环后与 1 次热循环后的孔隙度之差也在此温度区间内逐渐增大，这表明 500℃可被视为花岗岩孔隙度变化的阈值温度，当试样加热温度超过 500℃时，岩石内部的矿物组分可能发生分解等化学反应，且热循环加剧了岩石的损伤，使得岩石内部的孔隙结构得到进一步发育，进而导致岩石的孔隙度出现显著下降。

$$S = \frac{A_1 - A_2}{1 + e^{(T-T_0)/dT}} + A_2 \tag{2.23}$$

表 2.7　不同热处理后孔隙度随温度的变化拟合曲线参数

热循环次数/次	A_1	A_2	T_0	dT	R^2
1	1.5043	4.4832	571.7522	50.5964	0.9972
5	1.5764	5.4828	557.5749	38.9688	0.9914

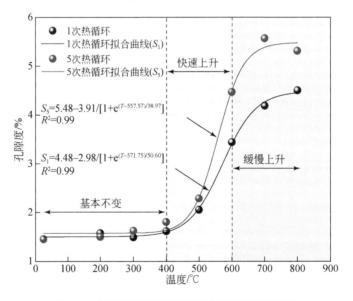

图 2.37　不同热处理后花岗岩孔隙度变化规律图

T_2 谱曲线可以大致反映出岩石内部孔隙分布特征，但是，为了对岩石内部的孔隙半径分布进行定量分析，还需要对 T_2 图谱进一步处理。根据式（2.22）可以将核磁共振试验所得到的 T_2 谱图换算得出岩石内部的孔隙半径分布，如图 2.38 所示。国内外学者根据研究方法及目的对孔隙半径大小划分有不同的结果，本书综合考虑前人的研究结果和本次试验结果，将花岗岩内部的孔隙半径依据大小划分为大孔隙（＞10μm）、中孔隙（1～10μm）、小孔隙（0.1～1.0μm）和微孔隙（＜0.1μm）[177-181]。

图 2.38 中显示了不同温度下花岗岩试样的孔隙半径分布随热循环次数的变化。从总体上看，在 200~400℃时，热循环会造成花岗岩试样孔隙半径分布出现较大的变化，花岗岩孔隙主要由微孔隙、小孔隙和中孔隙组成，随着热循环次数的增加，峰值点总体上是逐渐向右移动的，孔隙半径分布曲线也逐渐上移，这说明在此温度区间内，热循环使得小孔隙的数量逐渐减少，而小孔隙和中孔隙数量逐渐增加。随着加热温度的上升，在 500~800℃时，花岗岩内部大孔隙的数量逐渐增多，随着热循环次数的增加，曲线逐渐集中，热循环对孔隙半径分布的影响逐渐减小，这表明花岗岩在高温阶段可能存在温度记忆效应，此阶段花岗岩的热膨胀在冷却后具有部分恢复原始状态的能力，热循环不会对岩石的微观结构有较大的影响，此外，曲线的双峰之间的波动幅度随着热循环次数的增加而增大，这说明热循环会改善岩样内部孔隙结构之间的连通性。

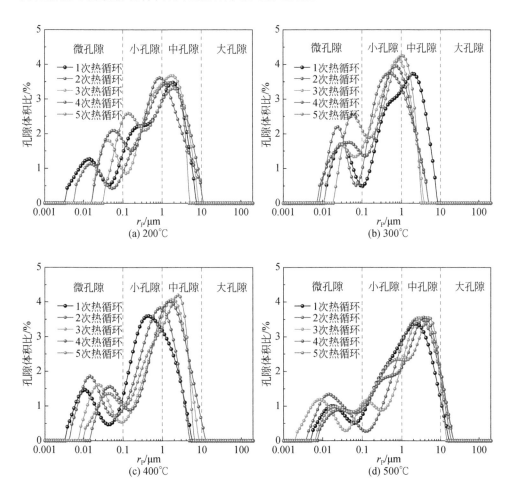

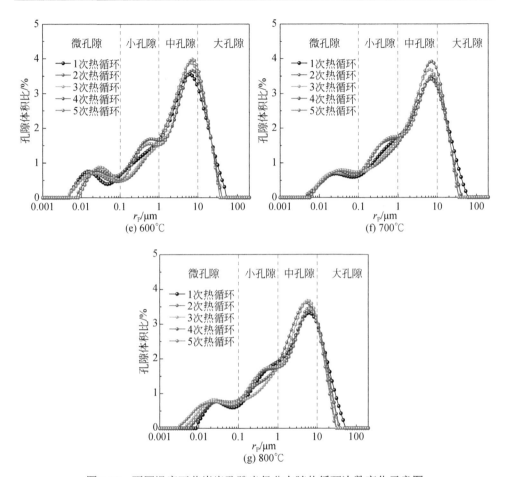

图 2.38　不同温度下花岗岩孔隙半径分布随热循环次数变化示意图

高温和热循环处理会使岩石结构发生多种物理和化学变化，如水分蒸发、矿物热膨胀、冷热循环产生的交变热应力诱发微裂纹萌生和晶体相变等，这些变化都将造成岩石内部的孔隙分布发生改变。根据上述孔隙划分标准，绘制了花岗岩试样内部不同类型孔隙占比随温度和热循环次数的变化如图 2.39 所示。综合分析图 2.39 可以发现：随着加热温度的升高，微孔隙的累计孔隙体积占比呈先增大后减小的趋势，在 200℃加热后微孔隙占比为 17.78%，在 400℃时增加到 22.72%，而在 800℃加热后微孔隙占比减少为 10.74%，微孔隙的累计孔隙体积占比总体上是随着热循环次数的增加而逐渐增大的，200℃下的微孔隙占比增加到 21.33%，在 800℃加热后的微孔隙占比增加到 15.35%。随着加热温度的上升，小孔隙的累计孔隙体积占比经历了增大—减小—稳定的过程，并且随着热循环次数的增加，在 200～400℃时小孔隙占比逐渐减小，而在 500～800℃下小孔隙占比缓慢上升。

中孔隙的累计孔隙体积占比随着温度的上升经历了减小—增大—稳定的过程，在200℃下中孔隙占比为40.71%，在400℃时中孔隙占比降为23.64%，到800℃时中孔隙占比为46.46%。当加热温度为500℃时，岩样内部开始出现了大孔，并且随着热循环次数的增加，大孔隙的累计孔隙体积占比也增大，当加热温度超过600℃时，大孔隙占比急剧增加，大孔隙占比随着热循环次数的增加出现小幅度的波动。

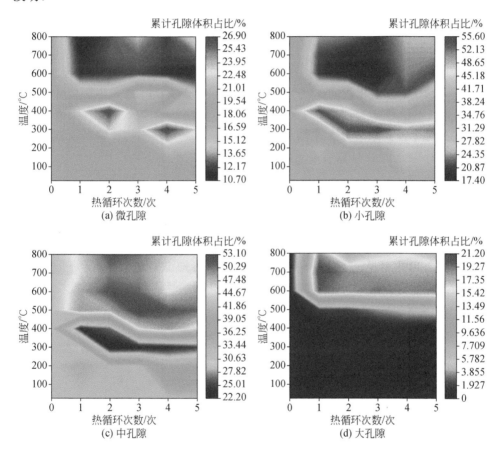

图2.39　花岗岩内部不同类型孔隙累计孔隙体积占比变化图

综上所述，当加热温度在200~400℃，试样内部孔隙主要由微孔隙、小孔隙和中孔隙组成，内部结构较为紧密；当加热温度在500~800℃时，随着加热温度的增加，微孔隙与小孔隙的逐渐生长并连通形成中孔隙和大孔隙，微孔隙和小孔隙占比逐渐减少，中孔隙和大孔隙占比大幅增加，这表明微孔隙和小孔隙在较高温度作用下逐渐扩展和连通形成中孔隙和大孔隙，花岗岩试件受到了更为严重的热损伤，结合本节和以往的研究结果[182]，可以推断岩石宏观力学性质劣化的主要原因是大孔隙（>10μm）的变化所引起的。因此，大孔隙的累计孔隙体积占比的高低直接决定着花岗岩试样的承载能力，使得不同热循环作用后花岗岩试样的宏观物理力学性能在500℃后出现显著劣化，这验证了前述3节的试验结果。

2.4　岩石热损伤的微观机制分析

2.4.1　等效平均孔隙半径变化

使用 NMR 技术可以获得饱和花岗岩试样的孔隙水量，不同孔隙半径孔隙内的水量分数实际上等于相同孔隙半径孔隙的体积分数，为了进一步探究岩石内部不同孔隙半径孔隙与物理力学性质之间的关系，本书引入等效平均孔隙半径将岩石不同孔隙半径孔隙进一步处理［式（2.24）］，并将等效平均孔隙半径与物理力学参数进行拟合[37]，计算结果见图 2.40，拟合结果见图 2.41。

$$r_{\mathrm{T}} = \frac{\sum \xi_i r_i}{\sum \xi_i} \times 100\%　（2.24）$$

式中，r_{T} 为等效平均孔隙半径；r_i 为孔隙半径；ξ_i 为孔隙半径为 r_i 的孔隙体积占总孔隙体积之比。

从图 2.40 中可见，花岗岩的等效平均孔隙半径随温度上升和热循环呈非线性增加。具体而言，在 25~500℃时，等效平均孔隙半径随温度上升缓慢增加，在

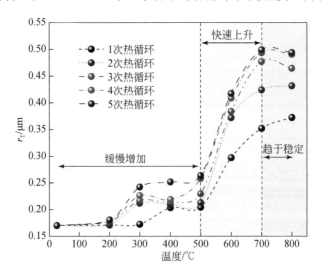

图 2.40　花岗岩等效平均孔隙半径变化图

500℃下为 0.204μm，热循环后增长到 0.264μm，相比 25℃下分别增长了 20%和
55%；在 500～700℃时，等效平均孔隙半径急剧增长，表明此时岩石内部损伤加
剧；当温度超过 700℃后，等效平均孔隙半径增长趋于稳定，其增长速率随着热
循环次数的增加逐渐减小。

通过对等效平均孔隙半径与物理力学参数进行拟合发现（图 2.41），r_T 与 R_m
和 R_V 呈线性相关，与纵波波速和抗拉强度呈指数相关，R^2 均大于 0.90，拟合效
果良好，岩石各项物理力学参数随孔隙半径增大呈现不同程度的升高或降低趋势，
表明高温后岩石内部孔隙结构的改变与岩石物理力学性质劣化的密切相关。

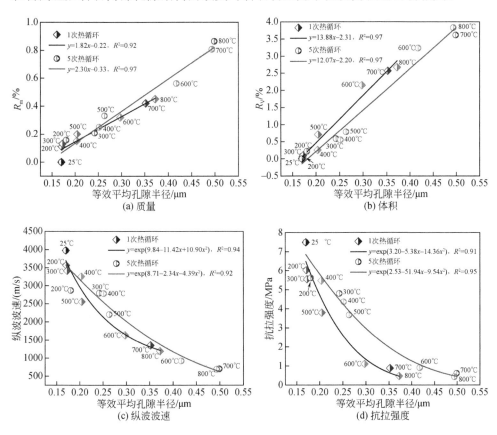

图 2.41　花岗岩孔隙结构对其物理力学特性的影响示意图

2.4.2　主要矿物成分变化

高温下岩石的矿物种类、含量、粒度等物相特征的变化是影响岩石宏观破坏
特征的重要原因。XRD 和 TG-DTA 试验的结果如图 2.42 所示。从图 2.42（a）中

可以看出，花岗岩试样的主要矿物成分是石英、黑云母、斜长石和微斜长石，经过不同的温度和热循环处理后，岩石的组成矿物基本不变，但是各矿物的衍射强度发生增强或减弱，这说明本次试验的温度不足以分解花岗岩的主要矿物成分，但足以改变各矿物的结晶状态。从矿物最大衍射强度的变化可以看出[图2.42（b）、（c）]，石英、黑云母和斜长石在500～600℃时衍射强度急剧上升，这表明此温度区间内试样内部矿物晶体结构发生改变，说明高温下矿物结晶状态的改变是导致岩石裂隙面粗糙度在500～600℃时发生突变的主要原因。值得注意的是，5次热循环后各温度梯度下石英的衍射强度呈现不同程度地降低，并且黑云母、斜长石和微斜长石随温度升高的波动幅度增大，这说明热循环作用可以进一步改变各矿物的结晶状态，加剧温度对岩石造成的损伤。

高温下岩石的物理化学反应与岩石宏观破坏形态密切相关，通过热重-差热（TG-DTA）试验可以测量和分析花岗岩在加热过程中的物理与化学性质的变化，试验结果如图2.42（d）所示。在25～200℃时，TG曲线快速下降，这主要是由

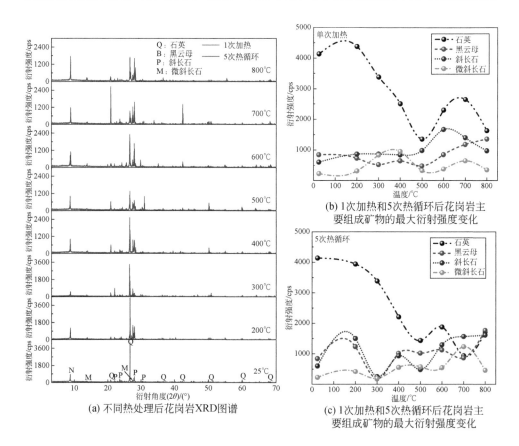

(a) 不同热处理后花岗岩XRD图谱

(b) 1次加热和5次热循环后花岗岩主
要组成矿物的最大衍射强度变化

(c) 1次加热和5次热循环后花岗岩主
要组成矿物的最大衍射强度变化

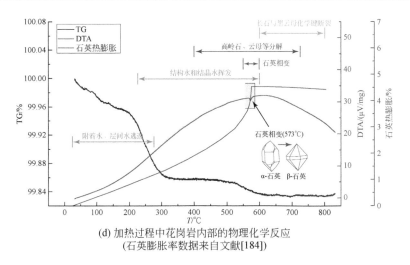

(d) 加热过程中花岗岩内部的物理化学反应
(石英膨胀率数据来自文献[184])

图 2.42　高温和热循环下花岗岩组成矿物的物理化学反应示意图

于岩石内部自由水的逃逸；在 200～300℃时，TG 曲线急剧降低，花岗岩内部强结合水、结晶水和部分矿物结构水的气化逸出是质量降低的主要原因；300～500℃时，TG 曲线基本不变，表明此时岩石内部水分已经基本蒸发；在 500～600℃时，TG曲线再次下降，表明花岗岩内部剩余结构水的完全丧失；当加热温度高于600℃时，TG 曲线趋于稳定，表明岩石内部处于平衡状态。在整个加热周期内，DTA曲线先平滑上升，后逐渐下降，值得注意的是，DTA 曲线在 573℃左右出现了吸收峰，石英热膨胀率急速上升，这表明石英在 573℃左右发生了α-石英向β-石英的转变[183]。TG 曲线和 DTA 曲线表明，花岗岩质量在加热周期内不同水分的逸出和石英矿物的晶体相变是导致岩石损伤的主要原因，进而导致高温后岩石裂隙面的粗糙度、各向异性和裂隙面开度显著增加，尤其在 600℃后增加显著。石英是花岗岩中含量最丰富的矿物之一，在高温-冷却循环作用下石英在α-石英与β-石英之间反复相变，导致石英发生反复膨胀-收缩，极大促进了微裂纹的发育、扩展和延伸，进而导致热循环后花岗岩损伤加剧，表现为热循环后裂隙面粗糙度、各向异性和开度增加。

2.5　高温环境下岩石的损伤机制分析

花岗岩在高温作用下，岩石内部矿物成分会发生脱水、热分解、石英相变、矿物氧化、化学键断裂及热应力等物理化学反应，从而导致岩石内部微裂隙发育、扩展和连通，最终形成宏观裂隙，岩石的孔隙结构也从中低温阶段的微、小孔隙向高温阶段的中、大孔隙转化，最终导致岩石的宏观物理力学性质弱化。由此可知，高温下岩石内部微裂纹的萌生和扩展是花岗岩宏观物理力学性质劣化的关键。花岗岩内部微观结构演化过程如图 2.43 所示，花岗岩的物理力学性质弱化的主要损伤机制如下。

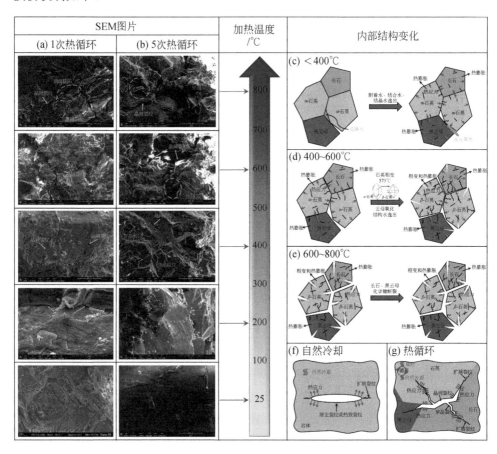

图 2.43 高温和热循环下花岗岩微观结构演化图

在第一阶段（25～400℃），花岗岩内部的水分逃逸和蒸发，以及石英和长石等矿物的不均匀膨胀引起微裂纹萌生和发展是引起花岗岩损伤的主要原因 [图 2.43（e）]。岩石内部裂纹的数量、长度和开度较小，主要以微孔隙和小孔隙为主，岩石结构损伤较小，这是由于此阶段温度较低，热应力不足以产生较大的热裂纹，此时岩石的孔隙度、抗拉强度、纵波波速、质量、体积变化较小，而表面色度的变化较为明显，这可归因于花岗岩表面含铁矿物在 200℃左右发生铁氧化和内部水分（自由水和结合水）的丧失[35]。

在第二阶段（400～600℃），岩石内部结构水的蒸发逸出导致矿物晶格结构遭到破坏，部分矿物被分解和氧化，石英在 573℃ 左右发生 α-β 相变[183]，云母矿物（如黑云母）在 400℃ 发生相变，矿物相变可以显著改变晶体结构 [图 2.43 (d)]，石英和云母是花岗岩的主要组成矿物，因此矿物相变在花岗岩的热损伤中起着重要作用。除此之外，高温下各矿物不均匀热膨胀和温差会产生更大的热应力，矿物颗粒的晶间裂纹和穿晶裂纹的尺寸和数量迅速增加，而在随后的冷却过程中，矿物颗粒的收缩使得应力集中在裂纹尖端，导致微裂纹的进一步扩展形成裂隙网络 [图 2.43 (f)][10]。当温度超过 500℃ 后，中孔和大孔的占比激增，裂隙最大开度达到 11.28μm，花岗岩物理力学性能显著劣化，因此可将 500℃ 视为花岗岩物理力学性质劣化的阈值温度。

在第三阶段（600～800℃），花岗岩内部水分已全部逸出，长石矿物中的 Ca—O 键、Al—O 键、K—O 键和 Na—O 键，以及黑云母中 Fe—O 键和 Mg—O 键发生断裂并释放出 CO_2，部分矿物发生熔融[27, 185]，这些矿物变化都将进一步促进岩石微观缺陷发育，使得岩石的孔隙度增加 [图 2.43 (c)]，此时岩石开始出现剥离缺陷，裂纹最大开度达到 38.70μm，但此阶段岩石已经历了 573℃ 石英相变峰值，微裂纹萌生和发育剧烈程度相对降低，因此岩石物理力学参数的变化速率减缓。

而热循环引起的损伤机制可以用疲劳损伤来解释[10]，花岗岩在加热-冷却循环作用下所产生的交变热应力会促进岩石内部微裂纹增加、扩展和加深，使得岩石内部裂隙网络进一步发育 [图 2.43 (g)]，岩石各矿物组分的结晶状态也在热循环后发生了不同程度的变化 [图 2.43 (b)]，从而导致花岗岩的物理力学参数在热循环后均呈现不同程度的衰减，尤其是温度高于 500℃ 后，岩石物理力学参数随热循环的变化更加明显。值得注意的是，高温（≥500℃）下花岗岩抗拉强度的变化却并不明显，这是由于在高温作用下，花岗岩中形成较大的孔隙空间可以增强岩石适应热变形的能力，从而进一步降低热应力的影响[174]，并且在高温阶段更为明显，这解释了为什么在高温热循环后花岗岩孔隙度出现了较为明显的变化，而花岗岩力学性能不会因为后续的热循环而进一步衰减。

2.6　小　　结

核废料深埋地质处置、地热开采等深部岩体工程均涉及高温岩石力学，而高温会导致岩体中裂隙产生和扩展，这些裂隙对岩体的物理力学性质和渗流特性具有重要影响，是影响工程运营和长期稳定性的重要因素之一。本章主要研究了高温和热循环作用后花岗岩的物理力学性质变化规律和劈裂破坏特征，并从微观的角度揭示了花岗岩内部微观结构的变化及其损伤劣化机制，本章得出的主要结论如下。

（1）高温和热循环作用对花岗岩物理性质具有显著的影响。随着温度和热循环次数的增加，花岗岩试件的表面色差、体积膨胀率、孔隙度等逐渐增加，岩石表面裂纹的宽度和长度也明显增大，而岩石的质量损失率、纵波波速、导热系数不断减小，当加热温度高于 500℃后，花岗岩各物理参数均呈现明显的变化，因此，500℃可被视为花岗岩热损伤的阈值温度。

（2）高温会对花岗岩的力学性能产生显著影响，随着温度的逐渐升高，花岗岩的抗拉强度呈现明显的下降趋势，当加热温度超过 400℃后，抗拉强度显著降低，并且热循环有助于加剧花岗岩的损伤，在相同温度下，随着热循环次数增加，花岗岩的抗拉强度降低，破坏时的载荷位移增加。不同热处理后花岗岩试件的声发射均可分为平静期、上升期和高峰期三个阶段，随着加热温度的逐渐上升，声发射在各阶段的信号数量和强度都有明显的变化，花岗岩损伤变量（D_{AE}）也呈增大趋势，并且热循环会促进花岗岩的热损伤，使得岩石的抗拉强度和累计振铃计数呈减小趋势，而损伤变量（D_{AE}）增大。

（3）利用 COMSOL 模拟发现，在循环加热过程中，花岗岩不同位置温差所产生的不均匀热应力会导致花岗岩内部微裂隙得到发育和扩展，最终宏观表现为花岗岩试件随着温度和热循环次数的增加呈现更为不规则的破坏形态。

（4）利用核磁共振技术对高温和热循环后花岗岩的孔隙结构演化规律进行了研究，对花岗岩试件内部饱水孔隙度、孔隙结构类型和孔隙结构分布进行了定量表征。结果发现，随着温度升高和热循环次数增加，花岗岩内部孔隙逐渐由微、小孔隙向中、大孔隙转化，在 500℃后大孔占比大幅增加，试样的孔隙度显著增大，孔隙结构的演化最终造成了岩石物理力学性质的劣化。

（5）随着温度的逐渐升高，花岗岩内部矿物成分会发生脱水、热分解、石英相变、矿物氧化、化学键断裂及热应力等物理化学反应，导致岩石内部微裂隙发育、扩展和连通，并最终形成宏观裂隙，进而导致岩石的宏观物理力学性质劣化。

（6）热循环引起的损伤机制可以用疲劳损伤来解释，花岗岩在高温下会发生一系列的物理化学变化，导致岩石内部产生大量的微裂纹，而在随后的冷却过程中，矿物颗粒的收缩应力会导致微裂纹扩展，反复热冲击所产生的交变热应力促进了岩石内部微裂纹增加、扩展和加深，使得裂隙网络进一步发育，进一步加剧岩石的损伤程度。

第3章 高温对岩石破裂面特征的影响规律

在核废料深地质处置、深部地热开采和煤炭地下气体开采等工程中，高温和热循环作用后岩体中的裂隙网络的渗流特性是影响核素迁移、换热效率以及气体产出量的关键，而研究裂隙渗流特性不能忽视裂隙面几何特征的影响，不同温度和热循环作用后岩石破裂面的粗糙程度各异，从而影响了流体运移和核素迁移的路径。因此，定量解析和描述裂隙面的粗糙程度等几何特征是研究裂隙物质传输的基础[55]。在不同温度和热循环后花岗岩破裂面的粗糙程度各异，从而影响了流体运移和核素迁移的路径。然而，现有研究针对不同温度循环后花岗岩破裂面粗糙度变化规律的研究较少。因此，研究高温和热循环后花岗岩破裂面粗糙度特征的变化规律对于保障深部岩体工程的安全性和稳定性具有很大的现实意义。鉴于此，本章采用三维激光扫描技术获取了不同温度循环后花岗岩破裂面的三维点云数据，采用二维粗糙度参数 [高度参数：最大起伏度（Z），纹理参数：高度均方根（Z_1）、节理粗糙度系数（JRC）、分形维数（D）]、三维粗糙度参数 [高度特征参数：表面最大高度（S_z）、表面平均梯度模（Z_{2s}），倾角特征参数：三维平均倾角（θ_s）、粗糙度参数 $\theta_{max}^*/(C+1)$，面积特征参数：表面粗糙参数（R_s）、表面扭曲参数（T_s）]综合定量评价高温和热循环后花岗岩破裂面粗糙度，并探究了破裂面各向异性和破裂面开度的变化规律。

3.1 试验流程

3.1.1 试样选择与制备

试验设置温度梯度为 25℃、200℃、300℃、400℃、500℃、600℃、700℃ 和 800℃，为避免加热对岩石产生热冲击，设置升温速率为 8℃/min，当温度达到预定温度后恒温 2h 使试件内外受热均匀。为获取热损伤花岗岩的破裂面，采用 RMT-150C 试验机进行巴西劈裂试验，加载方式选择位移控制，设置加载速度为 0.2mm/min，直至岩样发生劈裂破坏后终止试验（图 3.1）。

3.1.2 破裂面信息采集

选择合适的岩石破裂面信息采集方式是表征破裂面粗糙度的关键，根据测量

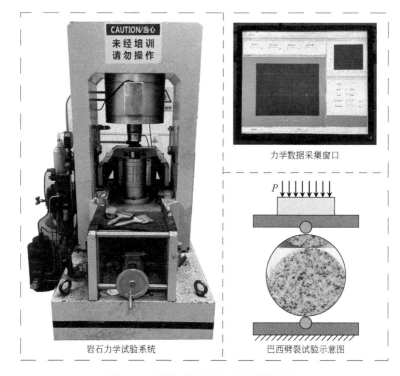

力学数据采集窗口

岩石力学试验系统

巴西劈裂试验示意图

图 3.1　岩样加热程序与巴西劈裂试验

方式的不同可以将现有岩石破裂面形貌的采集方法分为接触式测量法和非接触式测量法。接触式测量法又称机械类测量法，主要有触针式、针梳式等[186-187]，其原理是使用机械探针接触被测物体表面，当探针沿被测表面移动时，起伏不平的表面使得机械探针上下移动，通过位移传感器采集探针的位移数据从而得到被测表面的轮廓数据，此类方法的优点是造价低廉、便于携带，缺点是只能对单条剖面线进行测量，且探针沿岩石破裂面滑行时易插入材料表面，造成表面划伤和测量误差[188]。非接触式测量法又称光学类测量法，主要有脉冲式激光扫描法、手持式激光测量仪法和摄影测量法，此类方法基于光影技术，可以对破裂面进行无接触扫描，获得高精度、大数据量的破裂面三维点云数据，具有采样速度快、高精度、无接触等优点，被广泛应用于破裂面形貌特征的测量中[188-189]。综合考虑以上各种表面形貌采集技术的优缺点，本章采用手持式激光三维扫描仪来获取破裂面的信息数据。

　　破裂面形貌扫描如图 3.2 所示，本次试验采用天远 FreeScan X5 三维扫描仪进行破裂面形貌信息采集，仪器技术参数如表 3.1 所示，该仪器扫描频率高达 350000 次/s，最高测量精度为 0.03mm，在使用过程中可以通过机身中红色线激光闪光灯将可见光光栅条纹图像投影到岩石破裂面，并由机身携带的两个工业相机来捕捉这一瞬间的三维扫描数据，由于物体表面的曲率不同，光线照射在物体上会发生反射和折射，在扫描仪移动的过程中，光线会不断变化，而软件根据条纹按照曲率变化的形状利用三角法和相位法等精确的计算出破裂面每一点的空间坐标$(X、Y、Z)$。扫描结束后，将扫描结果生成为 ASC 格式的文件，以便后续快速编辑和处理。

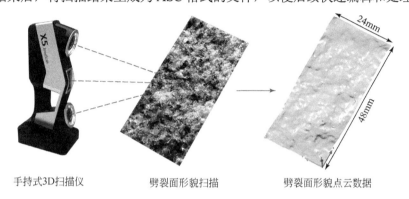

手持式3D扫描仪　　　　劈裂面形貌扫描　　　　劈裂面形貌点云数据

图 3.2　破裂面形貌扫描图

表 3.1　天远 FreeScan X5 三维扫描仪技术参数表

技术指标	技术参数
重量/kg	0.95
尺寸/mm	130×90×310
扫描速率/(次/s)	350000
扫描区域/mm	300×250
扫描方式	全新线激光阵列 3D 扫描
光源	10 束交叉激光线，Class Ⅱ（人眼安全）
测量精度/mm	最高 0.03
体积精度/(mm/m)	0.020+0.080
工作距离/mm	300
测量范围/m	0.1～8（可扩展）
景深/mm	250
操作温度范围/℃	−10～40

3.1.3　破裂面信息处理

使用三维激光扫描仪得到物体外观表面的点数据集合称为点云数据（point cloud）。通过三维激光扫描获取破裂面的点云数据，需要使用自动化逆向工程软件 Geomagic Control 对点云数据进行后处理，处理过程如图 3.3 所示，具体处理流程如下。

（1）对原始点云数据进行着色以区分破裂面与其他多余数据点，去除桌面与岩石侧壁多余的点数据。

（2）在破裂面上下端加载点处取 4 个特征点，以特征点建立破裂面的基准面，将点云数据移动至原点，通过精确旋转 X 轴和 Y 轴使得三维坐标轴的 XY 平面与基准面拟合，最后旋转 Z 轴至基准面法向轴方向。

（3）调整坐标后，选择破裂面的范围，由于破裂面边界点云数据存在部分缺失，为了减少对数据处理结果的影响，选择的破裂面范围略小于岩样实际的破裂面尺寸，破裂面选取范围约为 48mm×22mm，反向选择后删除其余点数据。

（4）去除破裂面的体外孤点、非连接点，并对破裂面进行降噪处理，点处理后将作三维坐标轴精确移动至破裂面的左下角（破裂面点数据的 x、y、z 坐标最小值均为 0），保存数据后退出软件。

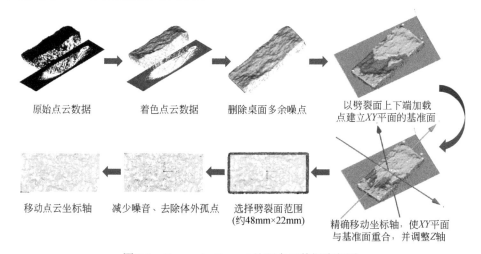

原始点云数据　　　　着色点云数据　　　　删除桌面多余噪点　　　以劈裂面上下端加载点建立XY平面的基准面

移动点云坐标轴　　减少噪音、去除体外孤点　选择劈裂面范围(约48mm×22mm)　精确移动坐标轴，使XY平面与基准面重合，并调整Z轴

图 3.3　Geomagic Control 处理点云数据流程图

3.2　岩体破裂面三维形貌变化

经过 Geomagic Control 处理后得到的是 ASC 格式文件，需要将其转化成可以被 Surfer 软件识别的 CSV 格式文件后导入 Surfer 中。由于仪器设备本身问题和破裂面表面附着破裂的岩石碎片，在扫描取得的原始数据中存在破裂面部分数据缺失，且点云经过 Geomagic Control 软件去除孤点和降噪的处理后破裂面会出现点数据空洞，因此需要在 Surfer 15 中对导入的点云三维坐标数据进行克里金插值生成网

格文件（设置数据点采样精度为 0.1mm，后续破裂面轮廓线采样间距取 0.5mm），通过插值生成的网格文件导入 Surfer 中绘制破裂面的三维形貌，如图 3.4 所示。

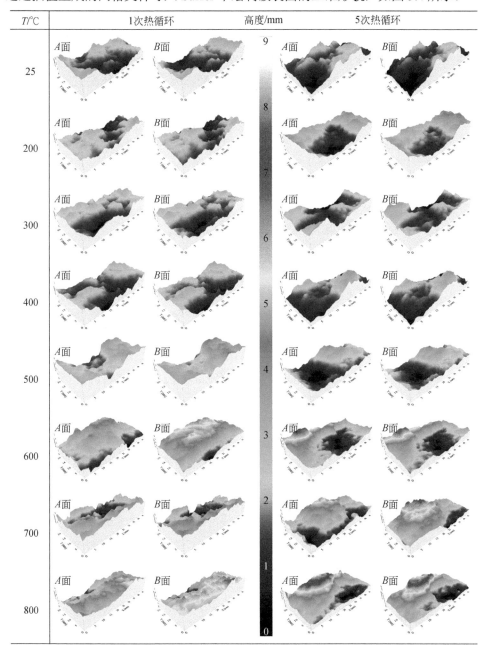

图 3.4　1 次热循环和 5 次热循环后花岗岩破裂面三维形貌图

从三维扫描测试的结果可以看出（图 3.4），温度和热循环都会改变破裂面的形貌，随着加热温度和热循环次数的增加，花岗岩试件破裂面的粗糙程度增加。当处理温度为低于 500℃时，花岗岩表面相对平坦，各循环作用后的岩石两个破裂面（A 面与 B 面）的起伏差异较小，将破裂岩样拼回后能形成完整的试样；当加热温度超过 500℃时，花岗岩表面起伏明显增加，岩石两个破裂面（A 面与 B 面）的起伏出现了明显的差距，并且起伏差距随着温度和热循环次数的增加而增大，这主要是因为高温和热循环的作用会使岩石内部产生大量微裂纹，岩石矿物组分间的胶结能力变弱，导致岩样在力学试验过程中脱落更多的矿物颗粒，岩石两个破裂面出现差异。

3.3　岩体破裂面粗糙度二维表征

3.3.1　岩体破裂面粗糙度二维表征方法

1. 经验取值法

节理粗糙度系数（JRC）是研究岩石节理粗糙度与渗流特性时常用的一个几何参数。Barton 和 Choubey[57] 于 1977 年采用 0.5～1.0mm 的间距提取了 136 条不同粗糙程度岩石节理试件的轮廓曲线，并采用直剪试验反算获得了这些轮廓曲线的 JRC 值，提出了用以评价节理形貌的粗糙起伏程度的 10 条标准 JRC 曲线，如图 3.5 所示，通过将岩石节理剖面线与 10 条标准 JRC 曲线进行对比得到节理粗糙度的量化数值。该方法被提出后经国际岩石力学与岩石工程学会（ISRM）推荐而被广泛地应用于岩石节理粗糙度的评估，国内外学者也根据常用统计参数与 JRC 之间的拟合提出了诸多应用于工程实践的经验公式[60-61]。然而，采用人工目测对比获取节理轮廓曲线 JRC 值的方法存在较大的主观性误差，使得取值结果不够精确[190-191]。因此，许多研究人员试图通过建立 JRC 与统计粗糙度参数之间的经验关系来寻求更客观、更准确的估算节理粗糙度的方法[60-61]。其中最具代表性的是 Tse 和 Cruden 提出的经验公式[68]。Tse 和 Cruden 研究了 8 个统计参数与 JRC 之间的关系，认为与破裂面粗糙程度最相关的参数是一阶导数的均方根 Z_2（R^2=0.986）。Tse 和 Cruden 提出计算 JRC 值的公式如下：

$$JRC = 32.2 + 32.47 \log(Z_2) \tag{3.1}$$

2. 数学统计法

数学统计法是基于统计学理论对裂隙形貌特征进行定量分析的方法，该方法

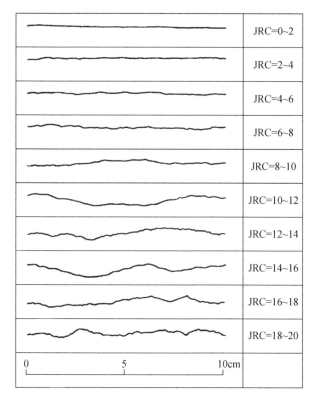

图 3.5　JRC 标准轮廓线（引自 Barton[57]）

主要分为高差参数描述法和纹理参数描述法两种[192]。其中，高差参数描述法是反映裂隙形貌在高度方向上的变化特征及分布规律的参数，如最大起伏度（Z）、高度均方根（Z_1），平均起伏度（Z_α）、基线平均起伏度（R_m）等；纹理参数描述法是反映裂隙形貌坡度起伏特征的参数，主要描述裂隙形态中点与其他点之间的位置关系，如表面形貌一阶导数均方根（Z_2）、表面形貌二阶导数均方根（Z_3）、轮廓线线平均倾角（θ_p）等[62, 193-194]。但是如此之多的表征参数并没有很好地表征裂隙的粗糙特征，每种统计参数均有代表裂隙特征的优点和缺点，因此随着统计参数的增多表征裂隙的几何特征能力反而下降。目前数学统计法中的最大起伏度（Z）和一阶导数均方根（Z_2）是使用比较普遍的方法，均能相对较好地反映裂隙的粗糙程度，如式（3.2）和式（3.3）所示[68]。

$$Z = Z_{max} - Z_{min} \qquad (3.2)$$

式中，Z 为破裂面轮廓线最大起伏度；Z_{max} 为轮廓线上最大起伏高度；Z_{min} 为轮廓线上最小起伏高度。

$$Z_2 = \sqrt{\frac{1}{(n-1)(\Delta x)^2} \sum_{i=1}^{n-1} (Z_{i+1} - Z_i)^2} \tag{3.3}$$

式中，Z_2 为破裂面轮廓线一阶导数的均方根；n 为数据点个数；Z_i 为点 i 处的轮廓线高度；Δx 为相邻测点之间的距离。

3. 分形维数法

Mandelbrot[195-197] 于 20 世纪 70 年代中期首次提出分形几何理论，其本质是反映物体形貌的自相似性，分形理论中最重要的参量是分形维数，分形维数能够对复杂结构进行精细化描述和处理，反映复杂结构的不规则性和占有空间的程度。随着分形理论研究的深入，有学者发现岩体工程领域的诸多现象与分形理论相吻合，天然岩体裂隙表现出具有自仿射分形的特性，因此，可以利用分形维数来描述岩体裂隙形态的复杂性[198-202]。分形维数会随着测量参数的变化而改变，因此选择不同的测量参数就会派生出不同的分形维数的计算方法。目前常用于岩石裂隙分形维数测量方法主要有方盒计数法[203]、功率谱法[204]、尺码法[205]、结构函数法[206] 和 R/S 法[207] 等。在以往的研究中，晁彩霞[208] 和曹海涛[209] 通过对比分析不同方法计算裂隙面分形维数的结果发现，使用结构函数法所计算出的分形维数与理论值最接近，误差百分比最小，且计算方法相对简单。

结构函数法是将裂隙面轮廓线视为一个沿 x 方向的粗糙高度序列 $Z(x)$，该序列具有分形特征，其能使所采样的数据满足以下列关系式：

$$S(h) = [Z(x+h) - Z(x)]^2 = Ch^{4-2D} \tag{3.4}$$

式中，$[Z(x+h)-Z(x)]^2$ 为差方算术平均值；h 为数据间隔的任意选择值。

通过改变 h 的尺度可以得到相应的方差 $S(h)$，再使用最小二乘法可以得到 $\log S(h)$-$\log h$ 直线，取该直线斜率为 k，可以得到分形维数为

$$D = 2 - \frac{k}{2} \tag{3.5}$$

3.3.2 岩体破裂面粗糙度二维表征方法选用

综合分析以上的几种获取破裂面粗糙度的表征方法可以发现，破裂面粗糙度的表征方法有如下优缺点：①经验取值法是基于 Barton 标准轮廓曲线的研究成果，通过人工视觉对比获取节理轮廓曲线 JRC 值，该方法存在较大的主观性误差，但是通过统计粗糙度参数来计算 JRC 值可以更客观、更准确地估算节理的粗糙度；②数学统计法是通过破裂面的空间几何特征角度来描述其粗糙度，主要包括高差参数和纹理参数，虽然该方法受采样间隔效应的影响，不能反映破裂面轮廓粗糙

度的全部特征，但却是目前最为简单和较为精确的方法；③分形维数法是通过分形维数来综合反应裂隙形貌特征的，其最大的优点是不受采样间隔效应的影响，可以用来定量描述破裂面的粗糙度。

上述各种表征方法都具有一定的局限性及适用性，为了避免使用单一粗糙度评价方法而引起误差，基于前人的研究成果[65, 68, 208-209]，本节将数学统计法［最大起伏度（Z）和一阶导数均方根（Z_2）］、节理粗糙度系数（JRC）和分形维数法（结构函数法）相结合来定量评价热循环后花岗岩破裂面粗糙度的变化，以此来表征高温及热循环后花岗岩破裂面的高差特征、纹理特征和分形维数的变化规律。

在获取了不同温度循环后花岗岩破裂面形貌特征的数据后，需要对破裂面的粗糙度进行合理的评价，Tatone[210]通过大量的节理直剪试验发现，数据点的采样间隔小于 0.55mm 时节理的表面形貌就可以表征节理的粗糙性，Bao 等[211]发现当剖面线的采样间隔小于 4mm 或者数字点的采样间隔小于 0.5mm 时，计算得到的粗糙度参数趋于稳定。基于前人的研究成果，本章设置数据点的采样精度为 0.1mm，在破裂面上沿 X 和 Y 方向以 0.5mm 为间距进行轮廓线采样，将扫描得到的长×宽为 48mm×22mm 的破裂面离散成长×宽为 0.5mm×0.5mm 的网格单元，如图 3.6 所示，然后基于式（3.1）～式（3.5）在 MATLAB 平台上自编粗糙度定量表征软件，通过软件来计算沿着破裂面 X 和 Y 方向上的粗糙度表征参数，软件界面如图 3.7 所示。

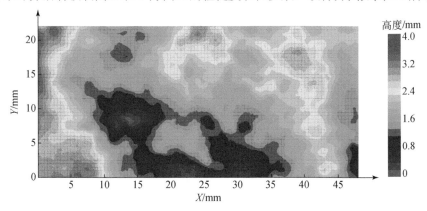

图 3.6　沿破裂面 X 和 Y 方向上剖面线划分示意图

3.3.3　高差参数变化

最大起伏度可以用来描述破裂面的在高度方向上的分布规律和变化特征，根据式（3.2）计算采样后的点云数据，可以得到破裂面轮廓线最大起伏度随温度和热循环次数的变化，如图 3.8 所示。从总体上看，破裂面轮廓线沿 X 轴方向（劈裂方向）的最大起伏度大于沿 Y 轴方向的最大起伏度，这说明巴西劈裂制造的张

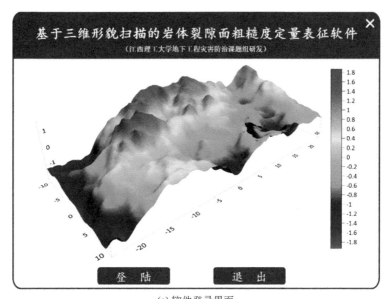

(a) 软件登录界面

(b) 软件计算界面

图 3.7　基于三维形貌扫描的岩体裂隙面粗糙度定量表征软件

拉破裂面沿 X 轴方向（劈裂方向）破裂面的表面形态更粗糙。除此之外，不同温度梯度内破裂面的起伏程度不同：在 25～500℃ 时，常温的下最大起伏度分布范围在 0.3～2.7mm，500℃ 作用后最大起伏度分布范围增大到 0.4～4.4mm，此阶段温度对破裂面最大起伏度的影响较小，随着温度上升，劈裂表面最大起伏度的波动幅度较小；当加热温度大于 500℃后，破裂面轮廓线最大起伏度的波动幅度开始显著增加，轮廓线最大起伏度的分布范围开始迅速增大，600℃作用后分布范围增大到 0.5~5.8mm，并且花岗岩试样两个破裂面（A 面与 B 面）的最大起伏度差距也越来越明显。此外，随着热循环次数的增加，各温度梯度下破裂面的最大起伏度均呈现出不同程度的增大，并且最大起伏度的分布范围、波动幅度以及两个破裂面的差距也随热循环次数的增加而增大。

　　为了更进一步量化温度和热循环作用后花岗岩破裂面的起伏度，对图 3.8 中破裂面 X 轴和 Y 轴方向的最大起伏度求取平均值，计算结果如图 3.9 所示。从图 3.9 中可以看出，当加热温度为 25~500℃时，平均最大起伏度随着温度升高呈现波动上升，常温下破裂面平均最大起伏度为 1.78mm，到 500℃作用后平均最大起伏度增大到 2.05mm，当加热温度为 500~600℃时，平均最大起伏度开始急速增大，600℃下平均最大起伏度为 3.04mm，较常温下增大了 70.79%，随着温度继续增加，平均最大起伏度开始逐渐减小，到 800℃时平均最大起伏度为 2.77mm。此外，从图 3.9 中还可以看出，5 次热循环后破裂面平均最大起伏度随温度的变化规律与 1 次热循环后的变化规律基本相同，并且 5 次热循环后各温度梯度下的破裂面平均最大起伏度均大于 1 次热循环后的平均最大起伏度。

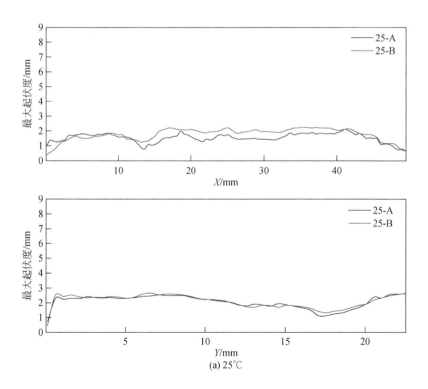

(a) 25℃

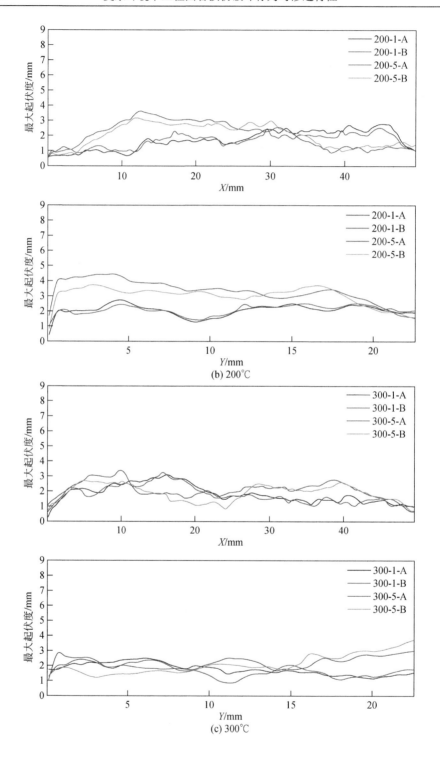

(b) 200℃

(c) 300℃

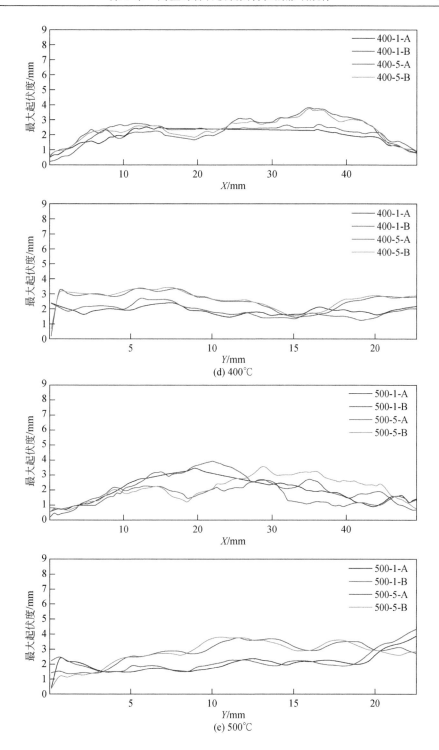

(d) 400℃

(e) 500℃

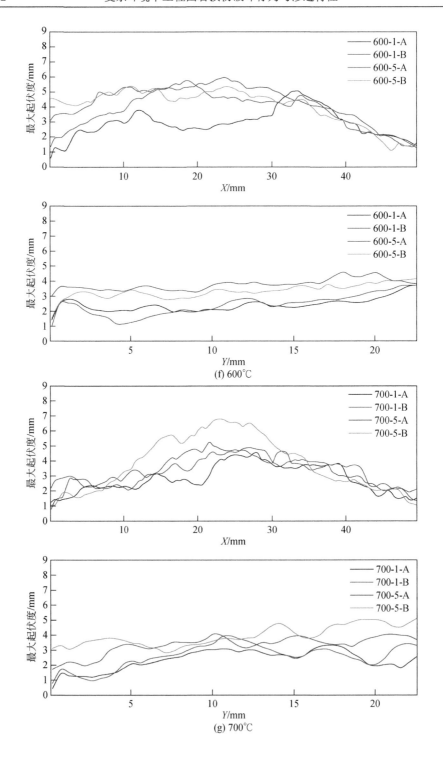

(f) 600℃

(g) 700℃

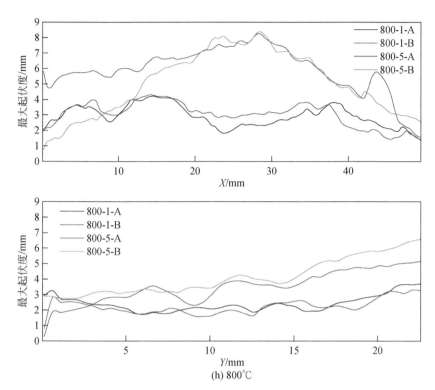

(h) 800℃

图 3.8　花岗岩破裂面沿 X 轴、Y 轴方向上最大起伏度变化曲线

25-A 表示 25℃-A 面，200-1-A 表示 200℃-1 次热循环-A 面，依次类推，下同

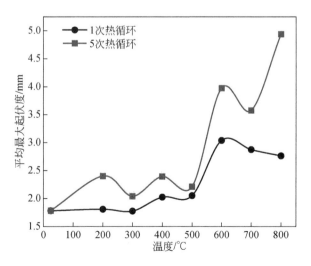

图 3.9　花岗岩破裂面平均最大起伏度随温度和循环次数变化图

3.3.4　纹理参数变化

一阶导数均方根（Z_2）是描述岩石破裂表面凸起坡度的重要参数之一，被广泛应用于岩石破裂面的粗糙度评价中。本节基于式（3.3）计算得出不同温度和热循环作用后花岗岩试样破裂面轮廓线的一阶导数均方根，如图3.10所示。根据计算结果可以发现，Z_2随温度和热循环次数的变化规律与最大起伏度的变化规律大体相同，不同温度下破裂面轮廓线沿 X 轴方向（劈裂方向）的 Z_2 均大于沿 Y 轴方向的 Z_2，这说明巴西劈裂制造的张拉破裂面沿 X 轴方向（劈裂方向）破裂面轮廓线相邻两点间的凸起坡度更大，具有更粗糙的局部断裂。并且随着温度的增加，Z_2的波动幅度、分布范围以及两个破裂面（A 面与 B 面）的差距逐渐增大，特别是当作用温度大于500℃后，Z_2的变化更加明显，常温下 Z_2 的分布范围在0.02～

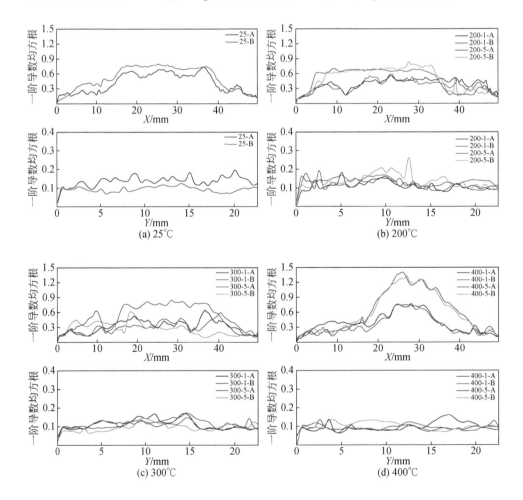

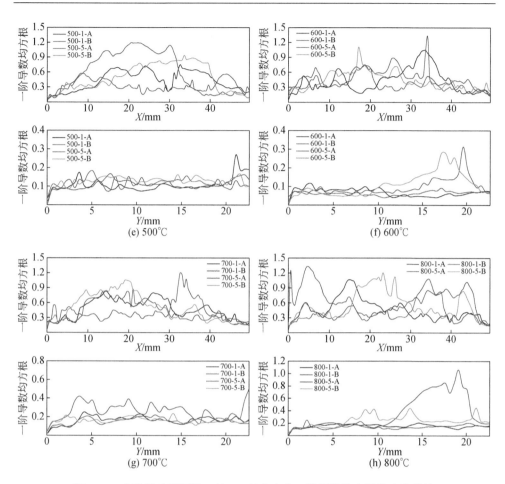

图 3.10　花岗岩破裂面沿 X 轴、Y 轴方向上一阶导数均方根随变化曲线

0.8，到 800℃作用后 Z_2 的分布范围增大到 0.02～1.08，这说明温度会显著改变花岗岩破裂面的纹理特征。除此之外，5 次热循环作用后各温度下的一阶导数均方根均有不同程度的增加，并且随着温度越高，热循环之后岩石两个破裂面的 Z_2 的离散程度越大，这说明热循环会进一步改变花岗岩破裂面的粗糙程度。

　　为了更进一步量化温度和热循环作用后花岗岩破裂面在不同方向上的表面凸起坡度，分别对图 3.10 中破裂面 X 轴和 Y 轴方向上的一阶导数均方根求取平均值，计算结果如图 3.11 所示。根据计算结果可以发现，沿 X 轴方向上的平均一阶导数均方根随着温度升高呈现波动状态，没有显示出明显的规律性，而沿 Y 轴方向的平均一阶导数均方根随温度升高呈现明显的增大趋势。具体表现为在 25～200℃时，平均一阶导数均方根基本不变，在 200～400℃时，平均一阶导数均方根逐渐

降低，而后随着温度继续升高，平均一阶导数均方根逐渐增大，当温度高于 700℃
后平均一阶导数均方根开始降低，而不同热循环后平均一阶导数均方根在中低温
阶段（25～500℃）变化规律基本相同，但是在高温阶段的差异较大，5 次热循环
后平均一阶导数均方根在 500～600℃时出现急剧增大，在 600～800℃时先缓慢减
小后急剧增大。除此之外，从总体上看，各温度下破裂面沿 X 轴、Y 轴方向上的
平均一阶导数均方根在 5 次热循环后均有不同程度的增加，这说明热循环对花岗
岩破裂面的粗糙程度具有重要影响。

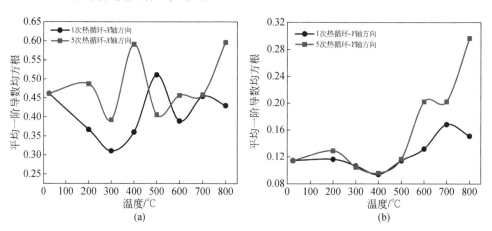

图 3.11 花岗岩破裂面沿 X 轴、Y 轴方向上平均一阶导数均方根随温度和循环次数的变化图

如前文所述，高温和热循环作用会显著改变岩石破裂面的分布高度和纹理特
征，随着温度和循环次数的增加，破裂面的最大起伏度和一阶导数均方根逐渐增
加，并且两个破裂面的粗糙度参数差距逐渐增大，这与 3.5 节中花岗岩宏观破裂
模式的变化规律相同，这表明温度和热循环会导致破裂面的起伏度和凸起坡度增
加，这一现象可以归因为在低温下（小于 500℃）花岗岩的热损伤程度较低，岩
石内部依然存在强胶结的颗粒团，因此在受到拉伸应力作用时更容易分裂为整体
光滑的断裂面，而当加热温度达到 500℃及以上时，岩石内部矿物的不均匀膨胀
和热梯度会导致更高程度的损伤，如颗粒边界裂纹和颗粒内部裂纹的大量萌生和
扩展，当受到拉伸应力时，这些弱边界和热致裂纹更容易发生分离，从而形成粗
糙度更高的断裂面[72]。因此，可以将 500℃视为岩石表面粗糙度变化的阈值温度，
这与 Wu 等[72]的研究结果相一致。热循环会使得岩石热损伤逐渐累积，使得花
岗岩破裂面的粗糙度增加。除此之外，更高的温度和热循环作用后的岩样在力学
试验过程中会脱落更多的矿物颗粒，这也是导致破裂面粗糙度增加的原因之一。

通过以上分析可以看出，花岗岩破裂面的最大起伏度和一阶导数均方根会随

着温度的升高而逐渐增大,岩石破裂面高差参数和纹理参数的增加将会导致核废料宿主岩体中产生主要的渗流通道,而热循环作用会使得渗流通道逐渐延伸和扩展,当宿主岩体导通地下水时,核废料将随地下水进入生物圈。因此,研究不同温度及热循环作用后北山花岗岩破裂面高差参数和纹理参数的变化规律对于核废料的长期处置具有重要意义。

3.3.5　JRC 变化规律

JRC 是研究岩石节理粗糙度与渗流特性时常用的几何参数。Tse 和 Cruden 研究了 8 个统计参数与 JRC 之间的关系,认为与破裂面粗糙程度最相关的参数是 Z_2(R^2=0.986)。因此,本小节选用 Tse 和 Cruden 提出的经验公式计算 JRC[式(3.1)],结果如图 3.12 所示。随着温度升高,JRC 呈现明显的增大趋势,在 5 次热循环后各温度下的 JRC 值均有不同程度的增加,并且随着温度越高,增加幅度越大。在 25~500℃时,1 次加热和 5 次热循环后 JRC 随温度升高处于小幅度波动状态;在 500~600℃时,JRC 开始急剧增大,1 次加热后 JRC 分别增加了 27.69%和 31.81%,5 次热循环后增加幅度更加显著,达到了 70.73%;当加热温度高于 600℃后,1 次加热和 5 次热循环后的 JRC 均处于平衡状态。这说明高温会显著提高花岗岩破裂面的粗糙度,并且热循环会进一步改变花岗岩破裂面的粗糙程度。JRC 随温度的变化趋势用 Boltzmann 函数拟合的效果较好,相关系数大于 0.932,因此,可根据拟合公式来预测不同温度循环后花岗岩破裂面的 JRC 值。值得注意的是,图 3.12

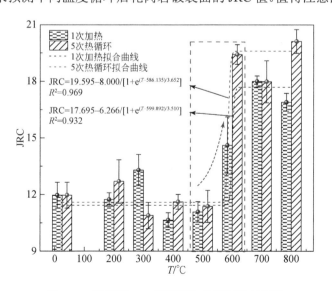

图 3.12　破裂面 JRC 随温度和热循环的变化图

中存在 JRC 大于 20 的情形，而 Barton 和 Choubey[57] 提出的 10 条标准轮廓线粗糙度取值范围为 0～20，显然没有包括这种例外情形，这表明 Barton 模型有待进一步改进[212]。

3.3.6　分形维数变化

分形维数是用于表征非线性系统有序与无序程度的参数，葛世荣和陈国安[213] 应用结构函数法计算了磨损表面轮廓的分形维数，计算结果显示磨损表面的光滑程度与分形维数具有很好的对应关系，磨损表面越光滑，分形维数越大。王炳成等[214] 基于结构函数法对剪切痕迹表面进行分形维数计算发现，剪切痕迹表面越粗糙，分形维数就越小；反之，其分形维数则越大。通过前人的研究可以发现，基于结构函数法计算的分形维数可以很好地描述材料表面轮廓的复杂程度，鉴于此，本节利用结构函数法［式（3.5）］计算了不同温度和热循环后花岗岩破裂面的轮廓线分形维数，结果如图 3.13 所示。

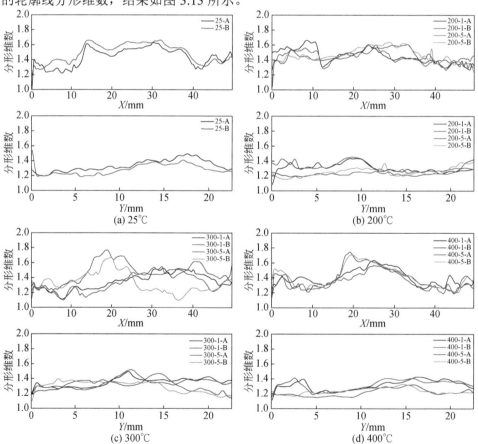

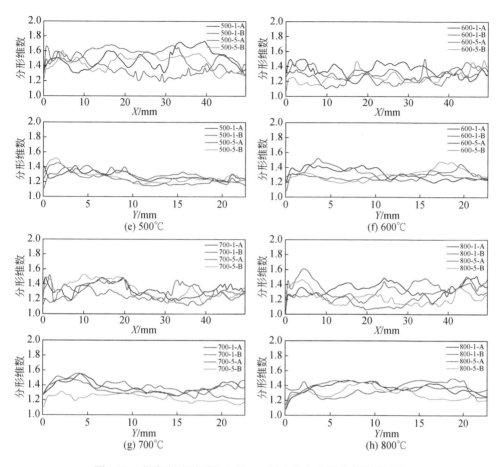

图 3.13 花岗岩破裂面沿 X 轴、Y 轴方向上分形维数变化曲线

根据分形维数的计算结果可以发现，各温度下分形维数的分布范围主要在 $1\sim1.77$，沿 X 轴方向的分形维数均大于沿 Y 轴方向的分形维数，这与最大起伏度和 Z_2 的结果相一致。值得注意的是，分形维数与最大起伏度和 Z_2 的变化趋势相反，随着温度升高，分形维数呈现降低趋势，常温下破裂面的分形维数在 $1.01\sim1.67$，$800℃$ 作用后分形维数在 $1.04\sim1.52$。此外，各温度下热循环后破裂面的分形维数也呈现不同程度的降低趋势，这说明温度越高，循环次数越多，破裂面越粗糙。

图 3.14 显示了破裂面 X 轴和 Y 轴方向的平均分形维数随温度和热循环次数的变化曲线，可以看出平均分形维数的变化规律与平均最大起伏度和平均一阶导数均方根的变化趋势相反，随着加热温度和热循环次数的增加，平均分形维数呈下降趋势，并且不同热循环次数下的平均分形维数随温度的变化趋势基本相同。在

25～300℃时，平均分形维数的下降速度较快，到 300℃时 1 次热循环和 5 次热循环后的平均分形维数分别降低到 1.35 和 1.357；在 300～500℃时，1 次热循环和 5 次热循环下的平均分形维数变化不大；当温度为 500～600℃时，1 次热循环和 5 次热循环下的平均分形维数出现急剧下降，600℃时 1 次热循环和 5 次热循环后的平均分形维数分别降低到 1.31 和 1.28；随着温度继续升高，1 次热循环后的平均分形维数又开始逐渐增大，而 5 次热循环后的平均分形维数先增大后降低。

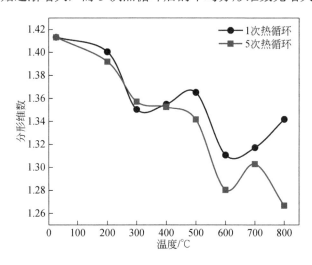

图 3.14　平均分形维数随温度和热循环次数的变化图

　　通过上述分析可以发现，岩石破裂面粗糙度和分形维数对热处理的响应是相似的[10]，基于结构函数法计算的分形维数可以很好地表征热损伤后花岗岩破裂面的粗糙度。分形维数越大、系统有序程度越高，即劈裂表面粗糙度越低；而分形维数数值越小，表明系统无序程度越高，即劈裂表面粗糙度越高。由此可知，随着温度和热循环次数的增加，花岗岩断裂面的粗糙度呈现上升的趋势，即温度和热循环对花岗岩的破坏形态具有重要影响，这与 Yin[10] 和 Wu[72] 等的研究结果相一致。

3.4　岩体破裂面粗糙度三维表征

　　岩体中破裂面的存在造成了岩体的不连续性、各向异性和非均质性，破裂面的几何形态控制了岩体的强度、变形和渗透性[77]。因此，定量解析和描述破裂面几何特征对于预测裂隙岩体的强度、变形能力和渗透行为具有重要意义。岩体断裂表面的形态通常使用粗糙度进行定量描述。有学者针对岩体破裂面粗糙度的评价方法开展了大量的研究。目前，量化岩体破裂面粗糙度的方法主要有标准轮廓线对比法[67]、粗糙度系数法[57]、统计参数法[68]、分形几何法[66]、综合参数法[69]以及三维形貌表征法[70]等。上述各种表征方法都具有一定的局限性及适用性，其中标准轮廓线法和粗糙度系数法会存在较大的人为主观因素，从而使计算结果不够精确[215]。分形几何法可以克服测量仪器分辨率和采样间隔效应等因素的影响，从而真实反映出破裂面的形态特征。基于二维破裂表面曲线估计破裂面粗糙度的表征方法会因为信息量的限制导致参数值具有较大的偏差和局限，不能完全表示岩石结构面形貌的粗糙程度[70]。而三维形貌表征法结合激光扫描技术与数字化技术，可以从整体上较全面地反映破裂表面形貌特征，能够准确反映粗糙节理的力学特性和渗流特性。

目前针对高温-冷却循环后花岗岩破裂面形貌特征的变化及其损伤机制的系统研究较少。同时，破裂面粗糙度的不准确量化也会导致岩体的力学性质被高估或低估，影响深部岩体工程的稳定性评价。因此，本章开展了 25～800℃高温和热循环后花岗岩巴西劈裂试验，通过三维激光扫描获取了花岗岩破裂面的三维点云数据。采用节理粗糙度系数、三维粗糙度参数和分形维数（D）综合定量评价高温和热循环后花岗岩破裂面粗糙度，并探究了破裂面各向异性和破裂面开度的变化规律。研究结果可为深部岩体工程提供基础的科学依据和理论支撑。

3.4.1 三维高度参数变化

表面形貌高度特征参数通过轮廓参数中的幅度参数扩展而来，用于描述裂隙形貌在高度方向上的变化特征及分布规律的参数，常用的三维高度特征参数包括表面最大峰高（S_p）、表面最大谷深（S_v）、表面最大高度（S_z）、算数平均高度（S_a）、均方根高度（S_q）、表面偏斜度（S_{sk}）、表面峰度（S_{ku}）、表面平均梯度模（Z_{2s}）等。然而，每种统计参数均有代表裂隙特征的优点和缺点。因此，本章综合选用表面最大高度（S_z）和表面平均梯度模（Z_{2s}）来共同表征高温和热循环后花岗岩破裂面的高度特征。

S_z 是采样区域内 S_p 和 S_v 的总和，计算如下：

$$S_z = S_p + S_v \tag{3.6}$$

沿破裂面不同方向可以获取无数条表面曲线，每一条曲线均可以得到 Z 轴方向的坐标均方根，将这些曲线均方根的平均值作为整体曲面的 Z 轴方向的 Z_{2s}，计算式如下[70]：

$$Z_{2s} = \sqrt{\frac{1}{(N_x-1)(N_y-1)\mathrm{d}x^2}\left[\sum_{i=1}^{N_x-1}\sum_{j=1}^{N_y-1}(Z_{i+1,j}-Z_{i,j})^2+(Z_{i,j+1}-Z_{i,j})^2\right]} \tag{3.7}$$

式中，$Z_{i+1,j}$ 为点（x_{i+1}，y_j）到参考平面的高度；N_x 和 N_y 分别为 X 轴和 Y 轴的网格点数。

S_z 和 Z_{2s} 的计算结果如图 3.15 所示；S_z 和 Z_{2s} 随温度和热循环次数的变化规律

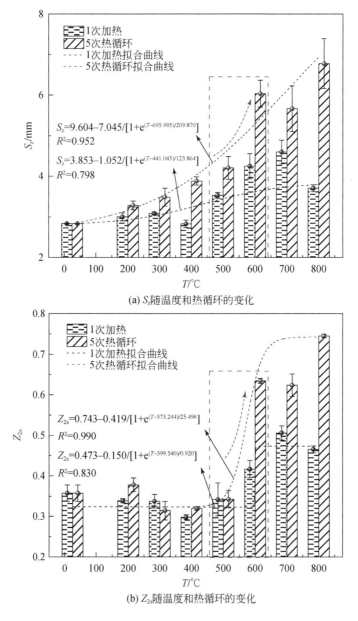

(a) S_z 随温度和热循环的变化

(b) Z_{2s} 随温度和热循环的变化

图 3.15 裂隙表面高度参数随温度和热循环的变化图

与 Z_2 和 JRC 的变化规律相似，用 Boltzmann 函数拟合的相关系数分别为 0.798 和 0.830，5 次热循环后拟合的相关系数分别为 0.952 和 0.990。在 25～500℃时，S_z 和 Z_{2s} 均处于小幅度波动状态，在 500～600℃时，S_z 和 Z_{2s} 急剧增大，当加热温度高于 600℃后，S_z 和 Z_{2s} 均处于平衡状态。此外，随着热循环次数的增加，各温度梯度下的 S_z 和 Z_{2s} 呈均现出不同程度的增大，并且温度越高，增加幅度越大。这表明高温和热循环会显著提高花岗岩表面形貌的高度，从而增加破裂面的粗糙度。

3.4.2　三维倾角参数变化

裂隙表面凸起的倾角是影响裂隙岩体力学性质的关键因素。倾角型岩体破裂面粗糙度三维表征参数的计算主要基于面片倾角或视倾角。Belem[70] 基于三维线框法实现了岩体结构面三维形貌的重建，提出了三维平均倾角（θ_s），代表结构面表面的平均空间指向，采用单纯的数值叠加，计算得到[70]：

$$\theta_s = \frac{1}{m} \sum_{i=1}^{m} (\alpha_k)_i \qquad (3.8)$$

式中，α_k 为各面片外法线方向与垂直方向的夹角；θ_s 为三维平均倾角，取值范围为 $0 \leqslant \theta_s < \pi/2$。

Grasselli 等[216]、Tatone 和 Grasselli[217] 提出了粗糙度参数 $\theta^*_{max}/(C+1)$ 用于评价岩石节理表面剪切方向的倾角。该参数描述了节理表面视倾角（θ^*）的分布情况和含量情况，将节理表面凹凸不平（rough and uneven）的凸体微元（convex bodies element）离散为极小的三角形单元，根据三角形单元的真倾角（θ）计算视倾角（θ^*），计算公式如下：

$$\tan \theta^* = -\tan \theta \cos \alpha \qquad (3.9)$$

$$A_{\theta^*} = A_0 \left(\frac{\theta^*_{max} - \theta^*}{\theta^*_{max}} \right)^C \qquad (3.10)$$

对式（3.10）积分得

$$\int_0^{\theta^*_{max}} A_0 \left(\frac{\theta^*_{max} - \theta^*}{\theta^*_{max}} \right)^C d\theta^* = A_0 \left(\frac{\theta^*_{max}}{C+1} \right) \qquad (3.11)$$

式中，θ 为节理三角形单元的倾角，即真实倾角；θ^* 为有效表面倾角，即视倾角；θ^*_{max} 为沿着剪切方向的最大视倾角。大多数情况下 A_0 为常数，所以 Tatone 和 Grasselli[217] 认为用 $\theta^*_{max}/(C+1)$ 来表征节理的粗糙度更为合适，目前 $\theta^*_{max}/(C+1)$ 已经成为国际上公认的评价表面粗糙度的指标。

θ_s 和 $\theta^*_{max}/(C+1)$ 的计算结果如图 3.16 所示。可见 θ_s 和 $\theta^*_{max}/(C+1)$ 随温度和热循环次数的变化规律与 Z_2、JRC、S_z 和 Z_{2s} 的变化规律相似，1 次加热和 5 次热循环

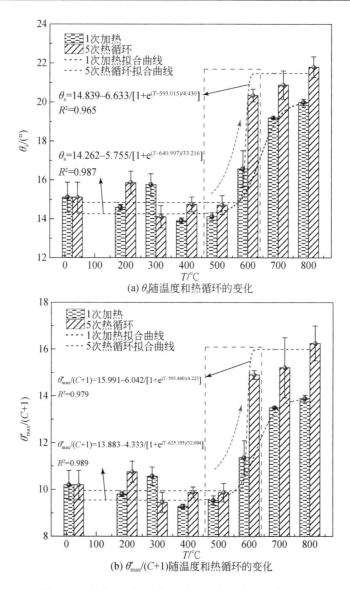

(a) θ_s随温度和热循环的变化

(b) $\theta_{max}^*/(C+1)$随温度和热循环的变化

图 3.16　裂隙表面倾斜度参数随温度和热循环变化图

后 θ_s 和 $\theta_{max}^*/(C+1)$ 变化规律均符合 Boltzmann 函数分布,通过拟合的相关系数分别为 0.987 和 0.989,5 次热循环后的相关系数为 0.965 和 0.979。在 25～500℃时,θ_s 和 $\theta_{max}^*/(C+1)$ 均处于小幅度波动状态;在 500～700℃时,θ_s 和 $\theta_{max}^*/(C+1)$ 急剧增大;当加热温度高于 700℃后,θ_s 和 $\theta_{max}^*/(C+1)$ 上升速率减缓。此外,随着热循环次数的增加,各温度梯度下的 θ_s 和 $\theta_{max}^*/(C+1)$ 呈均现出不同程度的增大,其中 600℃下

增幅最大，而 700~800℃增幅减小，这表明在高温阶段岩石已经损伤严重，花岗岩中形成较大的孔隙空间可以增强岩石适应热变形的能力，从而降低循环热应力的影响。

3.4.3　三维面积参数变化

裂隙表面积是影响裂隙岩体渗透特性主要因素之一，破裂面积型三维粗糙度参数的计算主要基于面片的绝对面积、投影面积和剪切面积。EI-Soudani 在 1978 年首次提出基于破裂面绝对面积与投影面积比值（S_s）的粗糙度参数[218]，Belem 在此基础上改进提出表面粗糙参数（R_s）和表面扭曲参数（T_s）来描述裂隙表面形态中点与点之间的位置和相互关系[70]。R_s 为破裂面的实际表面积（A_t）与水平投影面积（A_n）的比值，T_s 代表裂隙表面的扭曲程度，通常通过比较破裂表面的实际表面积（A_t）和裂隙表面积（A_p）而得到。R_s 和 T_s 的计算公式如下：

$$R_s = \frac{A_t}{A_n}, \quad 1 \leqslant R_s \tag{3.12}$$

$$T_s = \frac{A_t}{A_p} \tag{3.13}$$

式中，A_t 为破裂面的实际表面积；A_n 为破裂面的水平投影面积；A_p 为 4 个相邻极值点构成的裂隙表面积。其中 $R_s \geqslant 1$，当 $R_s=1$ 表明结构面为光滑平面，R_s 值越大表明结构面表面越粗糙。

高温和热循环后破裂面 R_s 和 T_s 的结果如图 3.17 所示。随着温度升高和热循

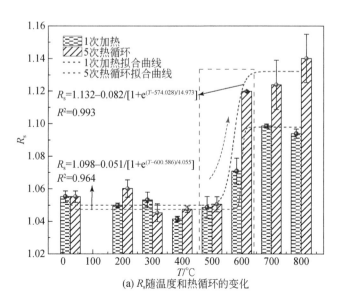

(a) R_s 随温度和热循环的变化

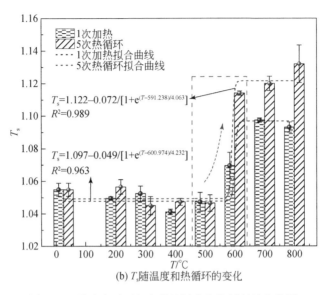

$$T_s = 1.122 - 0.072/[1 + e^{(T-591.238)/4.063}]$$
$$R^2 = 0.989$$

$$T_s = 1.097 - 0.049/[1 + e^{(T-600.974)/4.232}]$$
$$R^2 = 0.963$$

(b) T_s 随温度和热循环的变化

图 3.17　裂隙表面面积参数随温度和热循环的变化图

环次数增加，R_s 和 T_s 的变化与高度和倾角型参数变化规律相似，不同热循环后的 R_s 和 T_s 变化规律均符合 Boltzmann 函数分布，拟合的相关系数均在 0.963 以上。1 次加热和 5 次热循环后的 R_s 和 T_s 在 500℃前均处于小幅度波动状态，当加热温度高于 500℃后，R_s 和 T_s 先开始急剧增大，而后处于平衡状态，热循环后 R_s 和 T_s 呈均现出不同程度的增大，并且温度越高，增加幅度越大。这表明高温和热循环均会显著改变花岗岩表面形貌的面积，从而增加破裂面的粗糙度。

3.5　岩体破裂面各向异性特征

为了分析不同热处理后破裂面粗糙情况的各向异性，在关于裂隙形貌特征的研究中，形貌的各向异性的性质受到了各学者的广泛关注，Hu 等[219]采用一阶导数均方根和分形维数描述了裂隙的各向异性特征；Ban 等[220]结合粗糙度参数和分形理论，提出了能描述裂隙粗糙度各向异性的新方法；Ge 等[77]利用算术平均偏差法研究了裂隙在不同温度作用后的各向异性特征。以上的研究都表明：裂隙形貌的粗糙度具有方向性。然而很少有关于高温和热循环作用对岩石破裂面粗糙度各向异性影响的研究。为研究高温和热循环后花岗岩破裂面粗糙度各向异性的变化规律，本节基于上述二维和三维粗糙度表征参数，以水平方向开始，逆时针每隔 15°提取一条破裂面轮廓线，如图 3.18 所示，选用典型参数 JRC、S_z 和 D 计算出破裂面不同方向上粗糙度表征参数。

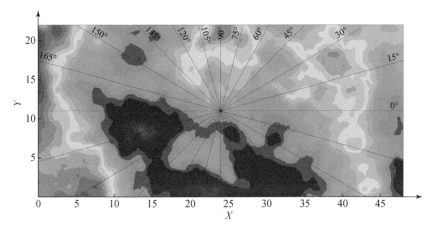

图 3.18　破裂面粗糙度表征参数计算方向示意图

　　不同热处理后花岗岩破裂面不同方向上粗糙度计算结果如图 3.19～图 3.21 所示，从图中可见，破裂面不同方向上 JRC、S_z 和 D 的变化与前文相同，JRC 和 S_z 随着温度和循环次数增加而增大，而 D 呈现减小趋势，这说明高温和热循环后破裂面每个方向的粗糙度均有不同程度增加。值得注意的是，随着温度升高和热循环次数增加，破裂面的各向异性越明显，并且破裂面表征参数在各方向的变化趋势具有一致性，热损伤花岗岩破裂面的粗糙度表征参数主要在 20°～40°、60°～100° 和 140°～160°方向上取得较大值，表明热损伤花岗岩受拉破坏后在这些方向范围内的粗糙度较大。

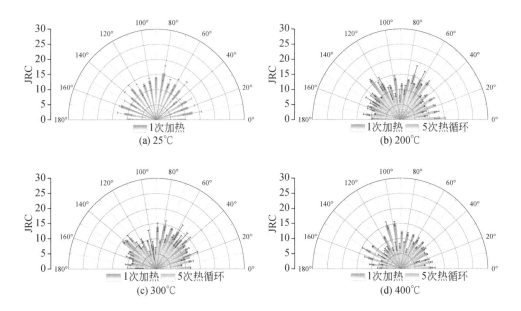

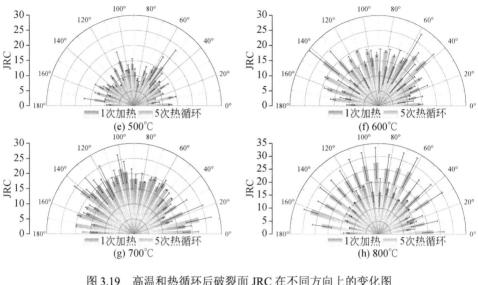

图 3.19 高温和热循环后破裂面 JRC 在不同方向上的变化图

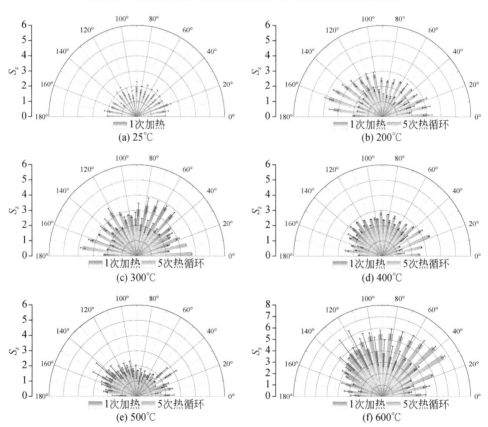

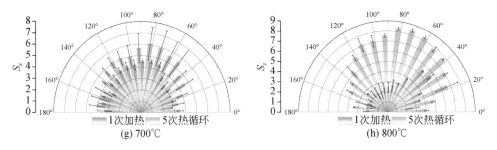

图 3.20　高温和热循环后破裂面 S_z 值在不同方向上的变化

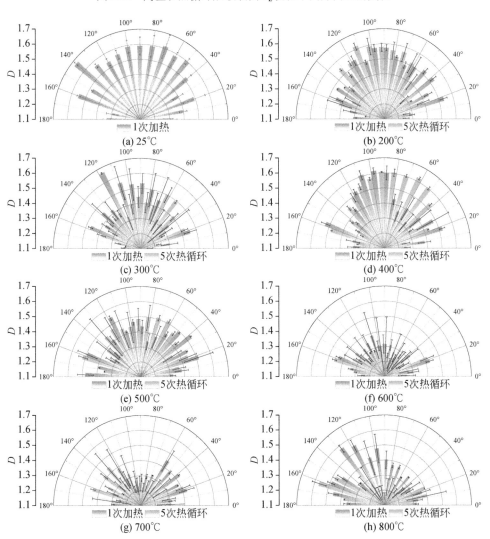

图 3.21　高温和热循环后破裂面 D 值在不同方向上的变化图

为了量化不同热处理后花岗岩破裂面的各向异性效应，本章引入了各向异性程度指标 A_x[221]：

$$A_x = \left[\frac{1}{n} \sum_{i=1}^{n} \left(x_i - \bar{x} \right)^2 \right]^{1/2} \tag{3.14}$$

式中，x_i 为第 i 方向上的粗糙度评价参数；$\bar{x}$ 为破裂面 A 面、B 面不同方向粗糙度评价参数的平均值；n 为分析的总方向数。A_x 范围为 $A_x \geqslant 0$，当 $A_x = 0$ 时破裂面各向同性，当 $A_x > 0$ 时破裂面各向异性，且 A_x 值越大则破裂面各向异性特征更明显。

粗糙各向异性指标 A_x 考虑了破裂面所有方向上的形貌特征，因此具有全面性和合理性，分别将 $x=$JRC、$x=S_z$、$x=D$ 代入式（3.14）中，计算得到不同粗糙度评价参数表征的破裂面的各向异性度 A_{JRC}、A_{S_z} 和 A_D，如图 3.22 所示。通过比较图 3.22 中各粗糙度表征参数的各向异性度，可以看出不同循环次数下的 A_{JRC} 和 A_{S_z} 随着温度升高均波动上升，表明随着温度升高，花岗岩破裂面的粗糙在每个方

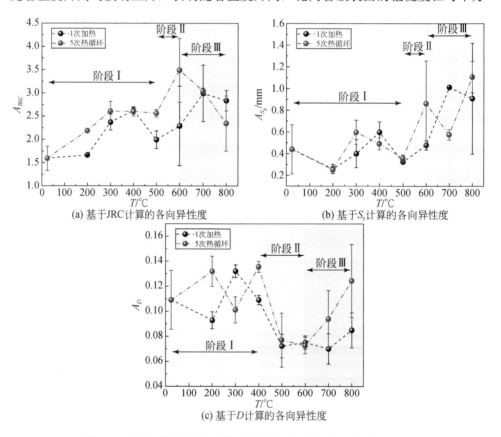

图 3.22 基于不同粗糙度参数表征的破裂面的各向异性度示意图

向上均有增加，也就是说温度越高，花岗岩破裂面在各方向上更粗糙。而 A_D 则呈现波动—降低—升高的变化，看不出明显的规律，这表明 JRC 和 S_z 可以较好地刻画高温后破裂面的各向异性。因此，可以采用 JRC、S_z 来表征不同温度热循环后岩石破裂面的各向异性特征。更值得注意的是，从整体看可以看出各粗糙度表征参数的各向异性度在热循环后均有不同程度的增加，说明热循环后花岗岩具有更为粗糙的破裂面。

3.6　岩石破裂面孔隙分布特征

裂隙开度对渗流特性具有重要影响，对于不同高温和热循环后花岗岩破裂面，可以根据上下破裂面坐标信息对开度进行统计分析，如图 3.23 所示。图 3.24 为高温和热循环后裂隙闭合状态下开度分布和开度相对频率分布图，从图中可以看出，随着温度和热循环次数增加，裂隙开度呈现逐渐增大的趋势，各温度梯度下的开度频率分布均能用高斯（Gauss）曲线较好拟合，拟合后的高斯函数参数如表 3.2 所示，拟合相关系数变化范围在 0.905～0.999。图 3.24 中清晰可见优先流动路径以及宏观孔隙，紫色区域为上下破裂面接触的地方，可见破裂面间的接触部位较离散分布在整个破裂面上。从开度频率分布直方图中可以看出（图 3.24），开度分布范围随着温度和热循环次数增加而逐渐增大，常温下开度分布范围为 0～0.6mm，800℃后分布范围增加到 0～3mm，而 800℃下 5 次热循环后进一步增加到 0～6.4。值得注意的是，裂隙较大开度的区域随着温度和热循环次数增加而增

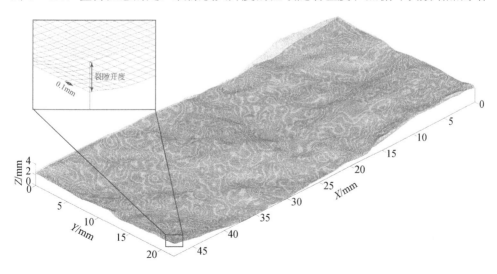

图 3.23　岩石两个破裂面的闭合状态示意图

大，这表明高温阶段和热循环后花岗岩在破坏过程破裂面剥离的岩石碎屑增多，高温和热循环致使花岗岩损伤加剧。

$$y = y_0 + \frac{A}{\omega\sqrt{\pi/2}} e^{-2\frac{(x-x_c)^2}{\omega^2}} \tag{3.15}$$

表 3.2　高斯函数拟合后的参数表

样品	拟合参数					
	y_0	A	ω	ω^2	x_c	R^2
25℃	1.190×10^{-3}	0.197	0.285	0.081	0.655	0.999
200-1	1.986×10^{-4}	0.200	0.340	0.115	0.643	0.999
200-5	-1.322×10^{-4}	0.201	0.742	0.551	0.736	0.927
300-1	1.560×10^{-3}	0.196	0.440	0.193	0.631	0.996
300-5	1.360×10^{-3}	0.195	0.599	0.359	0.778	0.991
400-1	9.647×10^{-4}	0.198	0.423	0.179	0.659	0.991
400-5	5.130×10^{-3}	0.191	0.309	0.095	0.582	0.999
500-1	7.570×10^{-3}	0.180	0.244	0.060	0.538	0.992
500-5	6.790×10^{-3}	0.188	0.312	0.097	0.545	0.991
600-1	2.590×10^{-3}	0.190	0.672	0.452	0.971	0.994
600-5	7.510×10^{-3}	0.164	0.419	0.175	1.069	0.983
700-1	5.540×10^{-3}	0.179	0.564	0.318	0.793	0.988
700-5	-6.070×10^{-3}	0.237	2.048	4.194	1.967	0.905
800-1	3.660×10^{-3}	0.186	0.527	0.278	1.004	0.991
800-5	1.840×10^{-3}	0.187	1.068	1.140	1.337	0.943

注：200-1 表示 200℃-1 次热循环，依次类推。

高温和热循环后裂隙的平均开度如图 3.25 所示。当温度小于 500℃时，1 次加热和 5 次热循环下的平均开度随着温度升高先缓慢增加后降低。在 500～600℃时，平均开度的增加幅度开始增大。当温度高于 600℃后，单次加热后的平均开度处于波动状态，而 5 次热循环后的平均开度先急剧升高，后急剧降低。总体而言，裂隙的平均开度随着温度升高和热循环次数的增加呈现增大的趋势，从常温增加到 800℃的过程中，平均开度从 0.665mm 增加到 1.058mm，800℃下 5 次热循环后增加到 1.516mm。

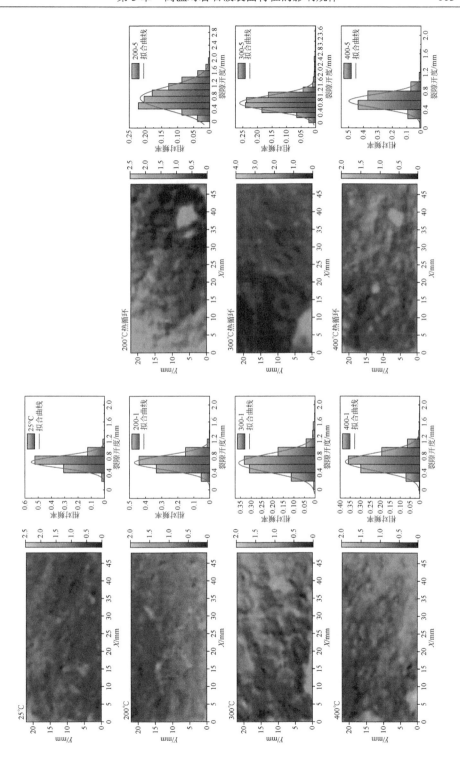

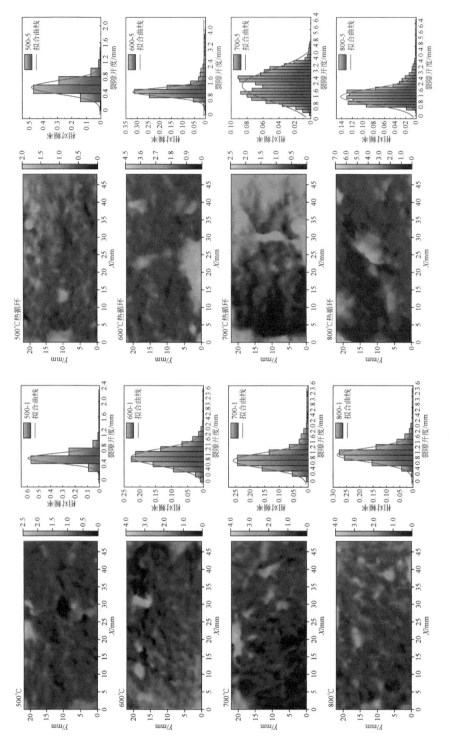

图3.24　高温和热循环后裂隙面闭合状态下开度分布和开度相对频率分布的变化图

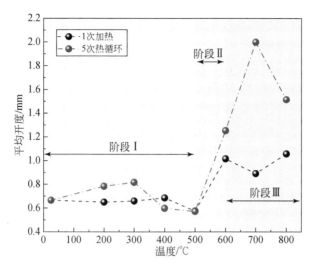

图 3.25　高温和热循环后岩石裂隙表面闭合状态下裂隙平均开度的变化图

3.7　小　　结

本章系统总结了岩体破裂面粗糙度表征方法及破裂面形貌信息采集方法。采用三维扫描仪获取了不同破裂面的形貌特征，基于网格化后的测量数据，综合采用二维粗糙度参数、三维粗糙度参数和分形维数定量评价高温和热循环后花岗岩破裂面粗糙度，选用典型参数 JRC、S_z 和 D 研究了破裂面的各向异性特征，并统计了破裂面闭合状态下裂隙的开度分布特征，主要取得结论如下。

（1）随着温度的升高，花岗岩破裂面的二维高差参数和纹理参数呈现增大趋势，而分形维数呈现减小趋势，三维高度参数（S_z 和 Z_{2s}）、倾角参数 [θ_s 和 $\theta^*_{max}/(C+1)$]、面积参数（R_s 和 T_s）均呈现增大的趋势，当温度高于 500℃ 后显著增加，且变化趋势符合 Boltzmann 函数分布，表明高温作用会显著提高花岗岩破裂面的粗糙度。这主要是因为随着温度升高，花岗岩组成矿物的不均匀膨胀和热梯度会导致其内部微裂隙的数量和尺寸逐渐增大，使得矿物颗粒之间的胶结能力逐渐变弱，进而导致岩石在拉伸破坏后形成粗糙度更高的断裂面，特别是在 500℃ 后，粗糙度参数的变化更为显著，可将 500℃ 视为花岗岩破裂面粗糙度变化的阈值温度。因此，可以根据岩石破裂面的粗糙度来推断岩石所暴露的温度。

（2）随着热循环次数的增加，花岗岩破裂面的粗糙度参数呈现出不同程度的增大，这表明花岗岩破裂面的粗糙度会随着热循环次数的增加而增大。其主要原因是在热循环所产生的交变应力作用下，热损伤花岗岩内部微裂隙会进一步扩展和连通，岩石内部矿物颗粒越来越松散，岩石热损伤逐渐积累，这种累积损伤则表现为破裂面粗糙度增大。

（3）高温作用后破裂面的粗糙度在每个方向上均有不同程度的增加，花岗岩破裂面的各向异性程度指标随温度升高而增大，并且 JRC、S_z 和 D 在各方向上的变化趋势具有一致性，主要在 20°～40°、60°～100° 和 140°～160° 方向上取得较大值，表明热损伤花岗岩受拉破坏后在这些方向范围内的粗糙度较大。

（4）偶合状态下破裂面的开度遵循 Gauss 分布，开度分布范围随着温度升高呈现逐渐增大的趋势，常温下开度分布范围为 0～0.6mm，800℃后增加到 0～3mm，平均开度随着温度升高而增大，在温度从常温增加到 800℃的过程中，平均开度从 0.665mm 增加到 1.058mm。

第4章　高温与酸性水环境下岩石损伤劣化特性

近年来，资源开发、交通水利隧道等地下工程的建设强度和规模不断增加。隧道等地下工程常常面临火灾等威胁，且在其服役过程中，围岩还会遭受酸性地下水体的侵蚀。因此，岩石在高温和酸溶液侵蚀作用后的损伤劣化特性研究对隧道围岩灾后评估与修复、放射性核废料深埋地质处理以及深部地下空间开发等地下工程具有重要的理论指导意义和工程应用价值。

4.1　引　　言

以隧道工程为例，在隧道工程的修建和使用过程中，由于瓦斯爆炸或者车祸引起的车辆燃烧发生爆炸，使得已建或在建隧道工程中经常发生火灾事故，以交通隧道为例，发生火灾的次数和程度逐年增加[222]。尽管隧道火灾发生的概率很小，但是隧道火灾事故一旦发生，就会由于"短暂的形成与长时间的持续"等特点，造成超高温度、浓烟、疏散与扑救困难的后果，将导致严重的人员伤亡和隧道结构破坏[223-224]。

隧道初衬中的钢筋锚索（杆）可作为一种传递温度的介质，引起隧道围岩局部的温度升高（图4.1）。由于隧道工程的隐蔽性与特殊性，火灾给隧道围岩带来的损害难以定量评价。同时，在隧道的长期服役过程中，又会受到地下水的侵蚀[225-228]。根据已公布的2019年我国降雨pH年均值，江西的酸雨灾害范围分布较为广泛，其中监测的最低值（pH=4.22）比较集中在江西赣南地区[229]。酸雨降落到地表后，会直接腐蚀建筑物及岩土体工程。此外，酸雨还会通过岩土体渗入地下水中，使得地下水的酸性逐渐加强[230-231]，从而直接或者间接的影响地下空间工程的结构安全性。因此，在此影响下隧道围岩的物理力学性质将进一步受到影响，从而影响隧道的长期服役性能。

工程岩土体的安全性对社会稳定及经济发展至关重要，特别是像交通、水利（电）隧道等大型隐蔽工程，其围岩结构的损伤劣化受控于岩体的物理力学性能、火灾引起的局部温度升高以及酸性地下水的侵蚀等诸多因素耦合作用，其灾害演化过程及致灾机制极为复杂。长期以来，国内外专家从不同角度探测和研究了地下工程岩体的损伤劣化过程，取得了重要的学术成果和研究发现。但有关岩石在温度和酸溶液侵蚀作用下损伤特征的研究依然不足，理论研究远远落后于工程实践。因此，本章重点针对温度和化学侵蚀下红砂岩的损伤劣化特性展开深入研究，探究了岩石的物理力学性质劣化特征和微观结构损伤过程，以期为隧道等地下工程火灾后安全运营评价及控制提供基础的科学依据和理论支撑，为灾害后工程岩体的修复和加固提供有益参考。

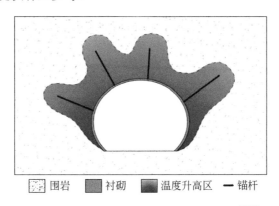

图 4.1　隧道火灾时围岩潜在的温度升高区[232]

4.2　试验材料与试验方案

4.2.1　试样制备与参数测试

红砂岩是广泛分布于地壳的一种常见的沉积岩，也是岩土工程领域常见的岩石类型之一。本章研究的红砂岩取自江西省赣州市，在取样过程中为了减小因各试样之间差异性而带来的误差，本次试验中所用红砂岩试样均取自同一块完整岩石。首先采用岩石钻孔取样机钻取一定长度的红砂岩心，并对钻取的岩心进行人工筛选，剔除结构完整性差、具有明显裂隙缺陷的岩心，随后利用 JKDQ-1T 型智能岩样切割机将所钻取的岩心切割为高度略大于 25mm 的红砂岩试件，最后采用 JKSHM-200 双面磨石机对红砂岩试件的端面进行打磨，以保证红砂岩试件的高度以及两端平整性满足 ISRM 建议的岩石试验尺寸及精度［直径（D）×长度（H）=50mm×25mm；端面平行度≤0.05mm；高度误差≤0.3mm］，将加工好的红砂岩试件放入干燥箱，在 50℃的恒定温度保存 24h 后取出，待其冷却之后，将红砂岩试件装入密封袋中，隔绝空气中的水分与气体，直至下一步试验的进行。

　　红砂岩在复杂而又漫长的地质作用下形成了天然多孔的结构，主要由各种矿物颗粒、结晶、岩屑、胶结物质等及大量不规则、多尺度的微观孔隙组成。采用 X 射线衍射（XRD）、低场核磁共振（NMR）等技术手段对自然状态下的红砂岩试件进行了基础参数测定，包括红砂岩试件的质量、纵波波速（轴向）、孔隙度与孔隙结构、导热系数和主要矿物成分，从而为后续试验的开展及结果分析提供基础数据资料。

　　为了探究红砂岩试件内部的矿物组成，采用 DX-2700 型 X 射线衍射仪对红砂岩进行了物相分析。试验步骤如下：取适量红砂岩岩块进行研磨，研磨完毕后，将研磨成粉末的红砂岩材料制片，随后，将 X 射线衍射仪调至初始位置，并将制好的样品置于 X 射线衍射仪中，开始扫描，扫描范围 2θ 为 $5°\sim80°$。扫描结果如图 4.2 所示，结果表明，红砂岩主要由石英、方解石（白云石）、长石类矿物（钾长石、钠长石和钙长石）和少量黏土矿物等成分组成，质地坚硬，均质性好，自然状态下呈砖红色。通过对其他基础物理参数测定后，将红砂岩试件的基础参数总结于表 4.1 中。

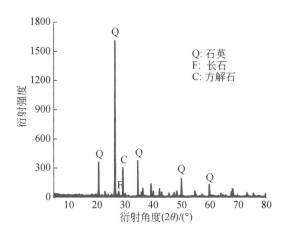

图 4.2　红砂岩试件的 X 射线衍射图谱

表 4.1　红砂岩物理参数

参数类型	参数平均值	采取的技术方式
试件质量/g	151.58	G&G 型精密电子秤
纵波波速/(km/s)	4.25	RSM-RCT（B）型声波测定仪
试件孔隙度/%	4.87	PQ-001 型核磁共振仪
导热系数/［W/(m·K)］	3.96	DRE-2C 导热系数测定仪

4.2.2 试验方案

1. 研究方案

本章为了研究高温和酸溶液作用对红砂岩物理力学特性的影响，制定了如下的研究方案。

1）常温下红砂岩的物理力学性质的试验研究

选用江西赣南地区地下工程常见的红砂岩作为本章的研究对象，采用 X 射线衍射（XRD）、低场核磁共振（low-field nuclear magnetic resonance，LF-NMR）、扫描电子显微镜（SEM）、能量色散光谱仪（energy dispersive spectrometer，EDS）、声发射（AE）监测等技术对常温下红砂岩的表面特征、质量、纵波波速、孔隙结构与孔隙度、导热系数、抗拉强度特征与声发射特性、宏观破坏特征、主要矿物成分、内部微观结构和主要原子含量等参数进行试验研究。

2）对红砂岩进行高温和酸溶液浸泡实验

采用箱式马弗炉对红砂岩进行不同温度（25～1000℃）下的高温试验，模拟隧道中的火灾事故，随后再对部分热损伤的红砂岩进行酸溶液试验，模拟隧道围岩遭受酸性地下水侵蚀的灾害事故。待试件冷却和自然烘干后对试件进行一系列物理力学参数测定。

为了尽量减少加热对红砂岩产生的热冲击，并模拟隧道火灾的快速爆发的实际状况，本章选取以 8℃/min 的速率将试样加热至目标温度[233-234]。然后将试样置于马弗炉中保存 5h，以确保均匀加热，红砂岩的加热过程如图 4.3 所示。待红砂岩自然冷却后，再次测定上述参数，参数测定完毕之后再用密封袋将试件保存。随后，对经过热损伤的部分红砂岩进行酸溶液浸泡实验。酸性地下水中往往含有大量酸性离子，主要离子为 Na^+、Ca^{2+}、Mg^{2+}、SO_4^{2-}、Cl^- 和 HCO^-[129, 235]。酸性环境中的水-岩相互作用是一个漫长而缓慢的过程，可以在相对较短的试验时间内观察到酸溶液引起的试件性质变化，以及参考前人的研究，如表 4.2 所示[96-97, 103-108, 234-247]。

本章使用浓度相对较高（0.01mol/L）且 pH 较低（pH=4）的 Na_2SO_4 溶液来模拟酸溶液对红砂岩的侵蚀。采用浓硫酸将 Na_2SO_4 溶液的 pH 调节到 4，并制备 3L 的酸溶液用于红砂岩的浸泡试验。浸泡试验在室温（25℃）下进行。总的浸泡时间为 7 天，对经过浸泡作用后红砂岩试件进行上述的试验和参数测量。

3）对损伤的红砂岩进行物理力学试验并分析其损伤变化规律

最后，对常温下（假设未受到损伤）的红砂岩、受到热损伤的红砂岩以及高温和酸溶液作用后的红砂岩进行物理（表面特征、质量、纵波波速、孔隙度、导热系数）、力学（抗拉强度、声发射特征、宏观破坏特征）、微观（主要矿物成分与原子含量、孔隙结构与孔隙半径分布、内部微观结构）方面的损伤劣化研究，通过研究红砂岩主要矿物成分、孔隙分布、微观结构及主要原子含量的变化来分析高温和酸溶液作用对红砂岩的损伤变化，并揭示其损伤作用机制。

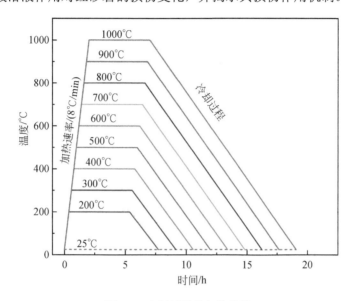

图 4.3　高温试验的加热曲线

表 4.2　岩石酸溶液浸泡作用下的统计表

作者	岩石材料	浸泡溶液	pH
Feng 和 Ding[237]	灰岩	NaCl、CaCl$_2$	7、9
Yao 等[238]	灰岩	Na$_2$SO$_4$	2、7、9
许江等[241]	砂岩	NaCl	2、5、7
Lu 等[240]	砂岩	NaCl	2、7、9、12
Miao 等[96]	花岗岩	NaCl	2、4、7
Huo 等[239]	水泥砂浆	HCl	1～2
Huo 等[242]	砂岩	HCl	2～5
Li 等[97、235]	灰岩	Na$_2$SO$_4$	3、5、7
Li 等[244]	砂岩	H$_2$SO$_4$	1～3
Li 等[243]	砂岩	H$_2$SO$_4$	3
Yang 等[245]	石英砂岩	HCl、NaCl、NaOH	2、7、12
Liao 等[247]	灰岩	草酸	4、5.5、7
Dehestani 等[246]	砂岩	—	3、7

2. 试验流程

为了模拟隧道围岩经历火灾事故和酸性地下水的侵蚀，本章采用箱式马弗炉和酸溶液浸泡的方式对红砂岩进行室内试验，其试验流程如图 4.4 所示。在开始实验之前对红砂岩试样进行分组编号，测量试样的尺寸、质量、色度参数、孔隙率、纵波速度和导热系数等物理力学参数。

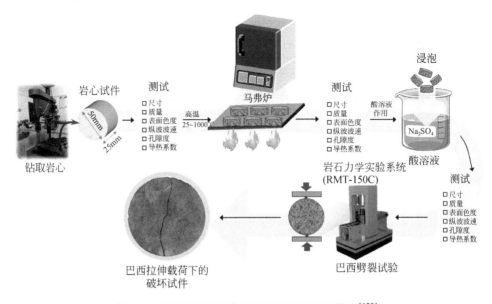

图 4.4　高温和酸溶液作用后红砂岩的试验流程[129]

开展的试验如下所示。

1）高温试验

红砂岩试件的高温试验采用合肥科晶材料技术有限公司生产的 KSL-1200X-M 型箱式电阻炉进行加热，该加热炉采用电阻丝为加热元件，从炉体三面进行加热，保温材料为高性能纤维材料，并与智能温度控制器配合使用，支持炉膛温度的自动测定、升温路径分段设定、精度控制并显示温度，炉膛最高温度可达 1200℃，炉温控温精度为 ±1℃，升温速度在 2~60℃ 区间内可调。

2）质量

红砂岩试件的质量采用精度为 0.01g 的电子秤进行测量，由于该型电子秤的精度较高，以及为了更加精准地了解红砂岩试件的质量变化，在测量过程中应始终保证电子秤的圆水准气泡居中，这样能够保证红砂岩试件在测量中处于水平位置，消除重力对实验数据的影响，保证测量数据的准确性。

3）表面色度

红砂岩表面的色度通过 TES-135A Color Meter 型色差仪进行测定，该型色度计采用 CIELab 彩度空间坐标对物体表面的色度值进行确定，相较于人眼对试件表面的色差识别，该型仪器具有更加精细和灵敏的优点。

4）波速

红砂岩试件的纵波波速测定在武汉中岩科技股份有限公司研制的 RSM-RCT（B）型声波测定仪上进行，该仪器为一体化高智能数字超声仪，集高压脉冲发射、高速信号采集、超声参数的自动判读、存贮、实时波形处理、分析、显示等功能于一体，能够较好地满足试验的需求。

5）导热系数

红砂岩试件的导热系数采用 DRE-2C 型导热系数测定仪测量，该仪器基于瞬态平面热源（TPS）技术，主要测量固体、粉末、胶状、各向异性材料等的导热系数。

6）孔隙度

核磁共振技术作为一种无损、高效、安全的检测手段迅速向不同应用技术领域延伸发展，被广泛应用到物理、化学、医疗、石油等众多科技领域。在岩土工程领域方面，核磁共振（NMR）技术已经得到广泛应用[97, 182, 235, 248]，如在测定岩石的孔隙率、孔隙半径结构与组成等多种参数方面。岩石作为矿物天然集合而形成的多孔介质材料，其内部孔、裂隙结构是岩石的固有属性，NMR 技术测定岩石内部微观孔隙结构实质上是利用孔、裂隙内流体质子在外加磁场作用下的共振现象，测定流体中氢原子所产生的弛豫时间与孔隙大小的关联性，即弛豫时间的长短与岩石材料的孔隙半径成正比，由此实现岩石内部微观结构及孔隙度的表征[249]。进行核磁共振试验时，首先，对测试试件进行真空饱和处理，具体步骤是将制备好的岩石试件放入敞口容器中，在敞口容器中注入一定量的水，要求水面必须高于岩石试件，然后将敞口容器和岩石试件放入真空饱和仪中，并盖上玻璃罩；其次，开启仪器和空压机开关，将玻璃罩内环境抽为真空，然后设定干抽和湿抽时间各 240min，待真空饱和完毕后，将饱水的岩石试件取出，擦拭岩石表面的残留的水珠，减小岩石表面残留水珠对测试结果的影响；最后，将真空饱和后的岩石试件放入 PQ-001（Mini-NMR）型核磁共振仪的测试区域，在整个测试过程中，始终保持核磁共振仪中永磁铁组件的温度稳定在 32℃，以保证试验结果准确性。

7）主要矿物成分

红砂岩的主要矿物成分通过 DX-2700 型 X 射线衍射仪进行测定，进行矿物岩相分析的具体步骤是从红砂岩试件的不同位置取适量碎块，进行振捣研磨，将岩石颗粒研磨至满足试验要求的 400 目以下后，对岩石粉末进行制片，将岩石粉末平铺于载玻片上，随后将载玻片和岩石粉末置于 X 射线扫描腔内，关闭腔门，开始扫描，扫描角度为 5°～80°。

8）微观结构及主要原子含量

为了研究红砂岩内部微观结构和主要原子含量在温度和酸溶液作用后的变化特征，本章采取 MLA650F 型扫描电子显微镜对损伤红砂岩的内部结构进行观测。其主要是利用二次电子像对经过导电和干燥后的岩石试件进行微区观测，包括岩石微观结构的几何形态、形状、尺寸和微缺陷等。同时，结合电子能谱扫描仪，可对岩石试件的主要元素进行点、线、面的分布分析。

4.3 高温与酸性水对岩石物理性质的影响规律

在高温和酸溶液作用后红砂岩试件会发生一系列的复杂的物理化学反应，如水蒸气的挥发、矿物的热膨胀、微裂纹的萌生与扩展、石英矿物的相变、高岭石矿物的脱羟基反应、矿物热分解、热熔融，以及矿物与酸溶液的反应等，这些反应会导致红砂岩的物理参数（如表面特征、质量、纵波波速、孔隙度、导热系数等）发生变化。大量的研究结果表明，岩石的变化在温度较低时主要以物理反应为主，而在温度较高时则主要发生化学变化[39]。为了探究围岩在高温和酸溶液侵蚀作用后的损伤演化特征，本章开展了一系列试验，测试分析了高温和酸溶液作用下的红砂岩试件物理参数，得到不同温度和酸溶液作用后红砂岩试件物理性质的变化规律。

4.3.1 表面特征变化

为了定量探究高温和化学侵蚀对砂岩试件表面颜色的影响，采用 TES-135A Color Meter 色差仪对试件表面进行色度测定。色差计测量的数据中包括三个指标参数，分别为 L、a、b，对应所测颜色的色度值，L 代表亮度（luminosity），a 代表红绿色，b 代表黄蓝色。采用式（4.1）来计算不同温度和化学侵蚀作用后试件的表面颜色与常温下试件颜色的差别[129]：

$$\Delta E = \sqrt{\left(L_t - L_0\right)^2 + \left(a_t - a_0\right)^2 + \left(b_t - b_0\right)^2} \tag{4.1}$$

式中，ΔE 为色差；L_0、a_0、b_0 和 L_t、a_t、b_t 分别为未处理试件的色度值和高温-化学侵蚀作用后试件的色度值。

通过色差公式，可以计算出不同温度和化学侵蚀作用后试件表面颜色的色差值。

图 4.5 显示了经过高温和酸溶液浸泡作用后试件表面色差的变化情况。结果表明红砂岩试件表面的色差随着温度的升高呈现增长趋势,试件表面色差的增长趋势较为明显。此外,在 600℃之后,色差的变化程度慢慢减小,在 900℃时色差的变化达到峰值,为 12.08。另一方面,化学侵蚀作用后红砂岩试件的总体变化趋势与温度作用后试件的变化趋势类似,化学侵蚀作用后红砂岩试件表面色差峰值略小于温度作用后的试件色差峰值,为 10.89,这主要是由于化学作用侵蚀了试件表面的部分矿物与有机杂质[129]。通过对比两类作用后红砂岩试件表面的色度变化能发现红砂岩试件表面颜色变化对温度作用的敏感性要优于化学侵蚀作用。

不同的温度和化学侵蚀作用后,红砂岩试件的色度变化曲线可用指数函数拟合,如式(4.2)所示:

$$\Delta E = A_1 \cdot e^{(-T/A_2)} + A_3 \qquad (4.2)$$

式中,ΔE 为红砂岩试件表面色差的变化;T 为温度;A_1、A_2、A_3 为拟合参数。两条拟合曲线的相关系数都在 0.92 以上,说明 3 类岩石试件的表面色度变化均满足指数增长,详细的拟合参数见表 4.3。

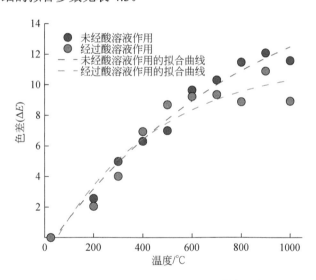

图 4.5 高温和酸溶液浸泡作用下红砂岩试件表面色度变化图

表 4.3 高温和酸溶液浸泡作用下红砂岩试件的色度变化拟合曲线参数表

处理方式	A_1	A_2	A_3	R^2
高温	−19.05	820.18	18.10	0.98
高温+酸溶液	−13.00	425.13	11.53	0.92

　　岩石样品的表面颜色是其物理性质最直观的表现，其表面颜色的呈现主要由组成的矿物成分决定[129]。然而，红砂岩试件内部的矿物在高温和酸溶液浸泡条件下会发生物理化学反应，导致矿物成分和内部结构的变化，最终改变样品表面的颜色[250]。如图 4.6 所示，红砂岩试件的表面颜色在高温以及高温-化学侵蚀共同作用后发生的变化。室温下（25℃），红砂岩试件表面呈暗红色，在经过高温作用后，如 400℃时红砂岩试件的表面颜色逐渐加深，这主要是由于高温导致的水分蒸发和有机燃烧[251]。然而，当热损伤试件经历酸溶液浸泡作用后，会由于试件表面的一些深色物质被酸溶液消耗，引起试件表面颜色加深程度略有减弱的现象。当加热温度超过 400℃时，红砂岩试件表面颜色逐渐变为砖红色，亮度稳步提高，分析其中的主要原因可能是红砂岩试件内部矿物中的铁、镁离子在高温下发生氧化反应形成赤铁矿（Fe_2O_3）[252]。与高温作用下红砂岩试件的表面颜色进行对比，发现在高温和酸溶液浸泡共同作用下的红砂岩试件的表面颜色较亮，高温衍生的深色矿物被酸性溶液化学反应消耗，这可能是亮度提高的原因。

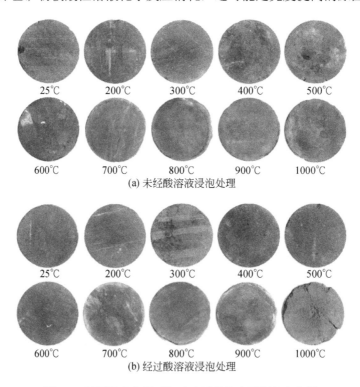

图 4.6　不同温度作用后红砂岩试件的表面颜色变化图

　　高温和化学侵蚀作用后，岩石材料除了颜色发生变化之外，其表面粗糙程度和破坏情况也发生了明显变化。随着作用温度的升高和酸溶液浸泡的继续,红砂岩试件的表面损伤逐渐发展。当加热温度为 600℃时,红砂岩试件表面的白点逐渐增多,说明高温作用下矿物反应逐渐增强,岩石内部结构发生了变化,为酸溶液的渗入提供了一个方便的通道。当作用温度进一步升高,红砂岩试件的边缘出现了裂纹和剥落,这种现象在高温和酸溶液浸泡作用下更为明显。

如图 4.7 所示,在高温和酸溶液的共同作用下,800℃作用下红砂岩试件的表面开始出现边界裂纹,900℃高温作用下的试件出现局部损伤,且出现较大的白色晶体缺陷,这主要是由于高温和酸溶液的浸泡对红砂岩试件内部矿物的共同作用。此外,热应力和酸溶液的侵蚀作用共同导致了宏观裂纹的连通。最后,由于热应力和化学分解作用超过了试件内部的结合力,试件无法保持原来的形状,出现了试件破坏的现象。

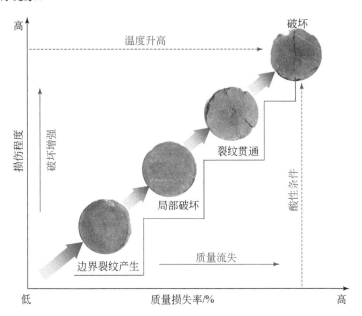

图 4.7　高温和酸溶液浸泡作用下红砂岩试件的损伤过程图

4.3.2　质量变化

高温和酸溶液浸泡的共同侵蚀作用会造成红砂岩试件的损伤,导致红砂岩试件质量的减小和纵波波速的降低。在高温作用下,红砂岩试件中的自由水和结合水会蒸发和溢出,此外,受高温和酸溶液作用,红砂岩试件内部的部分矿物会发生复杂的物理化学变化,导致试件质量的变化[250]。图 4.8 给出了在高温和酸溶液作用下红砂岩试件的平均质量变化。

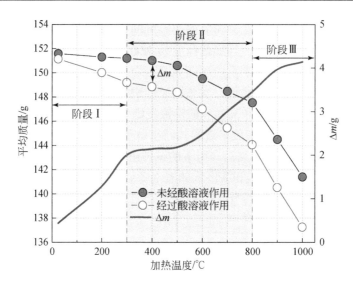

图 4.8 不同温度作用下红砂岩试件的平均质量变化图

结果表明，在第一阶段（25～300℃）内，红砂岩试件的质量略有损失，这主要是由于试件内部自由水的蒸发。但试件在高温和酸溶液浸泡共同作用下的质量损失较大，分析其原因可能是由于化学反应消耗了一些氧化物。

在第二阶段（300～800℃），经过酸溶液浸泡前后的红砂岩试件的质量损失程度均大于第一阶段，主要是由于该阶段水分的蒸发程度不断增加，其中包括矿物结合水的蒸发和溢出。矿物的分解也发生在这一阶段，如高岭石矿物在470～540℃发生脱羟基反应[251]，石英矿物在 573℃发生相变，这也解释了在500～600℃温度区间段内为何会出现质量损失相对较大的现象。然而，经过酸溶液浸泡处理的红砂岩试件质量损失明显高于未经酸溶液浸泡处理的试件，分析其中的主要原因可能是在高温作用下红砂岩试件的内部结构变化和孔隙率的增加，促使以下酸溶液与矿物的化学反应（钠长石、钾长石和酸的反应）迅速发生[96]。

在第三阶段（800～1000℃），红砂岩试件的质量损失率出现了加速减小的现象，如图 4.8 第三阶段所示。在这一温度区间段内，大量矿物发生分解，矿物金属键的断裂以及矿物的热熔融使得内部微观结构快速劣化，从而导致了试件表面宏观裂纹的萌生、发展与贯通，经过酸溶液浸泡的试件质量损失和试件的破坏程度更为严重，这是因为在热应力和酸溶液浸泡的共同作用下矿物的分解能更加简单和快速进行，最终导致了红砂岩试件开裂与剥落。此外，经过高温作用的部分红砂岩试件，在经历酸溶液作用的前后质量损失的差值是呈现逐渐增大趋势的，表现出的变化规律是随着红砂岩试件的作用温度的逐渐升高，酸溶液的渗入侵蚀作用也逐步增强，造成的质量损失率也越大；酸溶液浸泡作用前后的红砂岩试件质量损失差值是随着温度逐渐增加的。

$$NaAlSi_3O_8+4H^+ \longrightarrow Al^{3+}+3SiO_2+2H_2O+Na^+ \qquad (4.3)$$

$$KAlSi_3O_8+4H^+ \longrightarrow Al^{3+}+3SiO_2+2H_2O+K^+ \qquad (4.4)$$

为了更进一步量化红砂岩试件在高温和酸溶液浸泡作用下的损伤程度，采用质量损失率（K_m）来定义红砂岩的质量损伤，其计算公式如下：

$$K_m = \frac{m_t - m_c}{m_t} \times 100\% \qquad (4.5)$$

式中，m_t 为高温作用后红砂岩试件的平均质量；m_c 为高温和酸溶液浸泡共同作用后红砂岩试件的平均质量。如表 4.4 所示，记录了不同试验温度下红砂岩试件的质量损失率（K_m）。其结果表明，在 25～300℃时，由于水分的蒸发和矿物的化学反应，质量损失率（K_m）逐渐增大，由最初的 0.29%增加到 1.32%。在 300～800℃温度区间段内，质量损失率（K_m）略有增加，在 800℃时增加到 2.34%。在 800～1000℃温度区间段内，质量损失率（K_m）的增长速度最为迅猛，为快速增长阶段。

表 4.4　高温和酸溶液浸泡作用下红砂岩试件的质量损失率一览表

温度/℃	25	200	300	400	500	600	700	800	900	1000
质量损失率/%	0.29	0.85	1.32	1.42	1.45	1.65	2.02	2.34	2.75	2.93

4.3.3　纵波波速变化

岩石内波速往往受到矿物成分、固结度、孔隙度和其他因素的影响[253]。在高温和酸溶液浸泡的影响下，红砂岩试件内部的微观缺陷逐渐发育并连通，微裂纹和微缺陷的增加，使得红砂岩的纵波速度出现了下降。图 4.9 为红砂岩试件的纵波波速变化图，从图中可知，当作用温度低于 300℃时，红砂岩试件的纵波速度在温度和酸溶液浸泡作用下均保持基本稳定，纵波速度的损失较小。而且，由于高温产生的矿物热膨胀，在 200℃时红砂岩试件的纵波速度甚至出现了增加，这表明适当的温度作用是可能增加或恢复岩石的物理力学性质[12, 250]。然而，酸溶液浸泡作用产生的化学反应加速了试样中微裂纹的萌生和扩展，导致纵波速度相对降低。在第二温度阶段（300～800℃），红砂岩试件的纵波速度由 4.12km/s 下降到了 2.43km/s，下降幅度为 41.02%；高温和酸溶液浸泡共同作用下的红砂岩试件的平均纵波速度由 3.74km/s 下降到了 2.12km/s，下降幅度为 43.32%。在第三温度阶段（800～1000℃）红砂岩试件的纵波速度下降较快。高温作用下红砂岩内部矿物中的石英矿物相变、矿物的不均匀膨胀和酸溶液的化学侵蚀加速了试样中微裂纹的扩展和连接，使得红砂岩试件的孔隙率增加，并导致了其纵波速度的快速下降。高温作用下红砂岩试件的纵波速度由 2.43km/s 下降到了 1.74km/s，下降幅度为 28.40%；高温和酸溶液浸泡共同作用下的红砂岩试件的平均纵波速度由 2.12km/s 下降到了 1.49km/s，下降幅度为 29.72%。在 300℃ 的作用温度之前，经过酸溶液处理和前后的红砂岩试件的纵波波速之差（Δv_P）随温度的升高出现了增大趋势，而后，随着作用温度的继续增加，其纵波波速之差缓慢减小了。

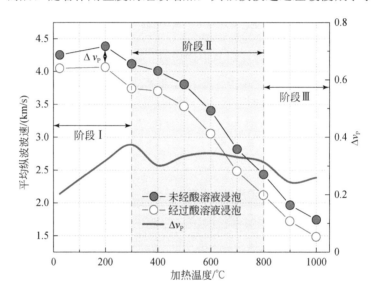

图 4.9　高温和酸溶液作用下红砂岩试件的纵波波速变化图

为了更进一步的量化高温和酸溶液作用下红砂岩试件的损伤和破坏，引入了纵波波速损失率（K_P）来表征纵波波速的损伤。纵波波速损失率（K_P）的计算公式如下：

$$K_P = \frac{v_t - v_c}{v_t} \times 100\% \tag{4.6}$$

$$K_P = 3.58549K_m + 3.83873, \quad R^2 = 0.92763 \tag{4.7}$$

式中，v_t 为高温作用下红砂岩试件的平均纵波波速；v_c 为高温和酸溶液共同作用下红砂岩试件的平均纵波波速。如表 4.5 所示，随着温度和酸溶液浸泡作用的不断作用，纵波波速损失率（K_P）逐渐增大。在室温（25℃）下，由于酸溶液的化学作用，平均纵波波速损失率（K_P）为 4.76%。在 300℃ 时，由于高温和酸溶液的浸泡作用，平均纵波波速度损失率（K_P）急剧增加，达 9.07%。随着作用温度的继续升高和酸溶液的化学侵蚀作用，600℃ 和 1000℃ 的平均纵波波速损失率分别达到 10.14% 和 14.85%。这一结果表明，高温和酸溶液的浸泡作用对红砂岩试件的纵波波速的损伤影响是较大的，而纵波在红砂岩内部的传播往往与内部微观结构密切相关，这就表明，试件内部微观结构的损伤是严重的。

表 4.5　高温和酸溶液浸泡作用下红砂岩试件的纵波波速损失率一览表

温度/℃	25	200	300	400	500	600	700	800	900	1000
纵波波速损失率/%	4.76	7.25	9.07	7.54	8.79	10.14	11.75	12.9	12.37	14.85

岩体质量和纵波波速损失率作为岩石最基本的物理性质，经常被用来评价岩石试件的变形破坏程度。因此，采用 K_m 和 K_P 对在高温和酸溶液浸泡作用下红砂岩试件进行损伤评价。如图 4.10 所示，比较了质量损失率（K_m）和纵波波速损失率（K_P）的相关性。结果表明，K_m 和 K_P 之间的相关性相对较强，近似线性，拟合表达式如关系式（4.7）所示。因此，可采用 K_m 和 K_P 来联合定义红砂岩试件在高温和酸溶液浸泡作用下的变形破坏情况。

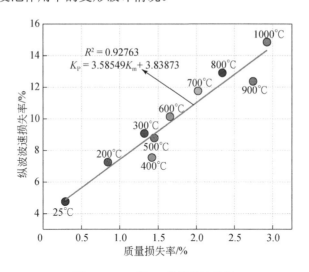

图 4.10　K_m 和 K_P 的相关性分析

4.3.4　孔隙度变化

孔隙度是评价岩石微裂纹发育程度的重要物理性质。因此，本章采用低场核磁共振（LF-NMR）技术测定了高温和酸溶液浸泡作用后红砂岩试件的孔隙度的变化特征。核磁共振现象主要的测试原理是：岩石内部孔、裂隙所含流体中的氢原子在一个磁场的作用下产生的弛豫现象，通过弛豫时间与孔隙度的关系来计算孔隙的大小。例如，将真空饱和后红砂岩试件放置于恒定磁场后，孔隙、裂隙内部流体中所含的氢原子会被磁化，并且表现出一个磁化矢量，与此同时，在射频单元施加的射频磁场作用下氢原子就会产生核磁共振现象，当射频单元关闭后，内部接收器会检测到一个变化幅度随时间呈指数函数衰减的信号，检测到的信号通常采用纵向弛豫时间（T_1）和横向弛豫时间（T_2）这两个参数来描述。根据前人的研究[254-256]，T_1 和 T_2 在测试的孔隙结果上具有明显的对应关系，横向弛豫时间（T_2）具有检测速度快的优势，因此在大多数岩石试件核磁共振测试中，横向弛豫时间（T_2）常常被用来描述岩石孔隙度信号衰减的速度[182]。对于不同温度和酸溶液侵蚀作用后的红砂岩试件，其内部结构损伤程度的不同，所导致接收器接收的横向弛豫时间（T_2）就会有所差别，因此，所反映的孔隙度测量结果也会有所不同。基于此，本章就通过核磁共振技术测量红砂岩内部流体的横向弛豫时间（T_2）的信号差别来表征红砂岩孔隙结构的变化特征。

　　高温和酸溶液浸泡作用下红砂岩试件的孔隙度变化如图 4.11 所示，常温下（25℃）的红砂岩试件的孔隙度为 4.87%，这是由于红砂岩在成岩过程中包含了大量的杂质，而这些杂质在微生物的作用下逐渐分解后留下了大量的微孔隙，这也导致了常温下红砂岩试件孔隙度较大的结果。而在经历酸溶液浸泡作用后，红砂岩试件的孔隙度进一步加大，达到了 6.16%。红砂岩试件的孔隙度随着作用温度的升高呈现出前期减小而后慢慢增大的趋势，这与波速在 200℃时的增大现象较为一致，本章认为在这个温度下的红砂岩试件内部结构得到了相对改善。而随着作用温度的继续升高和酸溶液浸泡的作用，红砂岩试件的内部孔隙度逐渐增大。另外，计算酸溶液浸泡前后红砂岩试件的孔隙度差值能发现：当作用温度越高时，

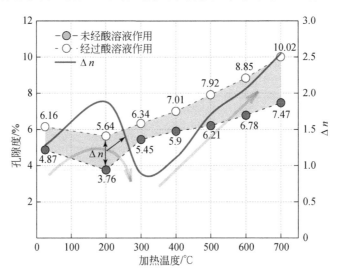

图 4.11　高温和酸溶液浸泡作用下红砂岩试件的孔隙度变化图

经过酸溶液浸泡前后红砂岩试件孔隙度的差值是逐渐增大的。这说明高温作用产生的微孔隙网络是具有促进酸溶液入渗、加速内部节后损伤侵蚀作用的。1000℃高温作用后红砂岩试件的孔隙度增长了 53%，而 1000℃高温和酸溶液浸泡共同作用后的红砂岩试件孔隙度则增长了 63%。

4.3.5　导热系数变化

目前，在天然赋存条件下直接测定岩石的导热系数的难度较大，绝大多数情况还是通过在室内对现场取回来的岩石按照一定规格加工成的试验试件进行测量，然后用实验室测量值作为岩石的评价指标。因此，本章采用 DRE-2C 型导热系数测定仪测量对红砂岩试件的热物理参数（导热系数）进行了室内试验测定，得到了高温和酸溶液作用后红砂岩试件导热系数的变化特征。

红砂岩试件的导热系数是测量沿热流方向施加的温度梯度单位下试件横截面积内的传热量，其数值的大小与试件内部的完整性密切相关。岩石内部矿物是良好的传热介质，当内部矿物联系紧密时，试件内部的微缺陷空间就较少，这会使得岩石的导热能够较为顺利地进行，所以测量的数值也较大。岩石的导热系数是与岩石内部微观结构密切相关的性质，能反应内部微观结构的损伤情况。红砂岩试件导热系数的计算公式为

$$\lambda = \frac{Q}{A \cdot \Delta t \cdot d} \tag{4.8}$$

式中，λ 为导热系数，W/(m·K)；Q 为热流，W；A 为横截面积，m²；Δt 为样品上的温差，K；d 为样品厚度，m。

高温和酸溶液浸泡作用下红砂岩试件的导热系数变化如图 4.12 所示，在室温下（25℃），红砂岩试件的热导系数约为 4.0W/(m·K)，但经过酸溶液浸泡处理后降低至约 3.6W/(m·K)，这表明酸溶液的浸泡会消耗掉某些矿物，造成红砂岩试件内部孔隙率的增加，而孔隙结构的增加也增加了红砂岩试件内部的阻热系数。

在 200℃温度条件下，红砂岩试件的热导系数增加、孔隙率降低，分析其中的原因可能是高温作用产生的热应力对试样的增强作用[129, 253, 257]。适当的温度对红砂岩内部结构和物理性质的改善具有良性的促经作用。但是经过酸溶液浸泡处理后的红砂岩试件物理性质的改善幅度却不如未经酸溶液浸泡处理后的明显，说明酸溶液浸泡对温度的改善作用具有减弱的作用。在 400～700℃温度范围内，导热系数迅速下降，在这温度区间内，红砂岩试件的物理性质也随之迅速退化，分析其中的原因可能是由于红砂岩内部结构的损伤劣化，导致红砂岩试件物理性质的退化。在 700～1000℃温度区间段内，红砂岩试件的导热系数趋于稳定。未经酸溶液浸泡处理的红砂岩试件的热导率下降至 1.6W/(m·K)左右，而经过酸溶液

浸泡处理的试件导热系数则下降至 0.8W/(m·K)左右，较常温下的试件都出现了较大的下降幅度，1000℃高温作用下的红砂岩试件的导热系数的降幅为 60%，而 1000℃和酸溶液浸泡共同作用下的红砂岩试件导热系数的降幅则达到了 78%。

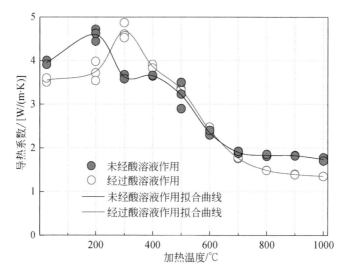

图 4.12　高温和酸溶液浸泡作用下红砂岩试件的导热系数变化图

4.4　高温与酸性水对岩石力学性质的影响规律

高温和酸溶液作用后的围岩材料的抗拉强度是隧道安全评估中需要重点考虑的因素之一。岩石的抗拉强度一般采用直接或间接拉伸方法确定[105, 258]，但是由于直接拉伸试件加工难度大、实验设备较落后和失败率高等原因，目前巴西劈裂试验作为一种简单测定岩石材料抗拉强度的间接试验方法，得到了广泛的应用。此外，巴西劈裂试验实际上是属于压拉破坏实验，更加贴近工程实际[259]。

4.4.1　抗拉强度

采用江西省矿业工程重点实验室的 RMT-150C 试验机进行红砂岩抗拉强度测试，如图 4.13 所示，利用自行设计配套使用的装置对声发射探头进行固定，以便在红砂岩试件的渐进破坏过程中采集声发射（AE）数据。

高温和酸溶液作用后红砂岩试件的应力-位移曲线如图 4.14 所示，其图形结果大致可分为 4 个典型阶段，即初始压实阶段、稳定裂纹扩展阶段、不稳定裂纹扩展阶段和失稳破坏阶段。初始压实阶段表现出明显的非线性，所有试件的拉伸应力-位移曲线均呈现非线性阶段。此外，观察图像还能发现，高温和酸溶液侵蚀

图 4.13　岩样渐进加载过程及声发射探头布置

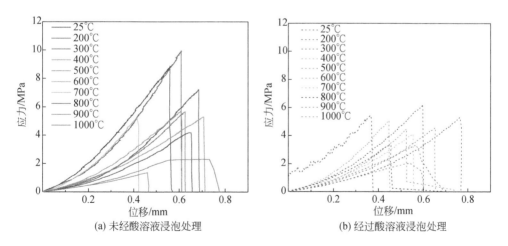

(a) 未经酸溶液浸泡处理　　　　　　　　(b) 经过酸溶液浸泡处理

图 4.14　不同温度下红砂岩的应力-位移曲线

增强了曲线的非线性，这主要归因于温度和化学侵蚀作用对红砂岩试样的破坏，导致岩石内产生微裂纹[96, 105]。另外，随着温度的升高和化学侵蚀的持续作用，红砂岩试件由脆性向塑性转变，峰值强度逐渐降低。结果表明，高温和酸性化学环境明显改变了红砂岩的抗拉强度，其主要原因可能是高温和酸性侵蚀促进了红砂岩内部微裂纹的产生。特别是酸溶液中的 H^+ 通过红砂岩的微裂隙渗入红砂岩内部，并与矿物成分发生反应，形成新的微裂隙或原始微裂隙的扩展和连接[96]。

图 4.15 显示了不同温度下红砂岩抗拉强度（σ_t）的变化。结果表明，高温和酸溶液作用对红砂岩抗拉强度的影响十分显著。常温下，红砂岩试件的抗拉强度为 8.86MPa，经历酸溶液浸泡之后，红砂岩的抗拉强度下降到 5.44MPa。在 200℃时，红砂岩试件的抗拉强度有所提高，分析其原因这可能是高温导致红砂岩内部自由水的蒸发所致[39]，加之红砂岩初始孔隙度较大，在高温的作用下，红砂岩的孔隙度降低，导致试件内部产生微裂纹和微缺陷被压密。因此，高温降低了水对矿物颗粒的润滑作用，以及孔隙度的减小是红砂岩强度增加的主要原因[12, 129, 250]。在 200℃高温后，红砂岩的抗拉强度为 9.93MPa，较常温下增长了 1.07MPa；而高温和酸溶液作用下的红砂岩试件在 200℃高温后，抗拉强度为 6.22MPa，较常温和酸溶液作用的岩样抗拉强度增长了 0.78MPa，可见酸溶液侵蚀对红砂岩的抗拉强度还是有明显影响的。从图 4.15 中可以看出，200～400℃阶段内，红砂岩抗拉强度的下降幅度明显增大，到 400℃时降为 5.69MPa，降幅较常温下的试件下降了 35.78%；而高温和酸溶液作用下的红砂岩试件的抗拉强度在 400℃时降为 5.05MPa，常温和酸溶液作用的下降幅度为 7.17%。从图 4.15 中的 $\Delta\sigma_t$ 也能较为直观地看出，200～400℃阶段内，$\Delta\sigma_t$ 逐渐减小，说明此阶段内高温作用仍然是红砂岩抗拉强度下降的主要原因。在 400～800℃阶段内，红砂岩试件的抗拉强度下降速度稍微有所放缓，在 800℃时，红砂岩试件的抗拉强度降为 4.18MPa，而高温和酸溶液作用下的红砂岩的抗拉强度则下降到 3.34MPa，此外，观察 $\Delta\sigma_t$ 的变化曲线，可以发现这一阶段内的曲线趋于平缓，甚至在 700℃时还出现了增大的现象，这说明酸溶液侵蚀逐渐成为影响红砂岩抗拉强度的主要原因。红砂岩内部矿物（如黏土矿物、石英等）的热膨胀以及部分矿物的相变被认为是这一温度阶段内引起抗拉强度变化的原因[39, 74]，红砂岩内部的微裂纹和微裂隙进一步扩展，为酸溶液的渗入侵蚀提供了便利通道[129]，而顺着裂隙管道渗入岩石内部的酸溶液会与内部矿物发生复杂的化学反应，造成红砂岩内部结构的进一步损伤[260]。随着加热温度进一步升高，红砂岩试件的抗拉强度在 800℃以后快速下降，当经历 1000℃高温加热后，红砂岩试件的抗拉强度下降到仅有的 1.36MPa。高温引起红砂岩内部矿物出现明显的相变与熔融，致使矿物内部的金属键断裂[39]，内部结构出现严重破坏，试件表面甚至出现宏观裂隙，大量颗粒脱落，导致红砂岩试件无法维持本来的形状而不能进行巴西劈裂抗拉试验。这也能解释在 800～1000℃温度阶段内高温和酸溶液作用下红砂岩试件因缺少平行组试件而引起的系统误

差。此外，通过观察图 4.15 可以明显发现，未经酸溶液浸泡处理的红砂岩试件比经过酸溶液处理的红砂岩试件具有更高的抗拉强度，这就表明化学侵蚀对红砂岩的抗拉强度有实质性影响。此外，从 $\Delta \sigma_t$ 的变化曲线中也能明显发现这一现象。

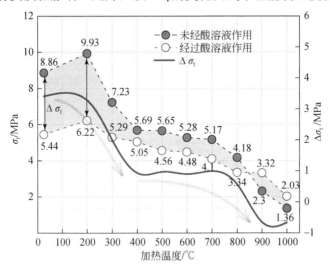

图 4.15　红砂岩抗拉强度随温度的变化曲线

4.4.2　声发射特征

红砂岩试件在高温和酸溶液作用下的损伤劣化过程实际是岩石内部微裂纹、微裂隙的萌生、扩展和贯通的过程，也就是说，损伤劣化过程中岩石内部伴随着大量的破裂过程。声发射信息（AE）可直接反映岩石损伤劣化过程中的破裂情况，在试验过程和实际工程中采用声发射监测技术可连续和实时地跟踪和定位岩石内部裂隙的产生、扩展及贯通情况[261]，研究岩石在高温和酸性地下水耦合侵蚀下内部裂隙的时空演化规律，对研究隧道围岩的致灾机理及灾害的预测预报具有重要的作用[116]。

目前，室内试验或实际工程中广泛采用声发射技术对岩石、岩体的损伤破裂过程进行监测。在室内试验中，岩石试件在单轴压缩、巴西劈裂和三轴试验中的声发射监测与定位。通过声发射试验过程也可以对岩石内部微裂隙的萌生点进行较准确地判定。例如，Rodríguez 等[262]对径向压缩（劈裂试验）过程中的大理岩和花岗岩试件进行了定位研究。通过监测花岗岩和大理岩劈裂试验过程中的声发射能量密度和三维定位结果可以发现，在 Y 轴上，也就是平行于加载方向，声发射信号是沿着试件两端逐渐向中间延伸的；同时，在 Z 轴上，也同时能够发现声发射的定位信号是从一个端面向另一个端面延伸扩展的。另外，根据声发射能量密度的结果发现，随着声发射能量密度信号的颜色是逐渐加深和集中的，这反映出岩石内部的微裂纹是逐渐萌生、扩展与贯通的，直至最后出现宏观裂纹。

此外，大量国内外学者对岩石试件加卸载过程中的声发射参数信息进行了大量的研究，如声发射事件数、声发射计数、声发射能量和波形文件等[151]。本章中劈裂试件的径向直径只有 50mm，存在布设监测探头空间不足的问题，因此，本实验中未进行声发射定位，仅在两个端面上利用同一型号探头对声发射行为进行监测和记录，以便分析热-化学耦合侵蚀作用下的红砂岩在加载过程中的声发射行为。

1. 声发射事件数

声发射事件数又称声发射撞击计数，其是通过声发射探头获取声发射信号值超过门槛值数据的记录，它反映了岩石试件渐进破坏过程中声发射信号的总量和频度，常被用来评价岩石声发射信号的情况。不同温度和酸溶液作用后的红砂岩试件在巴西劈裂过程中的声发射事件数结果分别如图 4.16 和图 4.17 所示，从图中反应的测量结果可知，损伤后红砂岩试件的声发射结果大概可以分为 3 个阶段：裂纹压密阶段的小高峰期、裂纹扩展阶段的相对平静期以及宏观破裂阶段的高峰期。

常温下，对未受损伤的红砂岩进行巴西劈裂试验，在试验的初期，红砂岩试件的声发射事件是比较活跃的，这主要是因为在红砂岩的成岩过程中，或多或少的存在着一些原生微裂隙和微裂纹，而这些初始缺陷在外力的作用下会被逐渐压密，从而产生微弱的声发射信号，此过程中很少有新裂纹和裂隙的萌生，因此，声发射事件数的信号强度是比较微弱的。

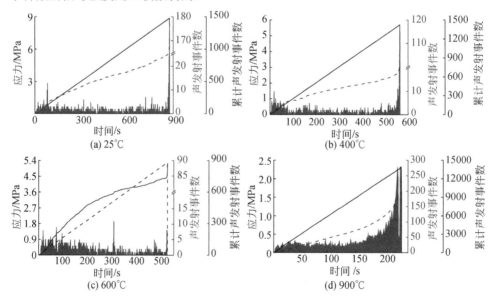

(a) 25℃

(b) 400℃

(c) 600℃

(d) 900℃

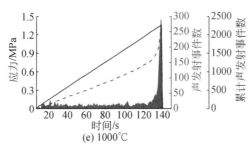

图 4.16　不同温度作用后红砂岩试件声发射事件数的变化特征图

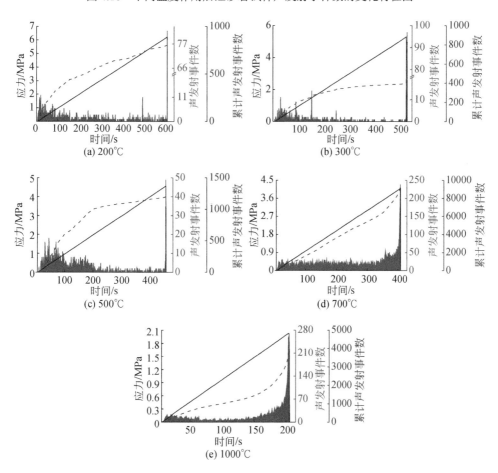

图 4.17　高温和酸溶液作用后红砂岩试件声发射事件数的变化特征图

　　紧随其后，声发射活动在荷载逐渐增加的作用下进入裂纹扩展阶段的相对平静期，在这阶段内试件先是发生弹性变形，产生的变形在卸除荷载之后能够恢复，因此，产生的声发射信号也是比较微弱的，但随着外部作用荷载的继续增加，试件内部的变形逐渐由弹性变形转变为塑性变形，而塑性变形会引起微裂纹、微裂隙的萌生、发育和扩展，便会产生活跃的声发射信号，这也是图4.16（a）中300～800s期间偶有信号突增的原因；当试件内部微观裂纹逐渐扩展、贯通后，试件会逐渐丧失承载能力，当荷载达到试件的抗拉强度后，宏观主裂隙贯通，此时，声发射事件数出现了激增，最终达到峰值。对比图4.16中不同温度作用后，红砂岩试件声发射事件数的结果不难发现，随着作用温度的逐渐升高，红砂岩试件在劈裂试验的初期不论是信号数量和强度较常温试件都有增加的现象，其主要的原因是高温作用使得砂岩内部的微裂纹和微裂隙大量发育，温度越高，对砂岩的损伤越大[263]。因此，在劈裂试验的初期，大量裂纹的压密就会产生更多的声发射信号，从声发射事件数随作用温度升高而逐渐增加的角度也体现出了高温对红砂岩试件的损伤。

而裂纹扩展阶段的相对平静期的声发射事件数也随着温度的升高呈现出数量和强度均增大的特征，如红砂岩试件经历600℃高温作用后，在劈裂试验进行到300s左右时，声发射事件数出现了跃升，其对应0.6倍的峰值抗拉强度；在宏观破裂阶段的高峰期内，随着作用温度的逐渐升高，岩石破裂的前兆特征逐渐明显的，如图4.16（d）和（e）所示，岩石破裂的前夕，声发射事件数是逐渐增大的，而不是像常温条件宏观裂纹贯通的同时出现激增，这反映了红砂岩试件在高温作用下逐渐由脆性破坏向塑性破坏过渡，这与4.4.1节中不同温度作用下红砂岩的位移-应力图所呈现的结果较为一致。

图4.17则反映了高温和酸溶液作用后红砂岩试件在劈裂试验中声发射事件数的变化特征，其结果与图4.16中不同温度作用后的红砂岩试件声发射事件数的变化基本相似，随着加热温度的升高和酸溶液的作用，红砂岩试件的损伤是逐步加深的，抗拉强度的降低反映了岩石的损伤情况。因此，从图4.17中可以看出，试验加载的初期声发射信号的数量和强度是增长的，热损伤和化学侵蚀诱导了更多微裂隙的萌生和发育；相对不同温度作用后红砂岩在中间平静期的声发射事件信号而言，高温和酸溶液作用后的红砂岩声发射事件数是偏少的，分析其中的原因，可能是渗入试件内部的酸溶液对红砂岩试件起到了软化和溶解作用，从而减弱了声发射现象，导致的中间平静期阶段的事件信号数偏少[264]。在宏观破裂阶段的高峰期内，高温和酸溶液作用后的红砂岩试件的声发射事件数变化特征与不同温度作用下的红砂岩试件的变化特征是基本一致的，随着损伤的加剧，岩石破裂的前兆特征越发明显。例如，700℃高温和酸溶液作用后，红砂岩试件劈裂过程中声发射事件数的增长在裂纹扩展阶段的相对平静后期是逐渐连续增加的，主裂纹连通前的事件数增加现象也较之前相对明显了。

2. 声发射振铃计数

振铃计数表征的是声发射信号越过门槛值的震荡次数，岩石内部新裂纹的萌生、扩展和连通，以及矿物颗粒间的摩擦和原生裂纹的闭合等均会产生振铃计数的变化。

图 4.18 为不同温度作用后红砂岩在劈裂试验过程中的振铃计数变化情况，振铃计数的变化与劈裂试验过程中岩石内部的微裂纹发育过程是密切相关的，根据振铃计数的演化结果可以将红砂岩试件的变形分为几个不同的阶段，这一结果与岩石的渐进破坏过程是一致的。与不同温度作用下红砂岩的声发射事件数相似，随着加热温度的升高，初始变形阶段的振铃计数信号变得更加突出，尤其是在 700℃热处理的试件中。此外，还观察到振铃计数在中间的相对平静期内的无序性

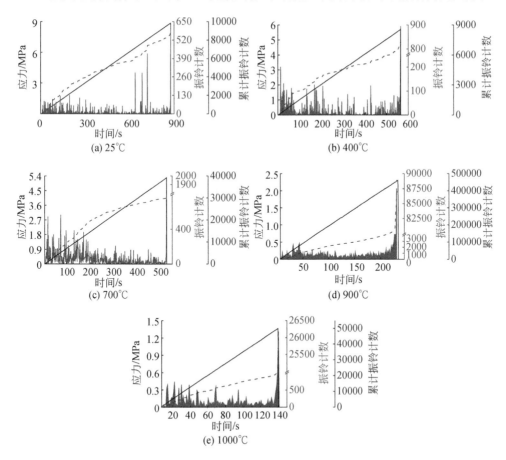

图 4.18　不同温度作用后红砂岩试件振铃计数的变化特征图

有所增加，判断振铃计数信号突增的原因可能是内部原始裂纹的延伸与扩展以及新裂纹的萌生、发育。这些最初萌生微裂纹和微裂隙的地方将成为优先开裂的部位，并成为产生声发射的密集区域。

试验初期产生的振铃计数达到了峰值振铃计数的 30%左右，说明红砂岩试件的损伤是严重的，也因此导致了岩石强度的降低。此外，对比不同温度和化学侵蚀作用下的红砂岩试件在劈裂过程中所产生的累计振铃计数发现，900℃高温作用下的红砂岩试件的较 300℃作用下的红砂岩试件所产生的累计振铃计数增加了一个数量级。

常温下，红砂岩试件劈裂过程中的振铃计数变化情况如图 4.18（a）所示，在加载过程中的 600～800s 期间，损伤试件的声发射振铃计数出现了跃升现象，其幅度都基本超过了峰值振铃计数的 50%，产生这种现象的原因通常是加载过程中岩样中矿物的断裂、位移或是晶界运动，也就是新生裂纹的萌生与扩展，而通过对比不同温度作用后红砂岩试件振铃计数的跃升阶段，会发现其会随着高温作用造成试件的损伤而出现变化。

高温和酸溶液作用后的红砂岩试件在劈裂试验过程中的振铃计数变化如图 4.19 所示，当高温条件和酸性地下水侵蚀共同作用在隧道围岩上时，往往会对岩石的内部结构造成较大的损伤[96, 105, 260]。损伤的围岩在外力作用下自然会优先出现破裂，而破裂的过程中就会有更多的声发射信号释放出来。图 4.19 中劈裂试验的初始阶段信号增强的现象越发明显就说明了损伤是逐渐加深的，如在 300℃高温和酸溶液作用下的红砂岩试件，试验初期产生的振铃计数达到了峰值振铃计数

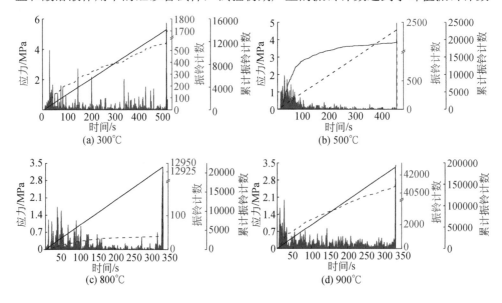

(a) 300℃　　　　　　　　　　　　(b) 500℃

(c) 800℃　　　　　　　　　　　　(d) 900℃

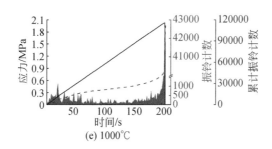

(e) 1000℃

图 4.19　高温和酸溶液作用后红砂岩试件振铃计数的变化特征图

的 30%左右，说明红砂岩试件的损伤是严重的，也因此导致了岩石强度的降低。此外，对比不同温度和化学侵蚀作用下的红砂岩试件在劈裂过程中所产生的累计振铃计数发现，900℃高温作用下的红砂岩试件的较 300℃作用下的试件所产生的累计振铃计数增加了一个数量级。

3. 声发射能量

人们普遍认为声发射信号的能量代表岩石内部在渐进破坏过程中释放的能量的一部分。该参数代表着声发射事件的强度，并已广泛运用于研究岩石的破坏过程中[24,265-266]。图 4.20 为不同温度作用后红砂岩劈裂试验过程中能量的变化特征，在常温下，试验的初期阶段，由于初始裂纹闭合，试件处在吸收能量的阶段，而

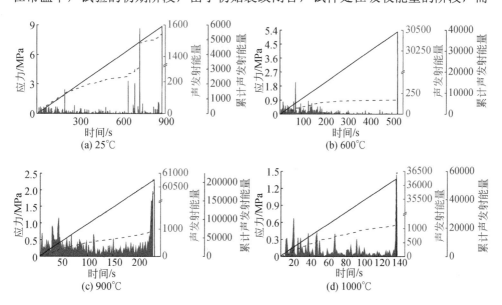

图 4.20　不同温度作用下红砂岩试件能量的变化特征图

随着加载试验的继续，偶有能量释放的过程被声发射探头捕捉并记录下来，直到试验加载的后期才有大量的能量释放的现象出现，这与岩石加载过程中的渐进破坏有很好的相关性。随着作用温度的升高，达到 600℃ 的高温后，试验初期的能量释放现象明显加强，说明高温对岩石的损伤是显著的。进入试验的中期，岩石释放能量的现象有所减缓，直到宏观破裂的瞬间，也就是应力出现急剧下降的同时，出现了巨大的能量释放现象，而且释放能量的数量较常温下试件增加了一个数量级。900℃ 和 1000℃ 高温作用后的红砂岩试件初期试验阶段的能量释放过程不论是从时间上还是数量上都有明显加强，分析其中的原因可能是高温对矿物的熔融以及大量矿物金属键的断裂所引起的，这些作用使得岩石内部产生了大量的裂隙和孔隙区域。因此，在试验初期阶段，裂纹和孔隙的闭合会产生相当数量的声发射能量释放，高温对岩石的损伤也使得岩石在整个加载过程中能量释放的规模和程度增加。

　　图 4.21 为高温和酸溶液作用后红砂岩劈裂试验过程中能量的变化特征，与常温下的红砂岩试件的能量释放相比，经过 200℃ 高温和酸溶液作用后的红砂岩试件在劈裂试验初始阶段的能量释放明显增加，这说明高温和酸溶液侵蚀对岩石损伤的影响是显著的，对比整个高温和酸溶液作用后的红砂岩试件与不同温度作用下的红砂岩试件的能量释放现象能够发现，不论是从信号的规模还是数量上，高温和酸溶液浸泡作用后的红砂岩试件都要比不同温度作用下试件要明显些，这也

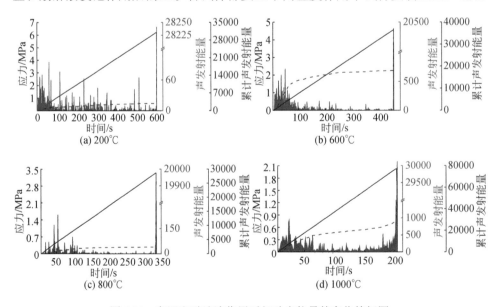

图 4.21　高温和酸溶液作用后红砂岩能量的变化特征图

说明了酸性作用会加深红砂岩试件的侵蚀与损伤。红砂岩试件在经历高温后，会产生大量细小的裂隙与孔隙，这些裂隙与孔隙肉眼观察不到，但是对于像水分子的这种小分子，以及水溶液中携带的酸性离子，会沿着这些裂隙网络渗入到岩石的内部，与矿物颗粒发生物理化学变化，而这些物理化学变化会从微细观的角度影响岩石的宏观物理力学性质。

根据高温和酸溶液作用后损伤红砂岩试件在劈裂试验中的声发射信号结果，不难发现，高温和酸溶液对声发射信号（包括声发射事件数、振铃计数和能量等参数）的影响是显著的，高温和酸溶液使得红砂岩内部的微裂纹和微裂隙逐渐发育。因此，在劈裂试验的初期，也就是内部微裂纹被压密的阶段，红砂岩加载过程中产生的声发射信号是逐渐增多的，这说明随着高温和酸溶液的不断作用，红砂岩试件的损伤是逐渐增加的。而对于裂纹扩展的相对平静期，随着高温和酸溶液的不断作用，偶然的信号跃升现象也逐渐增多，这说明红砂岩试件内部的结构损伤程度也是逐渐加深的，而潜在的损伤结构在试验荷载作用下会优先产生破坏，释放出声发射信号。宏观破裂阶段的声发射高峰期内，随着高温和酸溶液损伤的逐渐加深，会引起岩石内部结构和矿物组成的变化，导致最终岩石强度降低，这也造成了损伤岩石在劈裂过程中声发射现象的不同。

4.4.3 破坏特征

岩石的破坏形态往往蕴含着大量的信息，对分析研究围岩发生失稳破坏的受力方式具有重要的意义。苏海健等[74]研究了高温作用后红砂岩的抗拉强度以及热损伤红砂岩试件在劈裂试验中的破坏形态，如图 4.22 所示。研究结果发现，常温下劈裂破坏后试件上除分布着主裂纹外，在加载点附件还伴随着 1～2 条次裂纹；随着作用温度的逐渐升高，加载点附件产生的次裂纹逐渐增多，400℃高温作用后，圆盘主裂纹附近分布了多条次裂纹，且大致呈对称分布；当经过 800℃高温作用后，试件破坏后次裂纹的数量反而减少了，圆盘上基本只存在着一条中心分布的主裂纹[74]。

除此之外，近些年来，许多学者对劈裂过程中的第一道宏观裂纹的产生位置以及裂纹如何扩展表现出了浓厚的兴趣[105]。根据劈裂试验原理，理论上认为，裂纹的起始位置应该位于圆盘试件的中心。格里菲斯准则认为：当岩体受力后，内部裂纹尖端附近的应力会逐渐升高，当应力值超过岩石的抗拉强度时，就会引起裂纹扩展与连通。因此，中心位置所受的拉伸应力是最大的，这一现象已经被大量的试验和数值模拟的研究结果证实[267-270]。但是上述的研究成果都基于临界拉应力准则，即当最大拉应力超过岩石的抗拉强度时，岩石中心便会出现第一道拉裂纹。而另一方面，一些研究者在高温损伤后岩石的劈裂试验过程中观察到第一道裂纹产生在两个加载点附近，沿着加载方向由一个加载点向另一个加载点延伸[271-272]。

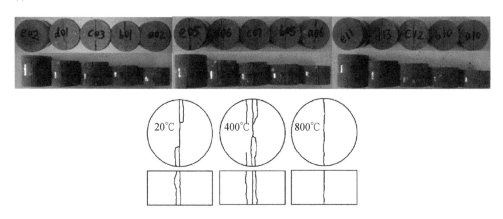

图 4.22　热损伤红砂岩试件在劈裂试验中的破坏形态[249]

图 4.23 为在劈裂试验中获得的不同温度和酸溶液作用后红砂岩试件的破坏形态，当岩石处于常温下或者当作用温度较低时（见未经酸溶液浸泡的 25～300℃ 试件），可以看到在岩石试件的加载点附近损伤是比较严重的，且主裂纹是沿着试件中心形成的。这就说明劈裂过程中岩石的第一道裂纹可能是产生于试件中心，之后向着两个加载点延伸，所以当加载试验力长时间作用在两个加载点时，会对两个加载点产生较大的损伤。但是，随着温度的逐渐升高或随着酸溶液浸泡作用，可以明显发现，试件破坏的主裂纹是偏离中心的，且岩石的损伤面积是逐渐扩大的，通过观察主裂纹的扩展方式，能够慢慢发现主裂纹是沿着一个加载点向着另一个加载点扩展的，从靠近加载点附件岩石的受损情况就能看出来，其中，经过酸溶液浸泡 600℃ 的破裂形式就说明了这一扩展方式的真实存在，而第一道裂纹的萌生位置偏离圆盘试件的中心位置主要是由试件的损伤造成的[273]。高温和酸溶液作用对红砂岩试件的损伤显著，影响了岩石的力学特性和受力破坏形态，且一般温度越高，损伤越重。这主要是由于高温将引起岩石内部自由水、矿物结合水蒸发溢出，在这个过程中，会产生巨大的膨胀热应力，导致红砂岩试件内部结构的损伤[232]。此外，高温还会引起岩石内部矿物产生相变、脱羟基等化学变化，而在这些化学变化中，往往还同时存在着矿物的不均匀性膨胀。不均匀性的膨胀应力是造成岩石物理力学性质劣化的主要原因[73, 145-146]，而随着温度的继续升高，矿物内部的金属键断裂且矿物发生滑移，这会使得矿物结构出现破坏，严重影响岩体的力学性质。除此之外，酸溶液中的离子还会顺着岩石表面的微裂纹和微裂隙渗入到试件的内部，与红砂岩矿物中的黏土矿物、造岩矿物发生复杂的物理化

学变化。从图 4.23 中可以看出，随着温度的升高及酸溶液的浸泡作用，主裂纹的开度逐渐增大，说明岩石损伤也越大。

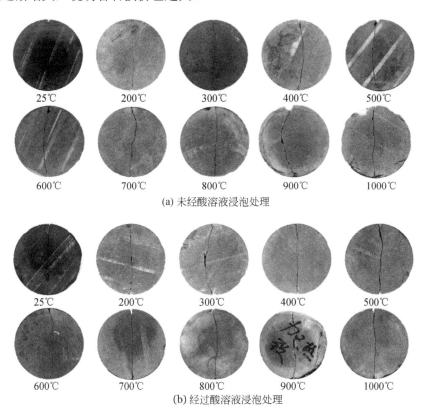

图 4.23　劈裂试验下红砂岩试件的破坏形态

　　高温和酸溶液作用后红砂岩试件内部会发生明显的矿物成分变化和微观结构改变，而试件内部的损伤往往会通过岩石宏观、微观物理力学性质的变化体现出来。例如，Sun 等[250]通过高温作用前后红砂岩试件的质量和波速变化来研究了红砂岩试件的损伤，发现两者定义的损伤变量具有良好的相关性。Zhu 等[274]和赵洪宝等[275]通过高温作用后波速的变化特征研究了岩石试件的损伤。本章将对高温和酸溶液作用后红砂岩试件的不同物理力学性质（波速、抗拉强度、孔隙度及孔隙结构组成）的变化特征进行研究，通过物理力学参数的变化来表征红砂岩试件的损伤，并通过扫描电子显微镜结合能量色散光谱仪（SEM+EDS）探究红砂岩内部微观结构的演化，最后通过红砂岩矿物成分的改变探究红砂岩的损伤演化机理。

4.5　热-化学作用下岩石的损伤规律

4.5.1　基于纵波波速变化的岩石损伤研究

波速作为岩石损伤研究的一个重要参数，常常被用来评估和评价岩体工程安全的安全性和稳定性，特别是地下岩土工程[274]。岩石材料是具有相对弹性的，因此可用弹性应变理论来定义岩石的损伤，即用纵波波速变化来定义岩石的损伤[275]。

对于完全弹性的材料，其应力-应变情况应该是满足以下条件的，即式（4.9）[275]：

$$\sigma = E\varepsilon_1 \tag{4.9}$$

式中，σ 为材料的应力；E 为材料的弹性模量；ε_1 为材料的应变。岩石材料是具有弹性的，因此，在岩石材料损伤前，是满足上述关系式的；当岩石材料在受到高温或者化学侵蚀作用后，会产生损伤破坏，则满足式（4.10）[275]：

$$\sigma = E'\varepsilon_2 \tag{4.10}$$

式（4.10）中 E' 为岩石材料损伤后的弹性模量，其可以表达为

$$E' = (1-D)E \tag{4.11}$$

式中，D 为岩石材料的损伤因子。

根据式（4.10）可变形得到式（4.12）[275]：

$$D = 1 - \frac{E'}{E} \tag{4.12}$$

根据岩石材料的弹性声学特性[275-276]，纵波波速（v_P）与弹性介质系数的关系式为

$$v_P = \sqrt{\frac{E(1-v)}{\rho(1+v)(1-2v)}} \tag{4.13}$$

联立关系式（4.12）和式（4.13）可以近似得

$$D_P \approx 1 - \frac{v_T^2}{v_0^2} \tag{4.14}$$

式中，D_P 为用纵波波速定义的岩石损伤；v 和 ρ 分别为岩石材料的泊松比和密度；v_T 和 v_0 分别为岩石材料损伤后和损伤前的纵波波速。

利用波速变化定义的损伤模型已被广泛应用于各类岩石中，如花岗岩[274]、砂岩[250, 275]、灰岩[180, 277]等。本节从 4.3 节中获得的红砂岩波速结果计算得到了不同条件下岩石的损伤，如图 4.24 所示。

从图 4.24 中可以看出，随着高温和酸溶液的作用，红砂岩试件的损伤是逐渐增加的。以波速定义的损伤因子为例，在 1000℃高温和酸溶液一周后，波速损伤

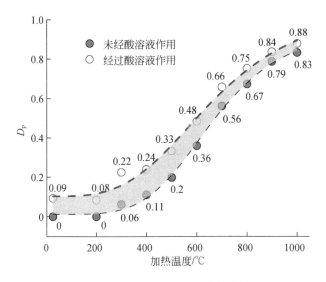

图 4.24　波速损伤因子随温度的变化图

因子增加到了 0.88，说明高温和酸溶液作用后红砂岩试件的损伤是严重的。此外，当红砂岩所处的温度较低时，岩石内部的微孔隙和微裂隙会在高温蒸汽的压力作用下收缩，导致其在纵波波速的测量中数值增大，这就是在经过 200℃高温处理后红砂岩试件的波速损伤因子出现负数的原因[274, 276]。此外，在经过酸溶液处理的红砂岩试件中，经过 200℃高温处理的试件比常温下的试件的波速损伤因子要小，这也说明了在低温作用时，岩石内部的微观结构得到了相对改善。而随着温度和酸性浸泡的作用，波速损伤因子也大幅增加，这说明了高温和酸溶液对红砂岩试件造成了无法恢复的损伤。对高温和酸溶液作用后的红砂岩试件的波速损伤因子进行非线性拟合，发现其变化规律遵循逻辑斯谛（Logistic）函数，拟合方程如式（4.15）和式（4.16）所示，拟合系数（R^2）分别为 0.998 和 0.991。此外，观察经过酸溶液浸泡前后的红砂岩试件的波速损伤因子（两条拟合曲线之间的阴影面积），可以发现随着温度的逐渐升高，两条曲线之间的面积是逐渐缩小的，说明随着作用温度的升高。酸溶液作用前后的红砂岩试件的损伤差别也是逐渐缩小的，分析其中的原因可能有两个，一个有可能的原因是酸溶液中的 SO_4^{2-} 与矿物中的 Mg^{2+} 和 Ca^{2+} 生成了难溶的沉淀填充附着在了内部的孔隙空间中，适当改善了岩石内部的孔隙微观结构；另外一个有可能的原因是内部孔隙中存在的水溶液对弹性波的传播起到了减弱作用，由此造成了高温和酸溶液作用后红砂岩试件的波速损伤因子增长趋势相对较弱的现象。

$$D_P = 0.97 - \frac{0.96}{\left(1 + \dfrac{T}{668.87}\right)^{4.59}} \tag{4.15}$$

$$D_P' = 1.09 - \frac{0.99}{\left(1 + \dfrac{T}{670.97}\right)^{3.5}} \tag{4.16}$$

4.5.2 基于孔隙变化的岩石损伤研究

本章中损伤的红砂岩试件的孔隙度可以采用核磁共振系统进行测量，根据核磁共振技术所测量的 T_2 值和孔隙度的数据，可以对高温和酸溶液作用后红砂岩的内部孔隙损伤演化进行分析研究。图 4.25 和图 4.26 分别为高温作用和热-化学耦合侵蚀作用下红砂岩试件的 T_2 曲线变化图，在损伤红砂岩试件的核磁共振孔隙度测量中，核磁共振仪主要检测岩石孔隙内流体氢原子的共振信号，通过测量完全饱和红砂岩试件中氢原子的信号强度，输出成横向弛豫时间（T_2 值），其值的大小

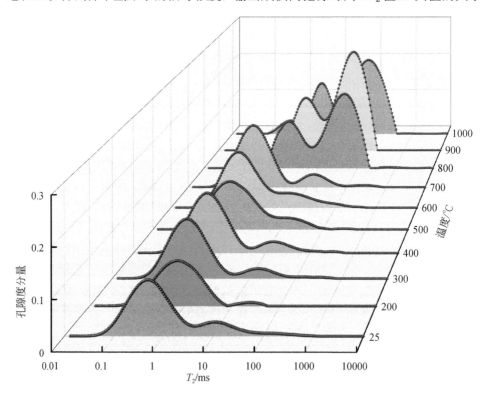

图 4.25　高温作用下红砂岩试件的 T_2 曲线变化图

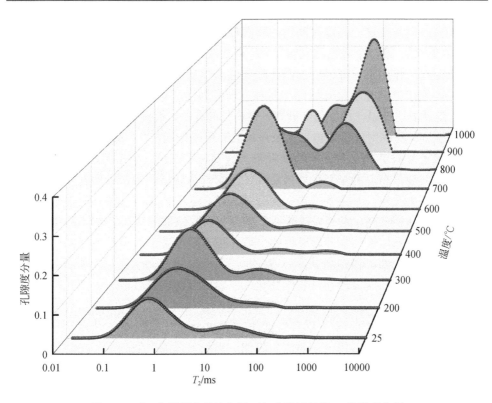

图 4.26   热-化学耦合侵蚀作用下红砂岩试件的 T_2 曲线变化图

则取决于内部孔隙。因此，可将横向弛豫时间转化为孔隙半径，而输出结果的纵轴则代表着弛豫时间的信号强度，系统将其自动转化为孔隙度分量。T_2 曲线与横轴之间的面积则代表着饱和红砂岩试件的孔隙度。

高温作用下红砂岩试件的核磁共振 T_2 谱分布曲线如图 4.25 所示，从图中可以看出：常温下（25℃）红砂岩试件的核磁共振 T_2 谱曲线主要呈两峰分布，第一个峰的核磁共振信号较强，因此峰值也较大，而第二个峰的核磁共振信号较小，峰值较小，从 T_2 谱曲线的结果能看出未受损伤的初始红砂岩岩样是相对致密的，内部孔隙主要为微孔隙。当红砂岩试件被加热至 200℃时，其核磁共振 T_2 谱曲线的两个峰之间界限明显，存在明显的零值信号区，这就表明该温度下红砂岩试件内部的孔隙孤立分布，不同尺度的微孔隙和微裂隙相互间连通性较差。此外，200℃温度作用后的红砂岩试件的孔隙度较常温下试件是呈减小趋势的，对比两者 T_2 谱峰值能够发现，其数值是减小的，这就表明在该温度下红砂岩内部的孔隙结构是得到相对改善的。300～700℃高温处理的红砂岩试样的 T_2 谱曲线波峰分布及形态较相似，这表明在这一温度区间内岩样的内部孔隙结构是大致相似的，都是以微孔隙为主；但是在这一温度区间内，随着作用温度的逐渐升高，第一个峰的峰值是逐渐增大的，第二个峰也越发明显。T_2 谱曲线与横坐标围成的面积也逐渐增大，说明在温度的作用下，红砂岩的微孔隙是逐渐增加的。此外，观察第一个峰与第二个峰的连接方式是由最开始的相对独立转变为逐渐相连，部分零值信号区逐渐消失，这就表明高温作用使得红砂岩试件内部的孔隙、裂隙间的连通性逐渐加强，该阶段温度的升高对红砂岩内部孔隙增长具有促进作用[248]。800～1000℃阶段，红砂岩核磁共振 T_2 谱曲线波峰分布及形态较前一个阶段发生了明显变化，不过大致也是呈双峰分布，并呈现出前低后高的形态，说明试件内部的微孔隙逐渐发展为中孔隙和大孔隙，且主要以中、大孔隙为主，孔隙内部的连通性也逐渐增强。随着温度的逐渐升高，红砂岩的波峰是出现了向右偏移的现象，按照 T_2 值与孔隙半径的对应关系，表明红砂岩试件的平均孔隙平径增大。T_2 曲线变化的原因主要是由于红砂岩内部矿物在高温作用下发生了复杂的物理化学反应，从而引起试件内部孔、裂隙分布及其连通性发生变化，高温作用会促进红砂岩内部孔隙结构的变化。

　　热-化学耦合侵蚀作用下红砂岩试件的 T_2 曲线变化如图 4.26 所示，其曲线的波形分布及形态与高温作用下的较为相似，当加热温度较低时（＜600℃），红砂岩试件内部孔隙的变化不大，主要是以微孔隙为主，在 200℃高温和酸溶液浸泡后的试件内部孔隙略微下降，但与 200℃高温作用下的红砂岩试件的 T_2 谱对比能够发现，零值信号区间消失了，双峰的连接逐渐贯通，这就表明酸溶液的侵蚀作用促进了试件内部孔隙的连通；高温和酸溶液侵蚀作用共同促进了红砂岩内部孔隙的发展，这与核磁共振所测量出的孔隙度数值结果较为一致。高温会诱导红砂岩试件内部发生一系列复杂的物理化学变化，如自由水-结合水的蒸发、矿物的相变、金属键的断裂和矿物的熔融等。此外，酸溶液的侵蚀作用会与矿物中的高岭石、方解石（白云石）、钾-钠-钙长石等发生化学反应，两者共同作用促进了内部孔隙的发展[129]。700℃高温作用后的红砂岩试件在经过酸溶液一周后，核磁共振 T_2 谱检测结果表明，试件内部的微孔隙得到了大量发展，这与 700℃高温作用下的红砂岩结果存在较大的差别。随着作用温度的继续升高，热损伤后再经酸溶液的试件 T_2 谱峰值也逐渐向右偏移，说明微孔隙的萌生、扩展与连通逐渐使得内部孔隙向着小孔隙和中孔隙发展，这与高温作用下试件的损伤演化特征较为一致，但试件的整体孔隙度却是进一步加强了。

1. 微孔隙、裂隙的半径分布特征

　　红砂岩试件的核磁共振 T_2 图谱虽然能够反映内部微孔隙、裂隙的大致形态，但是为了定量描述红砂岩试件内部孔隙半径的分布特征，需要对测试获得的 T_2

图谱进行计算。核磁共振横向弛豫时间 T_2 由体积弛豫、表面弛豫和扩散弛豫组成[182,248]。

$$\frac{1}{T_2} = \frac{1}{T_{2\text{体积}}} + \frac{1}{T_{2\text{表面}}} + \frac{1}{T_{2\text{扩散}}} \tag{4.17}$$

式中，T_2 为通过 CPMG 脉冲序列测试得到的试件内部孔、裂隙所含流体的横向弛豫时间；$T_{2\text{体积}}$ 为体积弛豫时间，表示在足够大的容器中（大到容器影响可忽略不计）试件内部孔、裂隙所含流体的弛豫时间；$T_{2\text{表面}}$ 为试件内部孔、裂隙所含流体与孔隙表面相互作用而产生的表面弛豫时间；$T_{2\text{扩散}}$ 为在磁场梯度作用下由扩散作用产生的孔、裂隙所含流体的横向弛豫时间。其中，$T_{2\text{体积}}$ 的数值一般在 2～3s，是远大于 T_2 时间的，因此式（4.17）中 $T_{2\text{体积}}$ 时间可以忽略不计。而在本章的核磁共振测试中采用的是均匀磁场，当试验测试得到的回波时间相对较小时，式（4.17）中 $T_{2\text{扩散}}$ 试件也可忽略。因此，T_2 时间就可等同于 $T_{2\text{表面}}$ 时间，即式（4.17）可变形为

$$\frac{1}{T_2} \approx \frac{1}{T_{2\text{表面}}} = \rho_2 \left(\frac{S}{V} \right)_{\text{孔隙}} \tag{4.18}$$

式中，S 为内部孔、裂隙的表面积；V 为孔、裂隙的体积；ρ_2 为 T_2 表面弛豫强度。

由式（4.18）可知，红砂岩试件内部孔隙、裂隙的横向表面弛豫时间 T_2 与孔隙半径 r_c 成正比，孔隙、裂隙越大，试验测得的弛豫时间就越长。因此，红砂岩内部微孔隙和微裂隙孔隙半径分布可以采用核磁共振技术来研究。

根据 T_2 与孔隙半径（r_c）的关系，可将关系式（4.18）进一步变形为弛豫时间与孔隙半径的关系式：

$$\frac{1}{T_2} = \rho_2 \left(\frac{S}{V} \right)_{\text{孔隙}} = \frac{\rho_2 F_s}{r_c} \tag{4.19}$$

继续变形后得到

$$r_c = T_2 \cdot \rho_2 \cdot F_s \tag{4.20}$$

式中，F_s 为几何形状因子（对球状孔隙，F_s=3；对柱状管道，F_s=2）。在红砂岩试件的核磁共振测试的过程中，假设红砂岩试件内部孔隙是一个半径为 r_c 的圆柱，此外，设定红砂岩试件的 T_2 表面弛豫强度 ρ_2=50μm/s，因此，可以将测试所得到的 T_2 图谱转化为孔隙半径分布图，不同温度作用下基于弛豫强度估算红砂岩试件的孔隙半径分布情况如图 4.27 所示。

依照计算的红砂岩试件孔隙半径分布图，可以大致判断出红砂岩试件内部微孔隙、微裂隙大小及其分布情况，同时也能反映出孔隙半径分布随温度和酸溶液作用后变化的趋势。常温下（25℃），红砂岩试件内部的孔隙以 0.01～0.1μm 为主，占整个试件孔隙度的 58%；其次是 0.1～1μm 的孔隙，占比达到 25%，除此之外还少量分布着其他孔隙半径的裂纹，这一结果也较符合红砂岩在成岩过程中的沉

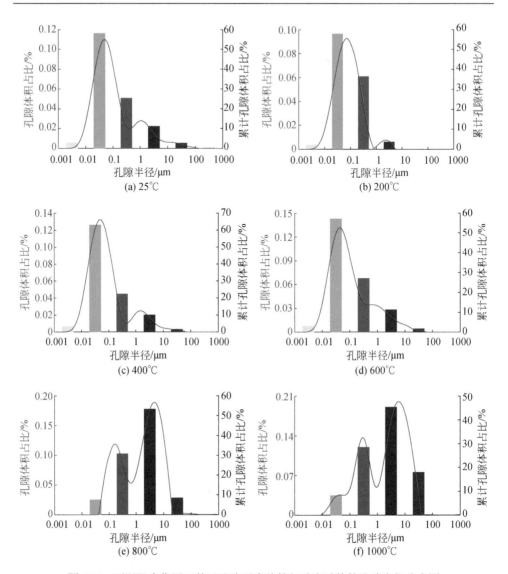

图 4.27　不同温度作用下基于弛豫强度估算红砂岩试件的孔隙半径分布图

积作用，其中分布着半径大小不一的微孔隙和微裂隙。200℃温度作用后，红砂岩试件内部的孔隙结构发生了改变，小孔隙（0.001～0.01μm、0.01～0.1μm）的累计孔隙体积占比出现了下降，这就说明当红砂岩试件被适当温度加热作用后，内部的孔隙结构确实会得到改善，这与前文中描述的红砂岩试件在 200℃高温作用下的物理力学性质改善的结果较为一致[129]。400℃高温作用下的红砂岩试件在高热水蒸气的作用下，小孔隙迅速发展，累计孔隙体积占比达到 66%[232]。而随着作用温度的继续升高，来到 600℃以后，红砂岩内部矿物会发生复杂的物理化学变化，如在 573℃时石英矿物的相变[180]，引起试件内部热应力的增加，导致内部孔隙的大量发展，其中以中、大孔隙的发展最为明显，累计孔隙体积占比达到了整体孔隙体积的40%左右。800℃之前红砂岩内部的孔隙半径扩展较为缓慢，主要是小裂纹的萌生与中、大裂纹的连通，但是 800℃以后红砂岩内部孔隙半径的发展就较为迅猛，小孔隙逐渐减小甚至消失，而孔隙分布向着中孔隙到大孔隙转移，说明试件内部的孔隙结构出现了较大损伤，这也表明了随着温度升高，孔隙半径的扩展是逐步加强的。

高温和酸溶液作用后基于弛豫强度估算红砂岩试件内部的孔隙半径分布如图 4.28 所示，其孔隙半径的变化规律与高温下红砂岩试件的变化规律较为一致，但又存在着区别。常温下经过酸溶液浸泡一周的试件，孔隙半径的分布与原始未受损的试件基本一致，只有部分 0.01~0.1μm 半径的孔隙出现了略微减小，而 1~10μm 半径的孔隙则出现了增加,这说明酸溶液的浸泡作用对红砂岩试件的影响还是明显存在的；300~600℃高温作用后再经酸溶液浸泡的红砂岩试件的变化也是略为缓慢的，主要集中在小孔隙（0.001~0.01μm、0.01~0.1μm）中的变化，加上小孔隙逐步连接、贯通形成中、大孔隙，但转换的幅度是缓慢的。

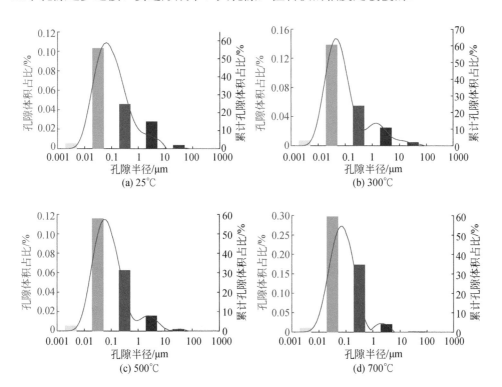

(a) 25℃　　　　(b) 300℃

(c) 500℃　　　　(d) 700℃

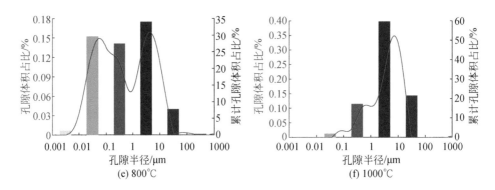

图 4.28　高温和酸溶液作用后基于弛豫强度估算红砂岩试件内部的孔隙半径分布图

因为内部矿物的变化、热应力的作用，经历 700℃高温的试件内部孔隙结构损伤劣化是严重的。因此，在后续经历酸溶液浸泡过程中，会导致酸溶液对内部结构的损伤能够更加轻易地进行。所以，经历 700℃高温和酸溶液后的试件小孔隙的孔隙体积占比大幅度增加，峰值达到了 0.3%左右；也就是从 700℃开始红砂岩试件的内部孔隙结构损伤演化过程开始加速变化，800℃时中到大孔隙的累计孔隙体积占比逐渐增加，说明酸溶液顺着热损伤所产生的孔隙网络侵蚀内部矿物的程度是剧烈的，造成的化学侵蚀损伤也是巨大的；到 1000℃高温作用后又经酸溶液浸泡的试件，从孔隙半径的分布结果就能发现，此时，内部孔隙已经以大孔隙为主，已基本丧失承载能力。

2.孔隙分布的变化特征

高温和酸溶液侵蚀作用会造成红砂岩试件内部结构的损伤，引起孔隙、裂隙的萌生、扩展，最终导致宏观物理力学特征的劣化。内部结构的损伤实际是微孔隙、微裂隙数量和尺寸的增加。根据本章的测试结果将红砂岩内部的孔隙半径依据大小划分为裂隙（＞10μm）、大孔隙（1～10μm）、中孔隙（0.1～1.0μm）和微孔隙（＜0.1μm）[180]。

高温和酸溶液作用后红砂岩试件内部不同孔隙累计孔隙体积占比变化如图 4.29 所示，以高温和酸溶液作用后的红砂岩试件内部孔隙结构的变化特征为例，随着加热温度的增加和酸溶液侵蚀的作用，微孔隙的累计孔隙体积占比是逐渐减小的。在 1000℃高温和酸溶液浸泡的共同作用下，微孔隙的累计孔隙体积占比仅为 1.74%；而中孔隙的孔隙体积占比在 700℃之前变化相对较小，700℃以后呈现出增大的趋势，中孔隙是随着微孔隙的逐渐发展与连通而形成的；大孔隙则呈现出减小的趋势，分析其中的原因可能是在热应力和水化学反应产生的沉淀物作用下，大孔隙的发展是得到了相对抑制的，而随着热损伤和化学损伤的持续加深作用，大孔隙发展的抑制作用被消除，大孔隙体积占比大量增加。结合本章和前人的研究资料表明：岩石宏观力学特性劣化的主要原因是裂隙（>10μm）的变化所引起的[182]。因此，累计裂隙体积占比的高低直接决定着红砂岩试件的承载能力，而高温和酸溶液侵蚀作用会严重损害试件内部的孔隙结构，使得宏观物理力学性能劣化。

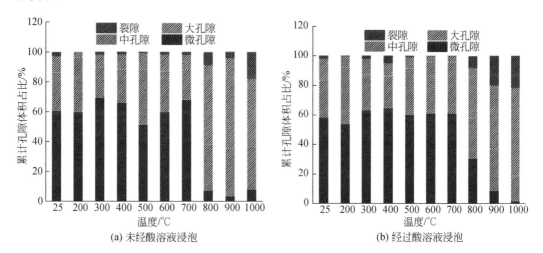

图 4.29　高温和酸溶液作用后红砂岩试件内部不同孔隙累计孔隙体积占比变化规律图

核磁共振技术是通过测试红砂岩内部孔、裂隙中的流体来确定岩石内部的细观结构的，当红砂岩内的孔、裂隙完全被水充满时（饱和状态下），流体的体积即为红砂岩内部孔隙的体积，因此通过核磁共振技术测得的孔隙度即可反映岩石的实际的孔隙度。对于会遭受隧道火灾和酸性地下水侵蚀的围岩，温度和水的作用是造成其损伤劣化的一个重要原因[129]。岩石内部孔隙率的变化是内部损伤产生和发展的结果，这与岩石材料的损伤变量、本构关系等之间存在着内在的必然联系[182]。基于此，可利用损伤理论建立分析高温和酸溶液浸泡作用后饱水红砂岩核磁共振规律的损伤模型。利用核磁共振探测红砂岩内部孔隙结构的原理，本章提出利用孔隙度来表征岩石的损伤变量（D_n）。

高温和酸溶液浸泡作用后红砂岩试件内部会发生复杂的物理化学反应，导致红砂岩内部结构发生变化，使红砂岩孔隙度升高。因此，高温和酸溶液浸泡作用后红砂岩试件的孔隙度为 n，初始（常温 25℃）红砂岩的孔隙度为 n_0，则次生孔隙度（n_1）可表示为

$$n_1 = n - n_0 \qquad (4.21)$$

高温和酸溶液浸泡作用后，红砂岩试件孔隙度增加的过程即为红砂岩损伤劣

化的过程，次生孔隙度与无损红砂岩的体积的比值定义为损伤变量（D_n），其表达式为

$$D_n = \frac{n_1}{1-n_0} = \frac{n-n_0}{1-n_0} \qquad (4.22)$$

孔隙度损伤因子的损伤变化过程如图 4.30 所示，从图中可知，建立以孔隙度（n）为损伤变量的损伤本构方程，表明 D_n 与高温和酸溶液浸泡作用后的红砂岩损伤具有良好的相关性，即红砂岩内部结构的损伤演化是随着温度和化学侵蚀作用的增加而增加的。通过对孔隙度损伤变化的演化过程进行曲线拟合发现，其变化过程是呈二次多项式函数增长的，拟合方程如式（4.23）和式（4.24）所示。200℃高温作用会使红砂岩试件内部的孔隙结构得到相对改善，从而引起孔隙度的相对减小，孔隙度损伤因子也发生了减小，而随着加热温度和化学侵蚀的作用，损伤变量逐渐增大，这是由于高温的热应力、热分解作用和酸溶液的侵蚀作用。此外，还对高温和酸溶液浸泡作用后与高温作用后的孔隙度损伤因子进行了对比，能发现ΔD_n 的变化是呈现先减小后增大的趋势的，这也与红砂岩试件在高温和化学侵蚀作用下的宏观物理力学性能损伤过程较为一致。

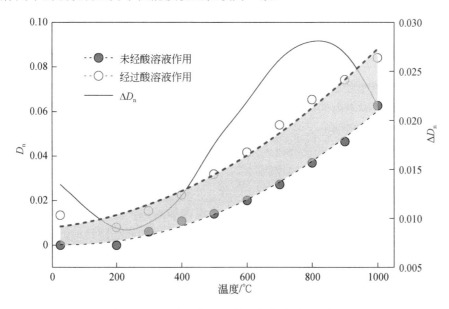

图 4.30 孔隙度损伤因子的损伤变化过程示意图

$$D_n = 6.61 \times 10^{-8}T^2 - 6.19 \times 10^{-6}T + 4, \quad R^2 = 0.99 \qquad (4.23)$$

$$D_n' = 6.57 \times 10^{-8}T^2 + 1.45 \times 10^{-5}T, \quad R^2 = 0.99 \qquad (4.24)$$

4.5.3　基于强度变化的岩石损伤研究

众所周知，高温和酸溶液浸泡会引起红砂岩内部矿物发生一系列复杂的物理化学变化，导致岩石内部萌生出许多微裂纹，进而引起岩石损伤。从图 4.15 可以清楚地看出，红砂岩的抗拉强度可以看作是温度的函数。因此，本节中将把抗拉强度作为损伤变量，来研究高温和酸溶液浸泡对红砂岩试件的影响，抗拉强度损伤因子（D_t）的定义为

$$D_t = 1 - \frac{\sigma_t^{(t)}}{\sigma_t^{(0)}} \tag{4.25}$$

式中，D_t 为红砂岩试件在 T 温度下热处理后的损伤值；$\sigma_t^{(t)}$ 和 $\sigma_t^{(0)}$ 分别为红砂岩试件在 T 温度处理下和常温作用下的抗拉强度，MPa。

如前节所述，在低温处理下（即<200℃），红砂岩试件的孔隙度可能会因受到压缩而不开裂，从而导致抗拉强度增加，并且当根据关系式（4.25）计算时，D_t 为负值。因此，我们假设当 D_t 为负时，样品未受损[274]。

图 4.31 显示了由关系式（4.25）计算的红砂岩 D_t 的结果。正如预期的那样，随着作用温度的升高，抗拉强度损伤因子 D_t 有明显的增加趋势，表明高温和酸性化学环境会明显降低红砂岩的抗拉强度，造成岩石损伤[96]。当温度低于800℃时，经过酸溶液处理的岩石的抗拉强度损伤因子 D_t 明显高于未经酸溶液处理的岩石。经过酸溶液处理和未经酸溶液处理的试样，D_t 分别从 0 增加到 0.85 和从 0.39 增加

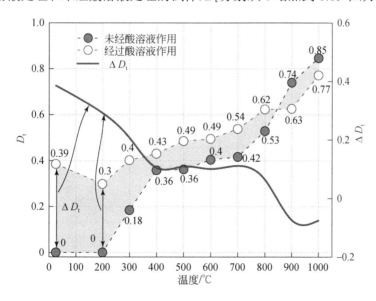

图 4.31　抗拉强度损伤因子随温度的变化图

到 0.77。高温作用下和热-化学耦合侵蚀作用下的抗拉强度损伤因子的差值（ΔD_t）随着温度的升高而减小。然而，应注意的是，当温度高于 800℃ 时，热-化学耦合侵蚀下的抗拉强度损伤因子的数值是低于高温作用下的抗拉强度损伤因子的（图4.31），这是因为在试验过程中为了保证实验的随机性，选取了一些受热后损伤的试件。因此，高温后抗拉强度差异大的现象可能是由于实验误差和岩石材料的不均匀性造成的。

4.5.4　红砂岩在高温和酸溶液作用下的损伤规律分析

高温和酸溶液作用下的隧道围岩的稳定性至关重要，因此，了解和研究其损伤劣化过程是相当有必要的。在本节中，将通过对高温和化学浸泡作用下红砂岩宏微观物理力学性质损伤劣化分析，来研究高温和酸溶液浸泡作用后红砂岩试件的演化过程。高温作用下红砂岩试件的多参数损伤评估因子的变化结果如图 4.32（a）所示，从图中可以发现，定义的 3 个损伤因子的变化规律基本一致。在 200℃ 高温作用下，试件内部所含的自由水蒸发产生的高压水蒸气和矿物的受热膨胀使得内部结构得到改善，抗拉强度、孔隙度和纵波波速都出现了改善，从红砂岩的微观结构也可以看出其变得相对紧凑和致密，所以在该温度作用下的损伤因子出现了负值现象，这里假设该损伤是可以恢复的。因此，试件在该温度下未受到损伤。在 200~400℃ 温度区间段内，随着更多的自由水和结合水的蒸发，使得试件内部无法承受巨大的高压蒸汽压力，造成了内部微裂纹和微孔隙的萌生与发育，从而导致 3 个参数的损伤因子都出现了劣化[232]。在 400~700℃ 温度区间段内，随着黏土矿物中的高岭石脱羟基反应、石英矿物的相变等矿物反应的发生，红砂岩内部的微观结构发生了更加严重的损伤。因此，表现在宏微观物理力学性质上的变化也出现了损伤劣化。其中，波速损伤因子的损伤劣化趋势最为明显，说明该温度区间段内波速对微观结构的损伤劣化最为敏感[129]。而在 700~1000℃ 的温度区间内，矿物的不均匀性膨胀、矿物晶体金属键的断裂、矿物颗粒

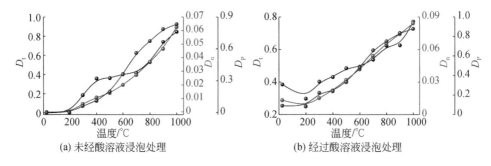

(a) 未经酸溶液浸泡处理　　　　　　　(b) 经过酸溶液浸泡处理

图 4.32　高温和酸溶液作用后红砂岩试件的多参数损伤评估因子变化图

的熔融分解和石英矿物的二次相变都会引起红砂岩内部微观结构的改变，这一阶段的损伤也是最为严重的，损伤因子的数值均在这个温度区间内达到峰值，说明红砂岩的损伤是严重的，微观结构的劣化情况也表明了红砂岩试件在高温作用下的损伤严重性。

高温和酸溶液浸泡作用后红砂岩试件的多参数损伤评估因子的变化结果如图 4.32（b）所示，常温下的红砂岩试件在经历酸溶液的浸泡作用之后，定义的 3 个损伤因子都出现了较大的增长，说明酸溶液浸泡对红砂岩试件的宏微观物理力学性质是有较大的影响的，其中抗拉强度的损伤因子的增长最为迅猛。而在 200℃ 高温作用后，又经酸溶液浸泡处理的红砂岩试件 3 个损伤因子都出现了减小现象，说明适当的高温作用对红砂岩内部结构的改善是有良性作用的，即使是在酸溶液浸泡作用后，其宏微观物理力学性质都有好转趋势。在 200℃ 之后直至 1000℃ 高温作用下，经过酸溶液浸泡的红砂岩试件的损伤因子都出现了近似直线上升的增长趋势，说明作用温度越高，红砂岩试件在经历酸溶液浸泡后，其损伤劣化的程度就越严重。酸溶液的水物理作用会对红砂岩产生水解、泥化作用，在水压力会在矿物颗粒之间产生劈裂应力，引起红砂岩的损伤劣化；此外，酸溶液还存在着严重的水化学作用，酸根离子会与红砂岩所含的矿物产生大量的化学反应，会与长石类矿物（钾长石、钠长石和钙长石）、方解石（白云石）矿物和黏土矿物反应，生成其他产物。而化学反应的发生会改变红砂岩试件内部的微观结构，严重影响其宏微观物理力学性质，从而使隧道围岩在其长期的服役过程中，逐渐的失去承载能力。因此，了解和掌握隧道围岩在高温和化学侵蚀共同作用下的损伤劣化机制及其损伤演化过程，对隧道工程的科学研究和实际工程施工、修复具有重要意义。

4.6　机 制 分 析

红砂岩在高温和酸溶液作用后，内部矿物会发生水分的蒸发、黏土矿物的分解、石英的相变、矿物的熔融以及各类矿物（石英、长石类矿物、黏土矿物、方解石、白云石）与酸溶液的反应，造成内部微孔隙、微裂隙的逐渐扩展与连通，进而导致红砂岩物理力学性质的劣化。本章利用 X 射线衍射（XRD）、扫描电子显微镜结合能量色散光谱仪（SEM+EDS）等技术手段，从红砂岩的主要矿物成分、微观结构和主要原子含量的角度对高温和酸溶液作用后的损伤情况进行了探究。

4.6.1　红砂岩损伤的微观机制分析

高温和酸溶液作用后红砂岩试件的损伤主要是由于微缺陷（微孔隙、微裂纹等）的发育与扩展、晶体结构的损伤与破坏以及主要矿物成分的变化等原因造成的[278]。本节通过 X 射线衍射（XRD）、扫描电子显微镜结合能量色散光谱仪（SEM+EDS）的现代分析测试方法，揭示了红砂岩试件的损伤劣化过程中的微观演化机制，为宏观物理力学参数在主要矿物成分改变和微观结构变化的响应分析提供直接的依据。

1.红砂岩试件的主要矿物成分变化

X 射线衍射（XRD）是鉴定岩石主要矿物成分常用的方法之一，也是分析和测量岩石主要矿物成分的基本方法[39]。X 射线衍射试验通过对红砂岩粉末进行扫描，来获得矿物颗粒的点阵平面间距和衍射强度，并与标准矿物物相的衍射数据进行分析比对，以此来定性描述红砂岩试件中存在的物相[279]。本节对经历不同温度作用、高温和酸溶液作用后的红砂岩试件进行了 X 射线衍射（XRD）分析试验，得到了红砂岩试件内部主要矿物成分随温度和酸溶液作用的变化结果。

图 4.33 为红砂岩试件在经历不同温度作用后主要矿物的 XRD 变化三维分析图谱，图中显示本次红砂岩试件的主要矿物成分为石英、长石类矿物、方解石（白云石）和少量黏土矿物。通过观察图 4.33 中主要矿物成分变化的情况，可以发现矿物成分最显著的变化主要有石英矿物的主峰在 500℃和 800℃时出现增高现象，分析其中的原因可能是与石英矿物在高温下的两次相变有关[145-146]；另一个主要的现象就是方解石（白云石）在 800℃后渐渐分解，在 1000℃的 X 射线衍射信息中，方解石（白云石）的衍射峰发生了消失，这也与大多数高温条件下方解石（白

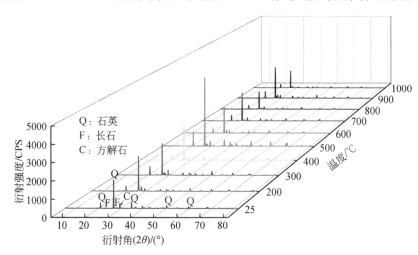

图 4.33　不同温度作用下红砂岩 XRD 变化三维分析图谱

云石）的分解较为类似[102]。长石类矿物在 900℃内并未发生明显变化，说明长石类矿物在高温作用下具有相对稳定的结构。而黏土矿物由于含量成分较少，故而在红砂岩 X 射线衍射信息体现不出其较为明显的变化。

红砂岩内部不同矿物的衍射角度主要与矿物晶格的面间距有关，在不同温度作用后，岩石矿物的晶胞会产生不均匀性热膨胀，矿物晶格的面间距也会随之产生变化，最终造成矿物的衍射角发生变化。然而，不同矿物的衍射强度则主要与晶格内原子位置和种类相关，同时需要把温度因子的作用考虑进来。在热应力的作用下，矿物晶体的构造与排列会发生破坏，产生一定程度的位相差，在符合布拉格条件下，造成物相干涉不完整的后果，从而导致矿物衍射强度随之变化[39]。红砂岩中的石英矿物在 500℃和 800℃时的衍射强度和衍射角度发生变化，说明温度对石英矿物晶格中的原子种类或位置和晶格的面间距产生了影响，但晶体结构主体尚未发生变化。此外，在 1000℃高温作用下红砂岩内部矿物中的方解石（白云石）矿物的衍射强度和衍射角度发生了变化，说明温度的作用使得矿物分解。

图 4.34 为高温和酸溶液浸泡作用后红砂岩 XRD 三维图谱信息，可以发现其主要矿物与温度作用下的矿物成分基本一致，石英矿物的主峰在 500℃和 900℃时的增高现象没有温度作用下的明显，这可能是由于酸溶液浸泡作用改变了石英晶体的结构[96]。对于长石类矿物，主要包括钠长石、钾长石和钙长石矿物，酸溶液中的酸性离子会通过微裂隙网络进入试件内部与这类矿物产生化学反应，从而引起长石类矿物的变化，导致内部微观结构的变化。因此，在高温和酸溶液浸泡作用后的红砂岩 XRD 三维图谱信息中能发现长石类矿物的峰值强度发生了变化，

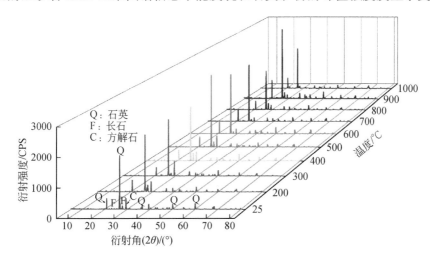

图 4.34　高温和酸溶液作用后红砂岩 XRD 变化三维图谱

而峰值强度的变化则对应着矿物成分含量的变化,说明酸溶液浸泡下长石类矿物与酸性离子发生了大量的分解反应[96]。方解石(白云石)矿物的主要化学成分是碳酸钙,众所周知,碳酸盐类矿物会与酸溶液发生大量的化学反应。因此,在高温的热分解和酸溶液的侵蚀作用下,方解石(白云石)矿物的强度峰出现了相对较大的变化[96]。

红砂岩的内部矿物在高温作用下会发生脱水、石英相变、方解石(白云石)分解,以及矿物金属键的断裂、矿物晶体的熔融等;而在酸溶液浸泡下,矿物颗粒会由于酸溶液的水物理和水化学作用而发生化学反应。这些复杂的物理化学变化会在红砂岩试件的内部对微观结构造成损伤,从而引起岩石宏观物理力学性质的劣化,导致隧道围岩出现失稳破坏等工程灾害事故的发生。

2. 红砂岩试件微观结构及矿物元素变化

红砂岩微观形貌特征的分析是红砂岩试件内部微观结构的主要研究内容之一,通过观测破坏后试件的微观断口形貌可在一定程度上推断红砂岩试件在高温和酸溶液作用后的结构演化特征。

根据断裂力学中的描述,岩石在渐进破坏的过程中总是伴随着新裂纹、裂隙的萌生、缓慢扩展、快速扩展与连通以及瞬时断裂等现象的发生,而各类现象的产生都会在岩石的微观断口形貌上留下一定程度的变形痕迹[280-281]。本节中利用扫描电子显微镜结合能量色散光谱仪(SEM+EDS)观察了红砂岩试件在经历不同温度和酸溶液作用后破坏断面的微观结构和缺陷变化,进而探讨了红砂岩试件在热损伤和化学侵蚀下的损伤劣化微观机理。

图4.35为红砂岩在不同温度(25~1000℃)作用后内部微观结构及主要矿物元素变化的图片,图片放大倍数有1000倍、2000倍、5000倍3种。由图4.35可知,在常温下,红砂岩试件内部发育有较多的原生沿晶裂纹;矿物元素主要有硅、钙、钠、镁、铝、铁和氧元素,分别对应着石英、长石类矿物、方解石(白云石)、黏土矿物等成分。在200℃高温作用下,红砂岩试件的微观断口形貌无明显变化,其中分布的部分沿晶裂纹被压密,出现了裂纹闭合现象,未观察到穿晶裂纹;矿物成分方面没有太大的成分变化,就是钙元素的数目上出现了较大的变化,其原因可能是探测的地点位于钙长石或者方解石(白云石)上。在300℃温度作用后,从SEM图片上能观察到沿晶裂纹的宽度有所增大,且有新的沿晶裂纹逐渐发育,沿晶裂纹附近的矿物颗粒损伤严重;矿物成分方面依然是钙元素数目较多。当温度达到400℃后,能观察到矿物晶体的结构和界限更加明显,其中穿晶裂纹开始发育,同时,矿物晶体胶结处可观察到微裂纹发育,但连通性较差;矿物成分方面又回到了以硅元素数目为主的情况,探测点预计是位于一个大的石英颗粒上。

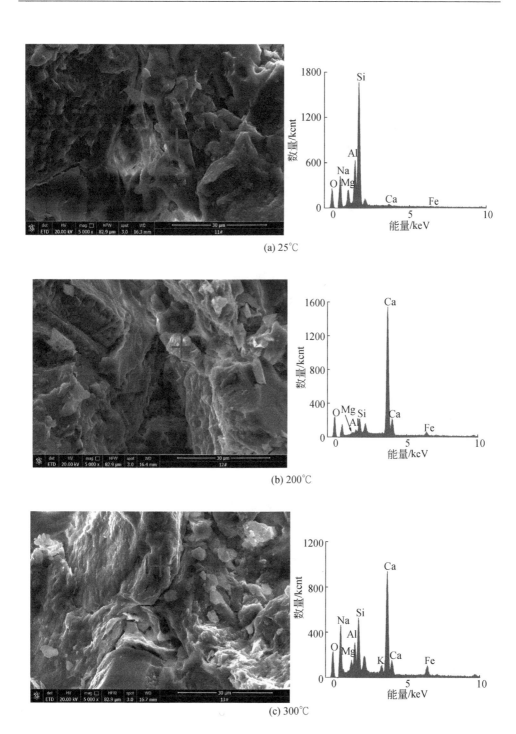

(a) 25℃

(b) 200℃

(c) 300℃

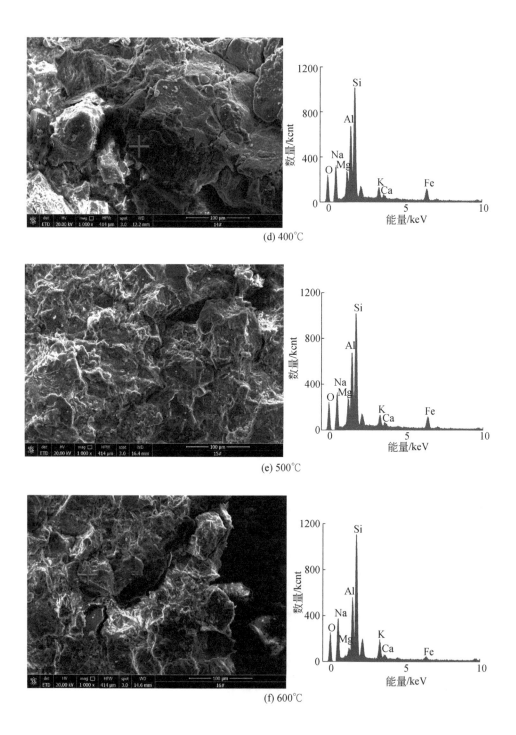

(d) 400℃

(e) 500℃

(f) 600℃

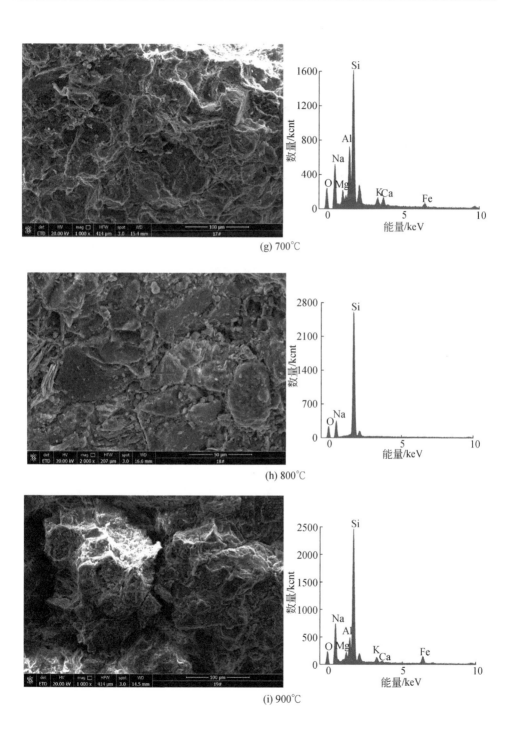

(g) 700℃

(h) 800℃

(i) 900℃

(j) 1000℃

图 4.35　不同温度作用下红砂岩试件微观结构及矿物元素变化图

kcnt（1000 counts）反映检测到的信号强度

到 500℃时，红砂岩微观结构中的穿晶裂纹进一步发育，将矿物颗粒分割为多个小颗粒，晶体颗粒表面变得杂乱无序，局部范围内晶体结构呈现出絮状（推测是有某种矿物发生热分解或熔融反应）。当经历 600℃高温后，从 SEM 图片中观察到沿晶裂纹的宽度有所增大，且有许多细小的穿晶裂纹大量发育，大部分晶体颗粒被损伤或者破坏；当温度为 700℃时，矿物晶体表面较 600℃时变得更加粗糙，并且出现一些小的熔融孔洞，此外，随着穿晶裂纹的发育，矿物颗粒整体被分割得相当破碎；在 400～700℃阶段内，能谱分析的矿物元素相差不大。当温度在 800～1000℃时，能观察到 SEM 图片中矿物晶体的结构已被明显破坏，溶洞发育十分强烈，晶体损伤也非常严重。综合试件的微观图像结果可知，不同温度对红砂岩试件微观结构的影响主要表现在微裂纹、裂隙的萌生与扩展、矿物的热分解与熔融、孔隙和孔洞的发展、晶体结构破坏以及穿晶裂纹的发育等方面。随着温度的逐渐升高，红砂岩试件内部的原始微孔隙和微裂隙会逐渐发育，同时由于矿物脱水、胶结物和矿物熔融、矿物热分解等物理化学变化，造成了内部新裂隙的萌生与扩展，微孔隙、裂隙发育等严重后果；温度对矿物晶体上的损伤主要表现在晶体结构、沿晶或穿晶裂纹和熔融现象上。红砂岩的多原生孔隙结构和矿物晶体的连接方式决定着其结构完整性很容易受到微裂纹、微裂隙的影响，当内部矿物受到的热应力达到其阀值时就会引起沿晶或穿晶裂纹的萌生和扩展，而微裂纹和微裂隙的扩展与连通会为酸溶液的作用提供大量的渗流通道。

　　为了研究高温和酸溶液对红砂岩试件微观结构的影响，采用扫描电子显微镜（SEM）对经过高温和酸溶液处理的红砂岩试件的微观缺陷、微孔隙和微裂纹进行扫描、对比和分析。同时，电子能谱也被用来测量孔隙和裂缝周围矿物含量的变化,其微观扫描结果如图 4.36 所示。常温下,经过酸溶液浸泡的红砂岩试件表面结构致密、光滑,微裂隙和微孔隙发育不良,浸泡后红砂岩内部矿物和晶体的形状、边缘和断裂明显,其内部孔隙结构较常温下试件略有发展。经过 200℃高温和酸溶液浸泡后的红砂岩试件内部微观结构得到了相对改善,矿物颗粒之间相对致密,但在酸溶液浸泡后,矿物颗粒表面开始变得疏松多孔且粗糙。在经历 300℃高温和酸溶液浸泡后,红砂岩内部的沿晶裂纹进一步发育,宽度较常温下增加了。此外,矿物颗粒之间的胶结物在酸溶液侵蚀下被逐渐分解,与矿物晶体颗粒的尺寸表现出明显不同。经历 400℃高温和酸溶液浸泡后的红砂岩试件矿物颗粒间的胶结物被继续分解,导致矿物颗粒间的间距逐渐增大,红砂岩的宏观物理力学性质也持续劣化,此外,微观结构变得相对疏松,并产生大量次生孔隙。而在经历 500℃高温和酸溶液浸泡后,红砂岩试件的微观结构损伤已经相当严重,表面粗糙多孔,穿晶裂纹也开始萌生发育。在 600℃时,随着沿晶裂纹的逐渐发育延伸,最后贯通为一条宽大的主微裂纹,此外,穿晶裂纹的大量发育将矿物晶体分解为大量较小的碎片颗粒,红砂岩试件内部的微观结构破坏严重也表明了其宏观物理力学性质受到了严重损伤。经历 700℃高温和酸溶液浸泡后的红砂岩试件内部的微观结构变得相当零散和无序,大量的微裂纹分布在矿物颗粒中,将形状较大的颗粒分解为大量小颗粒。经历 800℃高温和酸溶液浸泡处理的红砂岩试件微观结构更加破碎,可以观测出其腐蚀已经十分明显,矿物颗粒表面变得疏松破碎,并且在矿物和晶体中产生许多次生孔隙。然而,当红砂岩试件在经历 900~1000℃高温和酸溶液浸泡处理后,产生了大量的二次孔隙,结构也变得十分稀疏,分析其中的原因主要有两个:一个是高温的分解作用,使得矿物颗粒熔融分解,产生孔隙;另一个是酸溶液的侵蚀作用与矿物颗粒发生了复杂的化学反应产生的二次裂纹,此外,产生的部分难溶于水的沉淀附着在了孔隙的表面。

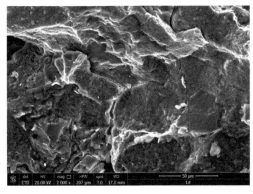 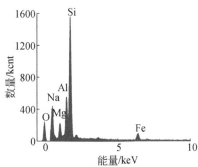

(a) 25℃

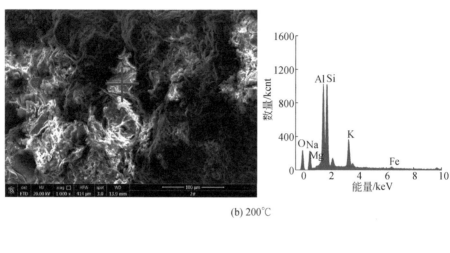

(b) 200℃

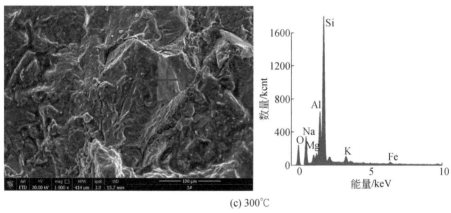

(c) 300℃

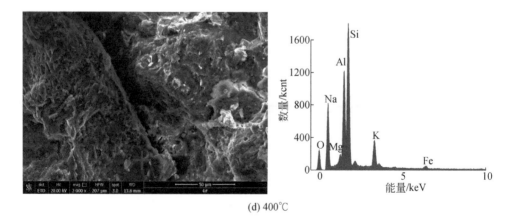

(d) 400℃

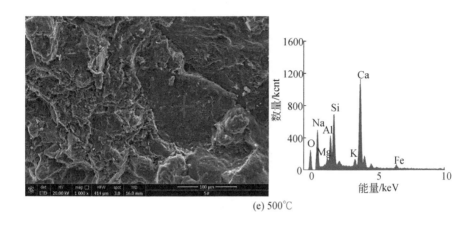

(e) 500℃

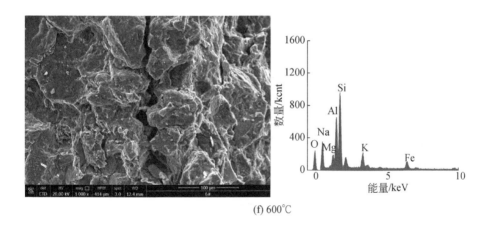

(f) 600℃

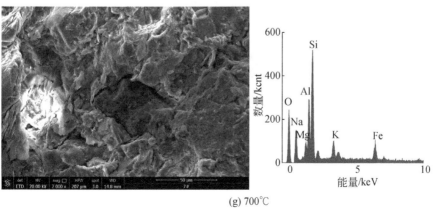

(g) 700℃

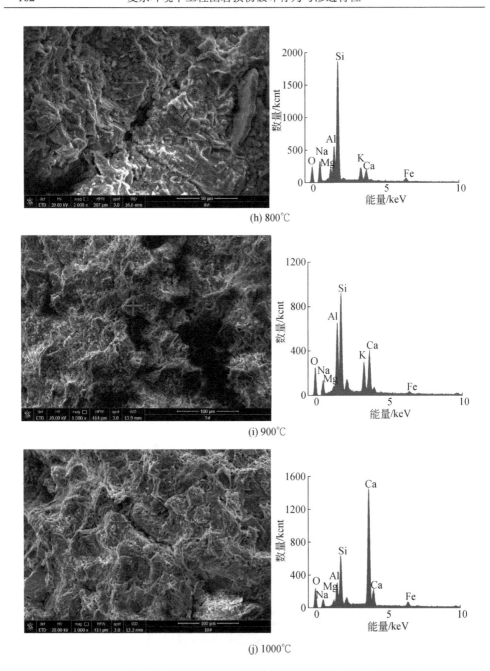

(h) 800℃

(i) 900℃

(j) 1000℃

图 4.36 高温和酸溶液作用后红砂岩试件微观结构及矿物元素变化图

电子能谱每次只能分析一个微区的元素成分，如图 4.35 和图 4.36 中红色交叉的位置所示，因此其结果不能代表整个样品。为了减少这个问题带来的系统误差，在每次的电子扫描过程中的 5 个不同位置进行能谱分析,红砂岩试件内所含的主要矿物元素原子成分百分比如表 4.6 所示。常温下的红砂岩试件所含的主要元素有氧、硅和钙,这正好与红砂岩中的石英、方解石(白云石)和长石类矿物所含的主要元素相一致。在高温作用下,红砂岩矿物中的氧原子百分比总体上是呈增大趋势的,分析其中的主要原因可能是由高温的作用使得大量氧化反应的发生,从而使得氧原子含量百分比增大。而硅原子的含量百分比整体上是呈减小趋势的,这主要是与两个方面有关:一方面可能是石英矿物的相变,引起硅原子含量的变化;另一方面可能是长石类矿物的反应所引起的。钙原子的含量百分比并未表现

表 4.6　高温和酸溶液作用下红砂岩试件的元素原子数变化表

处理方式		原子百分比/%							
		O	Na	Mg	Al	Si	K	Ca	Fe
高温作用	25℃	53.89	—	0.62	1.04	19.86	—	24.76	1.14
	200℃	56.81	6.84	3.35	9.36	22.65	1.39	0.34	1.28
	300℃	53.91	—	2.7	6.42	17.2	2.79	12.25	2.4
	400℃	47.82	—	0.95	2.4	36.05	0.62	6.65	2.65
	500℃	55.68	5.88	2.79	7.08	18.82	0.72	8.49	2.08
	600℃	60.52	—	1.75	5.82	16.4	1.82	13.3	0.79
	700℃	51.42	—	—	0.41	33.92	—	31.81	
	800℃	52.13	4.34	1.78	7.86	22.37	3.3	5.94	1.12
	900℃	55.33	—	1.43	2.87	21.43	1.24	13.99	1.72
	1000℃	62.72	2.11	3.75	6.64	14.01	0.84	8.52	2.98
高温和酸溶液浸泡共同作用	25℃	53.55	6.83	2.44	5.29	25.84	0.43	0.33	1.05
	200℃	45.01	4.53	1.3	7.6	23.36	3.94	—	15.54
	300℃	52.65	3.19	1	8.08	31.25	1.01	0.19	0.52
	400℃	64.67	—	1.81	6.79	13.63	2.54	10.4	2.18
	500℃	58.41	—	0.59	2.43	17.25	0.63	18.72	0.94
	600℃	52.78	—	4.12	8.96	16.2	2.99	9.04	3.19
	700℃	49.96	—	2.75	6.7	31.03	2.16	0.69	2.18
	800℃	62.03	—	8.65	3.39	6.35	3.01	13.28	0.81
	900℃	32.39	—	2.43	11.59	24.54	3.43	25.51	2.78
	1000℃	42.74	—	2.53	6.35	13.88	—	24.48	1.46

出明显的变化特征，而数据差异可能是由于试样的各向异性引起的。至于其他含量较少的原子，比如钠、钾、铝原子主要是长石类矿物中所含的元素，整体上也没有表现出比较明显的变化规律。镁和铁原子对应于黏土矿物中的元素，始终是微少含量百分比的存在。

高温和酸溶液浸泡处理的红砂岩试件中的主要原子含量百分比变化如表 4.6 所示，其中氧原子的含量百分比在 400℃高温作用之前是呈增大趋势的，这其中的原因在前段中高温的作用中阐述过；而在 400℃高温后，氧原子的含量则呈现出减小趋势，其可能的原因是酸溶液的浸泡作用使得大量还原反应发生。此外，还产生了大量的二氧化碳气体和水，从而导致了氧原子含量的减小。硅原子含量百分比的减小从侧面说明了酸溶液与长石类矿物的反应。而钙原子含量未表现出明显规律的原因可能是方解石（白云石）与酸的反应生成了氧化钙。其他含量较小元素未表现出明显变化特征，但百分比的数量上发生了变化，说明酸溶液侵蚀作用也对红砂岩所含矿物造成了损伤，高温和酸溶液侵蚀共同加剧了红砂岩试件的损伤劣化。高温作用使得大量微裂隙和微孔隙萌生、发育，从而连接、合并为小裂隙，甚至是宏观裂纹，再经历酸溶液的浸泡，这些高温作用下的裂纹就会为酸溶液的渗入提供优势通道，加速红砂岩侵蚀的过程，从而加重损伤劣化的程度[129]。

4.6.2　红砂岩物理力学性质劣化机理分析

从红砂岩宏微观的物理性质以及主要矿物成分、微观结构和主要原子含量的变化可以看出，在高温和化学侵蚀的作用下，红砂岩试件内部正发生着大量的物理化学变化，而理解和阐述这些物理化学性质的变化对揭示红砂岩的劣化损伤机制具有相当重要的意义。岩石材料宏观物理性质的变化本质上是内部矿物在外部荷载的作用下发生反应，从而引起内部微观结构的变化，最终导致岩石宏观性质发生变化[129]。如前章中所描述的，本次研究中的红砂岩主要含石英、方解石（白云石）、长石类矿物（钠长石、钾长石和钙长石）以及黏土矿物（高岭石、伊利石、蒙脱石和绿泥石）等，而在高温和化学侵蚀的作用下，这些矿物会发生脱水、相变、脱羟基、矿物金属键断裂、热熔融、热分解、热分解等反应，以及会发生水物理、水化学变化，共同导致大量微缺陷的形成（微裂纹和微孔隙），这些微缺陷的萌生、发育、演化、扩展与连通会导致红砂岩试件宏微观物理力学性质的损伤劣化，逐渐丧失承载能力，直至试件破坏。

在实际工程中，隧道在遭受火灾和酸性地下水侵蚀后的损伤是极其复杂的，且难以有效进行现场检测。因此，通过室内试验模拟隧道在经历火灾和酸性地下水侵蚀后的损伤特性研究是具有良好的现实意义的。如图 4.37 所示，红砂岩试件在高压蒸汽的作用下内部微裂纹是逐渐发育、扩展的，在 200～400℃区间内，试件内部的矿物层间水、结合水会在高温的作用下逐渐蒸发丧失，而岩石材料典型的低渗透性会阻碍水蒸气的蒸发溢出，从而导致高热蒸汽压力的快速产生[232]。例如，在 300℃时，岩石内部的蒸汽压力可达到 8MPa 左右[280]，由此带来的巨大压力会在微裂纹的尖端产生强大的劈裂应力，在高压蒸汽的作用下，岩石内部的初始微裂纹进一步发育、扩展并产生新的微裂纹和微裂隙，最终的宏观结果就是红砂岩试件的抗拉强度明显下降。

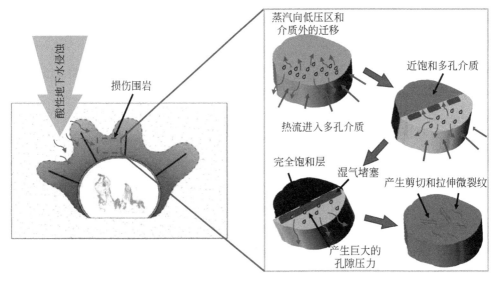

图 4.37　高温作用下蒸汽压力对红砂岩的劈裂作用过程示意图（据 Wasantha 等[232]修改）

图 4.38 描述了隧道围岩在高温和酸溶液作用后的损伤破坏过程，大致将隧道围岩分为 3 个区域，距离火源最近的这块区域定义为干燥区域，之所以这样定义的原因是这一块区域的温度是最高的，温度升高会引起围岩内部的自由水、矿物层间水、结合水蒸发，蒸汽在向低压力区域或者岩石外部扩散的过程中会产生蒸汽压力，当围岩内部的蒸汽慢慢区域饱和之后，持续的高温会在围岩内部产生巨大的孔隙压力。此外，围岩内的不同矿物成分会在高温作用下产生不均匀性的膨胀应力（热应力），不均匀性膨胀会占据围岩内部的孔隙，对初始裂隙起到加固的作用，这与室内模拟实验中的红砂岩加热到 200℃之后抗拉强度的提升有着必然的联系。然而，并不是蒸汽压力和热应力一味地增大就能一直压密岩石，当蒸汽压力和热应力增加到围岩的抗拉强度临界值时，会对裂纹的生长和扩展起到促进作用，这里可以解释 200~400℃时红砂岩的抗拉强度出现快速下降的原因。高热的蒸汽压力和热应力作用会对微裂纹的尖端起到劈裂的作用，使得岩

石内部的初始裂纹扩展，而裂纹的扩展和连通则会释放掉部分的蒸汽压力，所以岩石内部的孔隙压力会逐渐减小。隧道火灾难以扑灭，产生的高温会对围岩产生持续的加热作用，因此，热应力的作用是不断加强的，当围岩达到所能承受的热应力极限时，其对岩石会产生拉应力的作用。此外，不同矿物在高温作用下的熔融也时有发生，这些共同作用导致了围岩材料抗拉强度的急剧下降，这也是第二块区域（相对干燥区域）内部产生大量微裂纹、微裂隙的原因。第三块区域被称为水分增加区域，这是由于酸性地下水的侵蚀会逐渐沿着微裂纹和微裂隙渗入岩石内部，酸性地下水会与岩石的矿物成分发生化学反应，如方解石（白云石）、白云石、黏土矿物等，此外，地下水在渗透的过程中还有微裂纹的尖端有着强烈的劈裂作用，两方面的作用共同促使岩石损伤加剧，经高温和酸溶液作用后红砂岩的损伤是极为显著的。

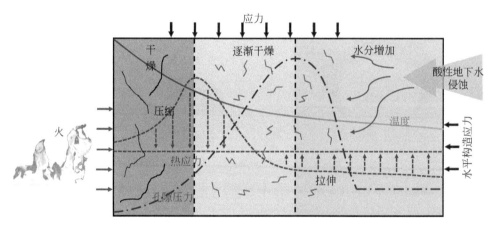

图 4.38　高温和溶液作用后隧道围岩的损伤破坏过程示意图（据 Diederichs[280] 修改）

　　高温作用下红砂岩试件内部组分的化学变化如表 4.7 所示，常温（25℃）至400℃温度区间段内，主要发生自由水和结合水的蒸发反应，在较低的温度作用下（200℃），红砂岩试件的内部结构和相关性质得到了相对改善，这主要是水的蒸发所产生的高压蒸汽以及矿物受热膨胀将试件内部的原生微裂纹给压密，使得红砂岩内部结构更加致密、紧实，所以微宏观物理力学性质出现了良性的增长现象。而随着蒸汽压力的进一步加大，当超过了红砂岩内部所承的极限时，高热的蒸汽压力对内部的矿物颗粒就会产生劈裂应力，促使微裂纹的萌生，而随着水的排出，会产生大量的微孔隙，微缺陷的萌生与发育会在一定程度上会影响红砂岩的物理化学性质。在 300～500℃温度区间段内，红砂岩沉积过程中的有机物会在高温作用下发生氧化反应，出现碳化的现象，这也是红砂岩试件表面发黑的原因所在，而碳化作用的出现会进一步影响红砂岩试件内部的微观结构。400～700℃阶段是红砂岩试件宏微观物理力学性质快速劣化的一个阶段，在这个阶段内，黏土矿物中的高岭石逐渐分解，产生脱羟基的化学反应，此外，含铁矿物（绿泥石、磁铁矿等）大量被氧化，红砂岩试件表面的岩石逐渐恢复成红色，而且不是同于常温下的暗红色，而是色泽亮丽的红色，高温作用下的矿物不均匀性膨胀使得微裂纹和微裂隙延伸与连通，并且穿晶裂纹也大量发育，致使红砂岩内部的微观结构出现了严重的损伤劣化。在 500～900℃区间内，石英矿物会发生两次较大的相变，由结构相对稳定的形态逐渐变为不稳定的形态，而石英作为红砂岩主要矿物中的含量最多的矿物，其稳定性的改变对内部结构的影响是巨大的，因此，红砂岩试件的物理力学性质都出现了较大程度的劣化。而在 800～1000℃温度区间段内，对红砂岩试件的损伤是最为严重的，因为大量的矿物发生了热分解和热熔融，如蒙脱石、伊利石和绿泥石都在这个阶段内分解熔融，使得内部结构变得松散，失去了大量的承载能力。

表 4.7　高温作用下红砂岩试件的主要物理化学反应表

岩性	作用温度/℃	物理化学反应	反应过程
红砂岩	25～400	自由水和结合水蒸发	$H_2O \longrightarrow H_2O\uparrow$
	300～500	有机物碳化	有机物 $\longrightarrow H_2O\uparrow + CO_2\uparrow$
	400～700	高岭石分解	$Al_4Si_4O_{10}(OH)_8 \longrightarrow 2Al_2O_3 + 4SiO_2 + 4H_2O\uparrow$
		Fe 离子被氧化	$Fe_3O_4 \longrightarrow Fe_2O_3$
	500～900	石英相变	$\alpha\text{-石英} \longrightarrow \beta\text{-石英} \longrightarrow \beta\text{-鳞石英}$
	800～1000	矿物熔融与分解	—

除了高温的侵蚀作用，隧道围岩在服役过程中还存在着酸性地下水的侵蚀，以本章研究的红砂岩为例，挑选部分经历高温作用的红砂岩试件再次进行酸溶液浸泡作用，来探究高温和酸溶液浸泡共同作用下的红砂岩损伤演化研究。红砂岩试件的主要矿物在酸溶液的作用下主要发生的化学反应如表 4.8 所示，主要列举出了红砂岩内部矿物的物理化学变化，其中包括：石英矿物微溶于水、黏土矿物中的高岭石分解、长石类矿物（钾长石、钠长石和钙长石）与酸的反应、碳酸岩类矿物（方解石、白云石）与酸的反应，这些化学反应的发生会导致原生矿物分解，生成新的物质，而此过程中会引起内部微观结构的改变，造成红砂岩宏微观物理力学性质的损伤劣化。其中，在高温作用下稳定性较好的在酸溶液浸泡下发

生了大量的化学反应，因此，导致其微观结构损伤程度较为严重。除此之外，碳酸岩类矿物由于极易与酸溶液发生反应生成二氧化碳和水，所以碳酸岩类矿物被大量分解了，产生了细小的孔隙，从高温和酸溶液浸泡后的红砂岩试件的微观结构图片也能看出其严重影响了红砂岩试件的内部微观结构。

表 4.8　酸溶液浸泡作用下红砂岩试件的主要物理化学反应

矿物类型	物理化学变化	反应过程
石英	微溶于水	$SiO_2+2H_2O \longrightarrow H_4SiO_4$
黏土矿物	高岭石分解	$Al_2Si_2O_5(OH)_4+6H^+ \longrightarrow 2Al^{3+}+2H_2SiO_4+H_2O$
长石类矿物	钾长石与酸反应	$KAlSi_3O_8+4H^+ \longrightarrow Al^{3+}+3SiO_2+2H_2O+K^+$
	钠长石与酸反应	$NaAlSi_3O_8+4H^+ \longrightarrow Al^{3+}+3SiO_2+2H_2O+Na^+$
	钙长石与酸反应	$CaAl_2Si_2O_8+8H^+ \longrightarrow 2Al^{3+}+2SiO_2+4H_2O+Ca^{2+}$
碳酸岩类矿物	方解石与酸反应	$CaCO_3+2H^+ \longrightarrow Ca^{2+}+H_2O+CO_2\uparrow$
	白云石与酸反应	$Mg(Ca)CO_3+2H^+ \longrightarrow Mg^{2+}+Ca^{2+}+H_2O+CO_2\uparrow$

为了更加直观地呈现出红砂岩试件在高温和酸溶液浸泡作用下的损伤演化过程，绘制了图 4.39 进行方便直观的演示各类物理化学变化的发生，其中包含了石英的两次重要相变、高岭石的分解、水蒸气和二氧化碳气体的蒸发溢出、酸性离子的浸泡渗入与矿物离子的化学反应，高温产生的微裂隙网络逐渐延伸与贯通，为酸溶液的渗入提供了便捷的优势通道，使得酸溶液侵蚀得以更加快速、深入地发生。红砂岩内部矿物的变化过程主要是：矿物逐渐分解为氧化物、气体和水，然后在酸溶液的作用下，氧化物被逐渐分解为游离的金属离子，一部分金属离子孤立的存在于试件的内部，造成内部微观结构的相对松散；另一部分金属离子通过水溶液的输送作用流出，这两个作用共同导致了红砂岩的损伤劣化。红砂岩试件中的主要矿物（石英、方解石、白云石、长石类矿物、黏土矿物）都在高温和酸溶液的共同侵蚀作用下受到了严重的损伤，导致了红砂岩物理力学性质的下降。

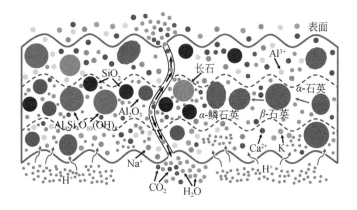

图 4.39　高温和酸溶液作用后红砂岩试件的物理化学变化

4.7　小　　结

隧道等地下工程常遭受火灾和酸性地下水侵蚀的威胁，对工程的安全和长期稳定性造成了重大影响。而高温和酸溶液作用往往会对岩石的物理力学性质产生重要影响。本章研究了高温（25～1000℃）和酸溶液浸泡作用下红砂岩的物理力学性质变化规律，分析了红砂岩在受力破坏过程中的声发射活动、抗拉强度特征及其破坏模式，揭示了岩石内部微观结构的变化及其损伤劣化机制，本章取得的主要结论有以下几点。

（1）通过微宏观试验手段研究了高温和酸溶液作用下红砂岩试件的表面特征、质量、纵波波速、孔隙度、导热系数等物理力学参数的变化规律。试验结果发现，高温和酸溶液对岩石的物理力学性质影响显著，整体上，红砂岩的表面色差、孔隙度随着温度的升高和酸溶液的作用逐渐增加，质量、纵波波速、导热系数、抗拉强度逐渐减小。最终，经过 1000℃高温和酸溶液作用后，红砂岩试件的质量损失率达 9.4%，纵波波速下降了 64.9%，导热系数下降了 78%，孔隙度增长了 63%。

（2）开展了不同温度和酸溶液浸泡下的红砂岩巴西劈裂试验，结合声发射监测技术对高温和酸溶液作用下红砂岩力学及声发射等参数的变化规律进行了研究。试验结果表明，随着温度升高和酸溶液的作用，整体上红砂岩抗拉强度逐渐减小，岩石的损伤程度逐渐增大，且其逐渐由脆性破坏向塑性破坏转变。最终，在经历 1000℃高温和酸溶液共同作用后红砂岩的抗拉强度则由 8.86MPa 下降到了 2.03MPa，降幅达 77%。

（3）不同温度和酸溶液作用下的红砂岩声发射表现出了阶段特征：裂纹压密阶段的小高峰期、裂纹扩展阶段的相对平静期以及宏观破裂阶段的高峰期。

（4）通过纵波波速、孔隙度以及抗拉强度的变化定量分析了红砂岩在高温和酸溶液作用下损伤演化规律。研究结果发现，红砂岩的损伤是随着温度的升高而逐渐增加，且酸溶液的侵蚀会进一步加剧岩石的损伤。

（5）通过核磁共振（NMR）技术对高温和酸溶液作用下红砂岩的孔隙结构演化规律进行了研究，对红砂岩试件内部孔隙结构类型、饱水孔隙度和孔隙结构分布进行了定量表征。结果发现，随着温度的升高和酸溶液的作用，红砂岩内部的孔隙逐渐由微孔隙向裂纹演化，其中 1000℃高温和酸溶液作用后红砂岩内部微孔隙的累计孔隙体积占比由常温下的 86%下降到 1.84%，而累计裂纹体积占比则由 2.67%上升到了 21.44%。孔隙结构的演化最终造成了试件的孔隙度的增加。

（6）通过扫描电子显微镜结合能量色散光谱仪（SEM+EDS）和 X 射线衍射（XRD）等技术手段，从红砂岩试件的微观结构、内部矿物以及主要矿物元素的角度对高温和酸溶液作用前后的损伤情况进行了探究。结果表明，随着温度的逐渐升高和酸溶液的浸泡作用，红砂岩试件内部会发生水分的蒸发、黏土矿物的分解、石英的相变、矿物的熔融以及各类矿物（石英、长石、黏土矿物、方解石、白云石）与酸溶液的反应，造成内部微孔隙逐渐扩展与连通，进而导致红砂岩物理力学性质的劣化。

第5章 复杂应力条件下岩石损伤破坏特征

交通、水利隧道开挖、地下矿产资源开发等地下工程施工扰动会引起围岩内部裂隙发育、扩展，导致岩石结构完整性与承载能力下降，进而对工程稳定性产生极大影响。地下工程围岩所受的应力状态复杂，而施工扰动会引起循环加、卸载作用以及轴压、围压的变化。因此，研究岩石在不同应力条件下的破裂过程及其破坏特征具有重要的理论与工程意义。

5.1 围压对岩石声发射及破坏特征的影响

岩石受力过程中的声发射信息能有效反映岩石内部微裂隙萌生、裂纹扩展贯通等演变过程[282-284]。目前，声发射信号分析主要是通过对声发射事件、声发射能量、振铃计数、参数 b 值（与地震活动特征的相关参数）[285-287]、分形特征及熵值[288-290] 等特征参数进行分析。许多学者对岩石受力破坏过程的声发射特征进行了大量研究：Eberhardt 等[291] 通过峰值应力前的声发射参数信息对岩石脆性断裂的损伤状况进行了定量研究；宋朝阳等[292] 研究了弱胶结砂岩单轴压缩过程中的振铃计数、能率、幅值等参数特征；张艳博等[293] 研究了干燥和饱水煤矸石破坏过程中的声发射信号主频与熵值变化规律；高保彬等[294] 研究了煤样破坏过程中声发射分形特征；李元辉等[295] 和刘小军等[296] 研究了不同岩石破坏过程中声发射 b 值演化规律。

岩石受力破坏是其内部原生裂纹发育、扩展、聚集、连接、贯通的发展过程，这一过程从内部细观损伤发展到宏观裂隙贯通具有显著的非线性特征。分形是研究非线性系统内在规律及其确定性与随机性的统一[297-299]，看似随机、复杂的几何轮廓以不同角度、尺度去衡量其存在的自相似性（self-similarity）。自谢和平院士[66] 将分形几何的概念引入岩岩石力学以来，国内外学者对分形维数表征岩石、煤体等材料的复杂裂隙、块度、断口形貌、孔隙等方面开展了大量的研究[300-301]，取得了许多丰硕的研究成果。

然而，由于岩石受力破坏过程十分复杂，涉及微观到宏观的跨尺度过程，岩石损伤破坏机理尚不明确，对岩石损伤破坏的研究需从多角度、多方向开展。本节通过开展不同围压条件下黄砂岩压缩破坏的声发射试验，研究了不同围压条件下黄砂岩破坏过程中的声发射事件率、累计声发射事件数、Ib 值等参数演化规律，并对不同围压条件下黄砂岩裂隙宏观形态、裂隙分形特征进行了综合分析，以期为工程岩体损伤破裂研究提供有益的理论参考。

5.1.1 试验设备与试验方法

试验采用取自四川眉山的黄砂岩作为研究对象，黄砂岩主要由岩屑、长石、石英等成分组成，质地坚硬，均质性好，自然状态下呈深黄色，岩样物理力学参数如表 5.1 所示。试验加载系统为英国生产的 GDS 三轴流变仪，如图 5.1 所示，该试验系统由轴压、围压、渗压三组配套试验系统组成，具有完善软件操作试验系统，试验系统精度高，测量数据准确，系统配备专业 LVDT 传感器，可满足高低压环境下测量精度。声发射测试系统采用美国物理声学公司（PAC）研制的 Micro-Ⅱ型数字声发射系统，声发射传感器采用宽频传感器 UT-1000，频率范围为 60～1000kHz，设置门槛值 35dB，前置放大器门槛值（增益）为 40dB，波形采样率为 2MSPS，峰值定义时间（PDT）、撞击定义时间（HDT）、撞击锁闭时间（HLT）分别设置为 100μs、150μs 和 300μs。本次试验采用位移加载，设定轴向加载速率为 0.002mm/s，设置 2MPa、4MPa、6MPa 和 8MPa 4 个围压级别，试验过程为：①试件准备及试件安装；②压力室充油及加压；③声发射传感器布设及测试；④轴向应力加载。

表 5.1　试样物理力学参数

样品编号	直径/mm	高度/mm	质量/g	密度/(g/cm³)	P波速度/(m/s)	围压(σ_3)/MPa	弹性模量/GPa	变形模量/GPa	峰值应变/%	峰值应力/MPa
S-1	49.92	100.20	439.68	2.24	1996		80.60	61.80	1.72	106.12
S-2	50.20	100.20	436.62	2.22	2861	2	71.37	69.47	1.55	107.46
S-3	50.38	100.18	440.12	2.24	2457		77.35	55.67	1.48	82.28
S-4	49.90	100.20	436.88	2.22	2611		75.16	59.61	1.39	82.61
S-5	50.00	98.02	430.11	2.19	2346		84.87	73.92	1.49	110.29
S-6	50.06	97.66	427.98	2.18	2681	4	86.35	72.42	1.75	126.89
S-7	50.02	98.00	434.60	2.21	2466		84.15	73.20	1.77	129.70
S-8	49.82	98.40	437.83	2.23	2096		76.27	67.57	1.86	125.40
S-9	50.08	100.04	440.47	2.24	1955		85.60	73.98	1.74	128.40
S-10	50.40	100.20	438.27	2.23	2361	6	—	—	—	—
S-11	50.20	100.00	437.64	2.23	1990		89.19	74.04	1.97	145.94
S-12	49.90	100.30	439.18	2.23	2558		78.90	69.74	2.17	151.06

续表

样品编号	直径/mm	高度/mm	质量/g	密度/(g/cm³)	P波速度/(m/s)	围压(σ_3)/MPa	弹性模量/GPa	变形模量/GPa	峰值应变/%	峰值应力/MPa
S-13	50.00	100.20	440.25	2.24	2378		86.33	84.57	1.86	157.18
S-14	50.10	100.20	440.43	2.24	2469	8	88.67	71.49	2.08	148.43
S-15	49.34	100.10	429.60	2.18	2381		79.83	72.14	2.28	164.23
S-16	49.36	100.02	427.50	2.17	1927		—	—	—	—
S-17	50.00	100.04	440.41	2.24	1903		122.00	72.90	0.82	59.95
S-18	49.16	99.48	434.16	2.21	2004	0	173.67	107.04	0.77	82.87
S-19	49.70	100.30	437.28	2.22	2463		164.88	93.80	0.81	76.35
S-20	50.00	100.00	433.51	2.20	2016		182.13	85.05	0.92	78.49

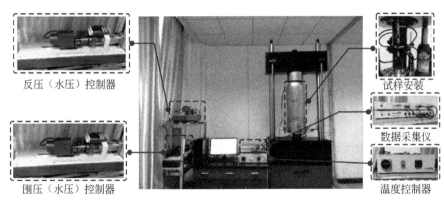

反压（水压）控制器

围压（水压）控制器

试样安装

数据采集仪

温度控制器

图 5.1   GDS 三轴试验系统

5.1.2   岩石压缩试验结果分析

黄砂岩试样单轴、三轴压缩应力-应变曲线如图 5.2 所示，由图可以看出，在黄砂岩单轴、三轴压缩过程中，岩石经历了原生裂隙闭合压密阶段、线弹性变形阶段、裂纹稳定扩展阶段（屈服阶段）、裂纹不稳定扩展阶段（破坏阶段）4 个阶段。单轴与三轴应力-应变特征存在一定差异性，当单轴压缩时，加载前期具有明显的压密阶段；而三轴压缩时，岩石压密阶段相对而言更不明显，峰值应力前应力-应变曲线近乎线性。这是由于在围压作用下，岩石内部原生孔隙、裂隙结构被压密，且不同围压下岩石原生孔隙、裂隙结构的闭合程度也不一样，加载前由于围压对岩石原生裂隙起到的一定压密作用使得加载初期岩石压密阶段不明显。相同围压条件下黄砂岩应力-应变曲线大致相同，峰值应力存在一定的差异，这是每个岩石试件的晶体排列分布、内部缺陷之间的差异引起的。黄砂岩峰值强度随着围压的增加也表现出明显的递增规律，单轴压缩条件下黄砂岩的峰值强度大致处于 58～80MPa 范围内，平均峰值强度约为 74.41MPa，围压 2～8MPa 平均峰值强度分别为 94.61MPa、123.07MPa、141.79MPa、156.61MPa。

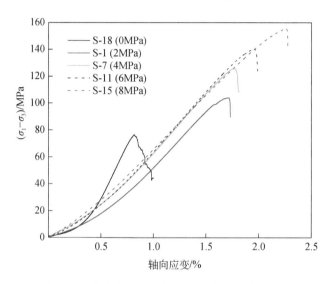

图 5.2　黄砂岩不同温度处理后应力-应变曲线

弹性模量、变形模量及峰值应变是描述岩石破坏过程的重要参数指标，包含岩石破坏过程中的变形特征，以下将对围压与弹性模量、变形模量及峰值应变之间的关系进行分析。其中，单轴压缩条件计算的弹性模量与变形模量存在较大离散，偏离线性较大，故弹性模量与变形模量与围压关系中剔除单轴部分。图 5.3（a）为黄砂岩弹性模量与围压的关系，如图所示，可以明显看出随着围压的增加，弹性模量出现明显的上升，通过线性拟合的方式可以发现，围压与弹性模量之间存在良好的线性关系，拟合相关系数超过了 0.99。弹性模量的拟合方程为：$E_t = 1.9064\sigma_3 + 72.6556$，拟合相关系数 $R^2 = 0.9959$。试验围压由 2MPa 提高至 8MPa，黄砂岩弹性模量平均值由 76.5GPa 提升至 87.6GPa，围压对弹性模量的影响与岩石内部结构有重要联系，对于黄砂岩来说，围压的增加一定程度有助于岩样内部孔隙、裂隙等内部缺陷的压密，同时围压的限制作用也一定程度上增加了岩石的刚度，由此岩石弹性模量也相应增大。

图 5.3（b）为黄砂岩变形模量与围压的关系。和弹性模量与围压之间的关系相似，随着围压的增加，黄砂岩变形模量也呈现上升的趋势，在 2～4MPa 范围内增加速度较快，在 4～8MPa 范围内增速趋缓，呈现趋于稳定的趋势。变形模量的拟合方程为 $E_s = -0.2614\sigma_3^2 + 4.8728\sigma_3 + 53.3732$ 拟合相关系数 $R^2 = 0.9257$。试验围

压由 2MPa 提高至 8MPa，黄砂岩变形模量平均值由 62.5GPa 提升至 75.6GPa，围压对变形模量的影响与弹性模量基本一致，围压的增加对岩石内部裂隙、孔隙结构压密，使得前期压密阶段愈发不明显，从而引起变形模量增大。

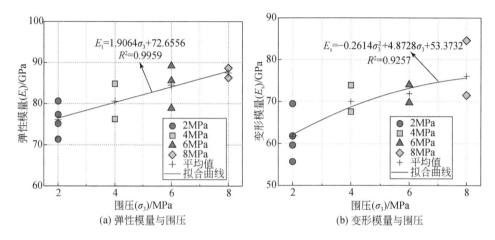

(a) 弹性模量与围压　　　　　　　　(b) 变形模量与围压

图 5.3　弹性模型及变形模型与围压之间的关系

　　峰值应变是岩石应力达到峰值时对应的应变值。图 5.4 为黄砂岩峰值应变与围压的关系。如图 5.4 所示，与弹性模量、变形模量随围压变化的规律基本一致，随着围压的增加，峰值应变呈现增加的趋势，其中单轴到 2MPa 条件下岩石峰值应变提升较大，峰值应变平均值由单轴条件的 0.83 到 2MPa 条件的

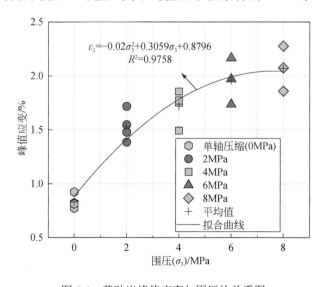

图 5.4　黄砂岩峰值应变与围压的关系图

1.53，而后随着试验围压（0～8MPa）的增加，峰值应变的上升趋势有所减缓，6MPa 至 8MPa 峰值应变仅增加 0.05。黄砂岩峰值应变与围压的拟合公式：$\varepsilon_1 = -0.02\sigma_3^2 + 0.3059\sigma_3 + 0.8796$，拟合相关系数：$R^2$=0.9758。说明围压对变形破坏具有明显的控制作用，随着围压的增加岩石变形表现出由脆性状态向塑性破坏转化的特征，岩石变形破坏与岩石所处应力状态息息相关。

莫尔-库仑（Mohr-Coulomb，M-C）强度准则是现今应用最为广泛的强度准则，M-C 强度准则可描述具有脆性、塑性材料的破坏特征，M-C 强度准则认为岩石破坏过程是由正应力与剪应力共同作用的结果，在中间主应力对于岩石强度不产生影响的假设的基础上，视岩石内部某一界面上正应力与剪应力达到极限值岩石发生破坏，岩石承载最大剪切力由黏聚力（c）和内摩擦角（φ）确定，其表达式为

$$\tau_m = c + \sigma \tan\varphi \tag{5.1}$$

式中，c 为岩石材料黏聚力；σ 为岩石材料破坏面的正应力；φ 为岩石材料的内摩擦角。

本研究以 M-C 强度准则为基础对不同围压作用下黄砂岩的强度特性进行分析，采用正应力表示的 M-C 强度准则：

$$\sigma_1 = b + k\sigma_3 \tag{5.2}$$

式中，k 为围压对轴向承载能力的影响系数；b 为岩石材料理论的单轴压缩抗压强度；σ_1 为不同围压作用下岩石的峰值应力；σ_3 为试验围压。

采用式（5.16）对黄砂岩峰值应力与试验围压的关系进行拟合，如图 5.5 所示，可以发现公式拟合相关系数 R^2=0.9883，拟合程度高，由此也说明 M-C 强度准则可以较好地描述黄砂岩的破坏变化规律。黄砂岩 M-C 强度准则的拟合公式为$\sigma_1 = 10.5794\sigma_3 + 75.7818$。

5.1.3　声发射试验结果分析

1. 声发射事件率分析

不同受力破坏阶段岩石内部裂纹发育、扩展产生的声发射（AE）频率、幅度、频度等相关参量均表现出明显的差异性，不同阶段的声发射特征包含了岩石破坏过程中的重要信息。本书利用反映声发射信号频度、总量的 AE 事件率和累计 AE 事件数对不同围压作用下岩石受力破坏过程中的声发射特征进行分析。不同围压作用下黄砂岩 AE 事件率与累计 AE 事件数演化规律如图 5.6 所示。

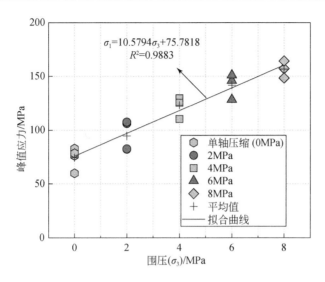

图 5.5　黄砂岩峰值强度与围压的关系图

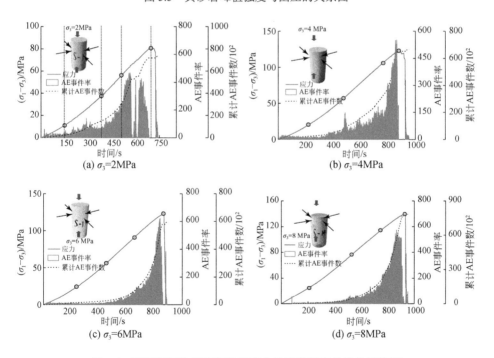

图 5.6　不同围压作用下黄砂岩应力及声发射事件演化规律图

由图 5.6 可知，不同围压下岩石的应力与声发射事件显示出了相似的变化特征。加载初期，不同围压条件下岩石在初始压密阶段均只出现少量的声发射事件，这是由于加载初期声发射信号主要由岩石内部原生裂隙的闭合压密过程产生，原生裂隙在压缩与摩擦作用下会释放少量的瞬态弹性波。但整体上随着围压增大，AE 事件率呈现减少的趋势，表明其与试验围压有直接关系。随着轴向荷载的增加，岩石进入线弹性阶段，该阶段轴向应力-应变包络曲线是近似线性，岩石试件在这个阶段主要发生弹性变形，加载应力不足以使岩石试件形成新的微裂纹，AE 事件率与累计 AE 事件数均维持相对稳定的状态，累计 AE 事件数呈现一段较为稳定的上升。随着轴向荷载的进一步增加，岩石进入塑性阶段，岩石内部原生裂隙出现稳定扩展，并逐渐有新的微裂纹萌生，随着微裂缝数量和尺寸的增大，它们最终开始相互贯通、连接形成宏观裂纹，岩石整体破裂呈现出不稳定发展阶段，岩石 AE 活动进入活跃阶段，AE 事件率与累计 AE 事件数出现激增。在轴向荷载临近峰值荷载前，AE 事件率激增至峰值，如图 5.6 所示，直至轴向荷载跌落峰值、岩样完全失去承载能力，AE 事件率出现一定幅度上升。整体而言，初始压密阶段与弹性阶段，岩石 AE 活动处于较为平静的阶段，其 AE 信号主要由原生裂隙的闭合以及少量微小裂纹萌生产生的，初期压密阶段 AE 信号的活跃程度与围压的大小有着密切联系，围压增加会从一定程度上抑制初期压密阶段 AE 信号的活跃程度；进入塑性阶段，岩石内部微裂隙萌生、发育、扩展、连通产生宏观裂纹，岩石 AE 活动进入活跃阶段，AE 事件率与累计 AE 事件数出现激增。

2. 声发射 Ib 值分析

1941 年，Gutenberg[153] 分析了地震频度与震级之间的规律，提出了应用参数 b 值描述震源尺度分布比例的概念，自此 b 值作为地震重要的前兆信息被广泛应用于地震活动及危险性评估领域的研究工作中。岩石受力破坏过程的机理与地震发生的机理相似，岩石受力破坏产生声学信号也被定义为一种微震活动。因此，Mogi[302]、Scholz[303] 等基于声发射监测技术将 b 值引入岩石工程领域，利用 AE 信号振幅大小与裂隙尺度之间的关联性，将原有计算公式中的震级用 AE 信号振幅替代，通过声发射的 b 值特征对岩石受力破坏过程中内部微裂纹尺度的变化情况开展研究。一般认为，b 值的增大反映出小尺度事件的占比增加，预示着岩石材料内部小尺度裂隙发育扩展占主导，岩石材料处于微裂纹稳定扩展状态；b 值的下降反映出大尺度事件占比增加，预示着岩石材料内部以大尺度裂纹扩展占主导，岩石材料处于宏观裂纹扩展状态；b 值处于稳定变化且变化幅度较小则反映岩石材料处于较为稳定的渐进式裂隙扩展状态。但是由于 b 值最初是地震学中定义的，将其直接引入工程材料的声发射信号范围存在一定的应用问题，为此 Shiotani 等[304] 提出了一种"改进的 b 值（improved b-value）"，即 Ib 值，其更适用于岩石和混凝土材料的声发射信号分析。Ib 值的计算公式如下：

$$\int_0^\infty n(a)\mathrm{d}a = \beta \tag{5.3}$$

$$N(w_1) = N(\mu - \alpha_2\sigma) = \int_{\mu - \alpha_2\sigma}^\infty n(a)\mathrm{d}a \tag{5.4}$$

$$N(w_2) = N(\mu + \alpha_1\sigma) = \int_{\mu - \alpha_2\sigma}^\infty n(a)\mathrm{d}a \tag{5.5}$$

$$\mathrm{Ib} = \frac{\lg N(w_1) + \lg N(w_2)}{(\alpha_1 + \alpha_2)\sigma} \tag{5.6}$$

式中，$n(a)$ 为关于 a 的累计声发射（AE）事件数；β 为一定的声发射（AE）事件数，其中 β 处于 $50\sim100$ 范围内被认为是拟合 Gutenburg-Richter 公式的合适值[304]；α_1 和 α_2 为常数；μ 和 σ 分别为振幅的统计平均值与标准差；w_1 和 w_2 分别为下层振幅与上层振幅；$N(w_1)$ 和 $N(w_2)$ 为上下层振幅的累计数。

本书采用等时间间隔的方式，根据上述 Ib 值计算公式，以 6s 为时间间隔对不同围压作用下黄砂岩受力破坏过程的声发射 Ib 值进行计算，不同围压作用下黄砂岩破坏过程声发射 Ib 值变化规律如图 5.7 所示。由图 5.7 可以看出，不同围压下砂岩受力破坏过程中的 Ib 值表现出了相似的变化规律，可将其划分为Ⅰ-波动阶段、Ⅱ-稳定阶段、Ⅲ-下降阶段等 3 个阶段。

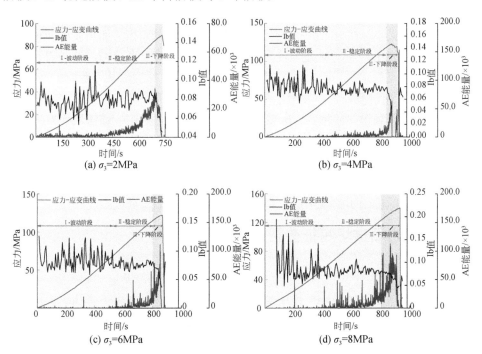

图 5.7　不同围压下砂岩的声发射 Ib 值变化规律

在波动阶段（阶段Ⅰ），声发射 Ib 值随着荷载的增加，处于上下波动的变化状态，上下波动的范围较大，Ib 值相对维持在较高的水平。这是由于加载初期，岩石处于裂纹压密及线弹性阶段，岩石内部的原生微裂纹与孔隙结构处于压密闭合的过程，该阶段声发射信号由原生微裂纹和孔隙结构压密产生，对应小尺度裂隙变化，故 Ib 值上下波动，且处于较高水平；该阶段声发射能量处于较低水平，其与 Ib 值波动阶段具有较好的同步性。对比不同围压条件下，加载初期 Ib 值变化存在一定差异性，其中 8MPa 条件下加载初期出现无 Ib 值的阶段，这是较高围压作用下，岩石加载前其内部的微裂隙和孔隙结构已经有了初步的压密，导致加载初始阶段出现没有声发射信号的阶段，进而导致无 Ib 值计算结果。随着围压的上升，声发射 Ib 值上下波动的范围更大，其中 8MPa 条件下 Ib 值波动范围为 0.04～0.20，而 2MPa 基本维持在 0.04～0.12，这与张黎明等[305]对不同围压下岩石声发射 b 值计算结果具有一定相似性。分析认为，加载初期 Ib 值波动与围压的压密作用有着紧密联系，由于初始围压作用，岩石材料内部的微裂隙出现了压密过程，相对尺寸大一些的微裂隙更易在围压作用下发生压密，同时围压越大，岩石材料受围压作用压密越显著，进而导致加载初期随着围压增加 Ib 值波动较大。

随着轴向荷载的增加，Ib 值进入稳定阶段（阶段Ⅱ）。Ib 值逐渐趋于稳定且波动范围逐渐减小，在 Ib 值下降前出现一段较为平缓的阶段，而声发射能量出现快速增长，反映出岩石材料处于较为稳定的渐进式裂隙扩展状态，这与岩石受力破坏过程中裂纹稳定扩展阶段与之对应，该阶段岩石内部裂隙处于稳定扩展状态，因而 Ib 值维持相对稳定，声发射能量水平处于上升阶段。

随着轴向荷载进一步增加，Ib 值进入下降阶段（阶段Ⅲ），该阶段声发射能量出现明显激增，反映岩石内部发育的小尺寸裂隙进一步发育、连接、贯通，形成较大尺寸的裂隙，该阶段声发射信号主要由较大尺寸的裂隙扩展产生，产生的声发射能量能级较高，Ib 值出现明显的下降，轴向荷载进一步接近峰值强度时，岩石材料内部裂隙进一步扩展形成宏观贯通裂隙，Ib 值降至最低点。

5.1.4 岩石破坏特征分析

1. 破裂模式

试验完成后，将不同围压作用下变形破坏的岩石试样从压力腔体中取出，除去表面的热缩管、传感器，对破坏岩样进行处理和分析。为了对比和研究围压条件与无围压条件下岩石破裂特征的差异，本研究同样开展了黄砂岩单轴压缩试验（即围压为 0MPa）。不同围压作用下岩石试件破坏形态如图 5.8 所示，由图可知，当围压为 0MPa 时，黄砂岩主要以脆性张拉破坏形式为主，岩石表面出现多条竖向的贯穿裂隙，试件中部裂隙面分布较为密集且相互交汇，中部裂纹交汇处出现轻微掉块现象，整体呈现出块状切割的形态、岩样试件较为破碎，并且试件中部呈现一定的扩容现象；当围压为 2MPa 时，试件表面的裂隙密集程度明显减少，裂隙主要为 3～5 条贯通裂隙，试样未出现中部扩容现象；当围压为 4MPa 时，试件表面主裂隙由单一剪断面裂隙和一条竖向贯通裂隙构成，其中竖向贯通裂隙中部连通数条次裂隙；当围压为 6MPa 时，试件表面裂隙主要由 3 条单一剪断面裂隙构成，其中两条单一剪断面裂隙相连，呈现"Y"字形破坏，表面裂隙密度进一步降低，仅中部连接一条次裂隙；当围压为 8MPa 时，试件表面出现明显的两条单一剪断面，两条剪断面相互贯通，将岩石试件分割为上下两部分，剪切面角度相对于 6MPa 进一步增大。由此可知，单轴条件下黄砂岩主要以脆性张拉破坏为主，主裂隙主要以竖向贯通裂隙为主，竖向裂隙中部连通多条次裂隙，有明显的中部扩容现象，而随着围压的上升，黄砂岩逐渐呈现出典型的剪切破坏现象，试件的主裂隙逐渐由单一剪断面裂纹构成，裂隙数量及密度随着围压呈一定下降趋势，并且单一剪断面裂隙的倾角随围压增大呈现小幅度增长，与马文强等[306]学者对不同围压作用下脆性岩石裂隙特征研究的结果基本一致。

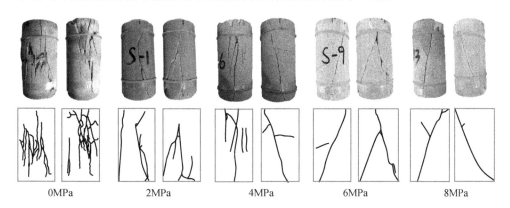

图 5.8　不同围压下砂岩破坏特征示意图

2. 岩石破坏分形特征

盒计数维数由于其能够精确、简易量测自相似图像分形维数的优势，逐渐成为现有计算分形维数的主要方法之一[299]。盒计数维数计算原理是通过将具有分形特征的曲线采用不同边长 r 的正方体（形）或者盒子进行覆盖，记录下不同边长 r 的正方体（形）或者盒子覆盖具有分形维数曲线的盒子数 $N(a)$，通过 $Nr(a)$ 与之对应的正方体（形）或者盒子 r 的关系，计算出 $[-\lg r, \lg N(a)]$ 分布点的斜率，由此估计出相应的分形维数：

$$D = -\lim_{r \to 0} \frac{\lg N(a)}{\lg r} \tag{5.7}$$

式中，$N(a)$为分形维数的盒子数；r为盒子的边长。

　　首先采用半透明的临摹纸（尺寸与岩样表面一致）包裹在破坏岩样表面，采用素写铅笔沿着岩样破裂面进行描绘，描绘完毕后，采用扫描仪对描绘完的临摹纸进行扫描，将临摹纸的裂隙形态图像转换为图片文件［图 5.9（a）］。图 5.10 为典型岩样的破裂面形态灰度图像。然后将图片文件导入已经编写好的 MATLAB 二值化程序中，将裂隙面形态图像由灰度图像转换为二值化图像，如图 5.9（b）所示，再将二值化处理出的逻辑型数据转化为可用于分形维数计算的数值型数据，即提取裂隙面形态的数值型数据（Binary-Date）。最后，将破裂面形态的数值型数据（Binary-Date）导入 FracLab 分形维数计算软件中，选取盒维数盒子大小的上下限，计算出相应的分形维数。部分典型岩样 $\lg N(a)$-$\lg r$ 曲线及拟合公式，如图 5.11 和表 5.2 所示，曲线斜率即为裂隙表面分形维数。由图 5.11 和表 5.2 可知，图中计算的相关系数均在 0.99 以上，由此说明不同围压下黄砂岩受力破坏形成的破裂面具有明显的分形特征。

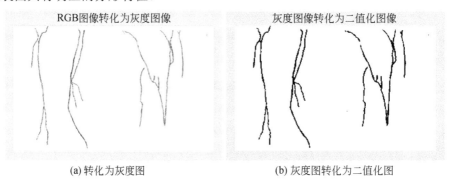

RGB图像转化为灰度图像　　　　　　灰度图像转化为二值化图像

（a）转化为灰度图　　　　　　　　　（b）灰度图转化为二值化图

图 5.9　岩样破裂面图像处理

　　图 5.12 为分形维数与围压关系图，由图可知，当围压为 0MPa 时，破裂面分形维数大致浮动在 1.35～1.42 范围内，平均值约为 1.39；当围压 2MPa 时，破裂面分形维数呈现明显的下降趋势，其平均值约为 1.30；当围压为 4MPa 时，破裂面分形维数大致浮动在 1.25～1.30 范围内，平均值为 1.26；相较 0MPa、2MPa、4MPa，围压 6MPa、8MPa 时破坏岩样表面的分形维数进一步降低。因此，在一定围压范围内破坏岩样表面的分形维数随着围压的增加呈下降的趋势，分形维数计算结果与宏观破坏结果基本一致，且与周翠英等[307]研究结论相似。由于分形维数是用于表征非线性系统有序与无序程度的参数，分形维数越大即系统无序程度越高，分形维数数值越小表明系统有序程度越高。由此可知，随着围压的增大，

岩石破坏的有序程度呈现上升的趋势,即围压对岩石破坏形态具有一定控制作用。

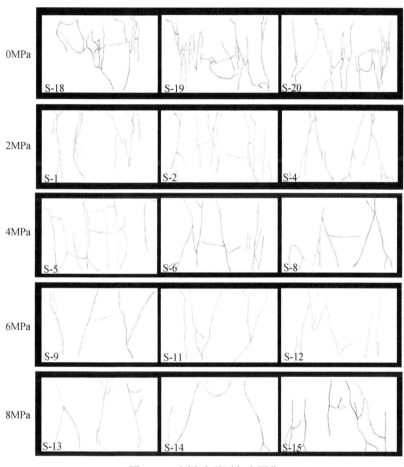

图 5.10 岩样破裂面灰度图像

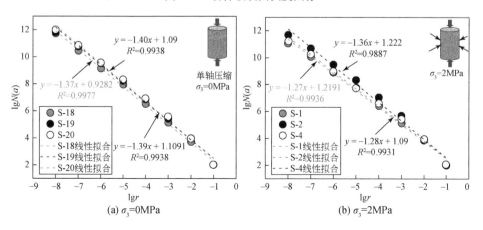

(a) $\sigma_3=0$MPa (b) $\sigma_3=2$MPa

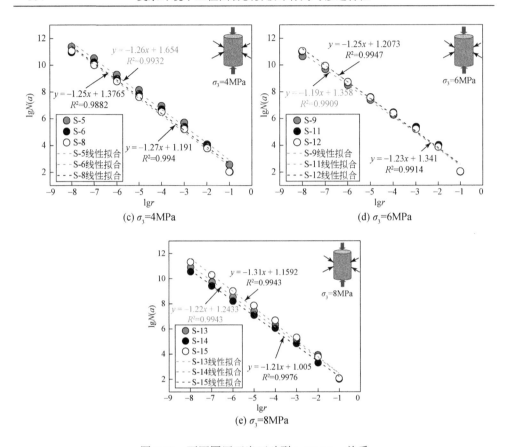

图 5.11　不同围压下岩石破裂 lg$N(a)$-lg$r$ 关系

表 5.2　部分典型岩样 lg$N(a)$-lg$r$ 曲线及拟合公式

样品编号	围压（σ_3）/MPa	拟合公式	R^2	分形维数（D）
S-1		$y=-1.27x+1.2191$	0.9936	1.27
S-2	2	$y=-1.36x+1.2222$	0.9887	1.36
S-4		$y=-1.28x+1.09$	0.9931	1.28
S-5		$y=-1.26x+1.654$	0.9932	1.26
S-6	4	$y=-1.25x+1.3765$	0.9882	1.25
S-8		$y=-1.27x+1.191$	0.994	1.27
S-9		$y=-1.19x+1.358$	0.9909	1.19
S-11	6	$y=-1.23x+1.341$	0.9914	1.23
S-12		$y=-1.25x+1.2073$	0.9947	1.25

续表

样品编号	围压（σ_3）/MPa	拟合公式	R^2	分形维数（D）
S-13		$y=-1.22x+1.2433$	0.9943	1.22
S-14	8	$y=-1.21x+1.005$	0.9976	1.21
S-15		$y=-1.31x+1.1592$	0.9943	1.31
S-18		$y=-1.37x+0.9282$	0.9977	1.37
S-19	0	$y=-1.39x+1.1091$	0.9938	1.39
S-20		$y=-1.40x+1.09$	0.9938	1.40

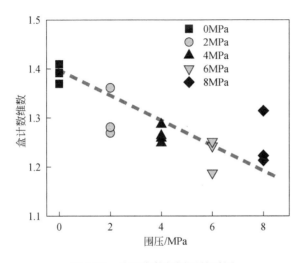

图 5.12 分形维数与围压关系图

5.2 复杂应力条件下岩石的破坏模式分析

由于工程岩体的复杂性[308]，受开挖扰动等地下工程活动的影响，工程岩体内应力场发生急剧变化，应力释放强烈，应力集中，导致岩体裂缝萌生、发展和扩展，岩体整体承载力下降，造成地下工程坍塌、围岩大变形和岩爆等地质灾害，对地下工程的建设和运营产生了很大的影响[309-312]。因此，岩石在荷载作用下的破裂过程及其破坏特征一直是岩石力学和工程学研究的重点，研究工程岩体的破坏机理具有重要的理论意义[313-314]。

岩石变形过程的实质是微裂隙的演化、发育、扩展和组合成核[162, 315]，在岩石受力破坏过程中，岩石内部的应变能以瞬态弹性波的形式迅速释放出来，从而产生声发射（AE）[316-318]。因此，岩石内部损伤演变机理与声发射信号之间存在着密切的关系，二者之间的密切关系奠定了声发射技术在岩石力学和工程学领域的基础[319-320]。近几十年来，声发射技术在岩石力学与工程领域得到了广泛应用，并取得了丰硕的研究成果[321]。声发射信号包括一系列参数，如声发射事件数、环数、能量、上升时间、振幅、持续时间、上升时间/最大振幅（RA）、平均频率（AF）、参数 b 值（相关地震活动特征）、分形特征、熵等[322-324]。目前，大多数研究都是从上述特征参数出发，研究岩石变形破坏过程的声学特征演化机理。Huang 等[157]系统研究了黄砂岩在三轴压缩条件下的应力破坏特征，分析了黄砂岩应力破坏过程中 Ib 值和声发射能量的演变特征，并将 Ib 值变化分为 3 个阶段。Zhang 等[325]利用相关维数研究了不同夹角页岩巴西劈裂试验的声发射特征，发现相关维数可作为岩石破坏的前兆特征。Liu 等[326]研究了单轴压缩条件下煤炭断裂的声发射信号，分析了不同应力水平下声发射波形的频谱、能量和分形特征。

上述研究主要针对单一应力状态下岩石破坏的声学特征，而实际工程岩石往往处于复杂应力状态，复杂应力状态引起的开裂模式差异巨大，因此研究不同应力状态下的断裂模式具有重要意义。基于上述背景，本文利用声发射技术对黄砂岩进行了巴西间接拉伸试验（BITT）、单轴压缩试验（UCT）和三轴压缩试验（TCT）。研究了黄砂岩在不同应力下的声发射事件、b 值和主频的演变规律，深入研究了不同应力状态下的 RA-AF 特性和破坏模式，为工程岩石破坏破裂研究提供有益的理论参考。

5.2.1　试验方案

本节对黄砂岩样品进行了巴西劈裂试验、单轴压缩试验和三轴压缩试验（图5.13）。巴西劈裂试验和单轴压缩试验采用 RMT-150C 岩石力学试验加载系统，三轴压缩试验采用英国生产的 GDS 三轴流变仪，声发射测试系统采用美国物理声学公司（PAC）开发的 Micro-Ⅱ数字声发射系统。单轴和三轴压缩试验采用位移加载，轴向加载速率设为 0.002mm/s；巴西劈裂试验采用力加载，轴向力加载速率设定为 0.2N/s。

5.2.2　AE 事件分析

岩石破坏的本质是其内部裂纹发育、扩展的过程，裂纹发育、扩展的过程包含了丰富的声学特征，声发射（AE）事件数可以反映出岩石破坏过程中声发射信号的频度与总量，是目前最为常用的分析参数之一[157]，本节采用 AE 事件率与累计 AE 事件数作为分析参数，对复杂应力状态下（巴西劈裂、单轴压缩、三轴压缩）黄砂岩受力破坏过程进行分析。复杂应力状态下黄砂岩破坏过程的 AE 事件数与累计 AE 事件数演化特征如图 5.14 所示。

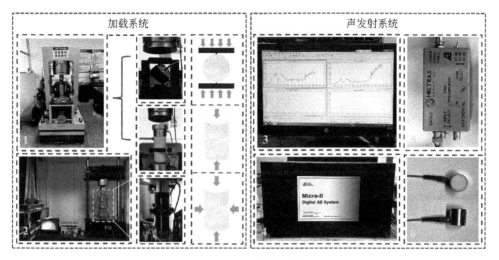

图 5.13　试验系统示意图

1. RMT-150C 岩石力学测试加载系统；2. GDS 三轴测试仪器；3. 计算机；4. Micro-Ⅱ数字声发射系统；5. 前置放大器；
6. AE 声呐

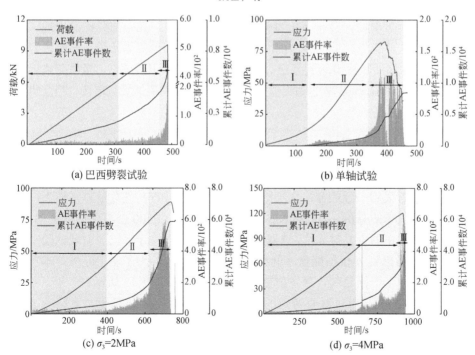

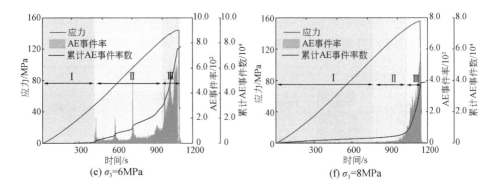

图 5.14　砂岩 AE 事件应力随时间的变化图

分析图 5.14 可知，在复杂应力状态下（巴西劈裂、单轴压缩、三轴压缩），岩石应力与 AE 事件之间的演化规律呈现相似的表现，根据 AE 事件率演化情况大致可以划分为 3 个阶段。Ⅰ-平静阶段：该阶段属于加载初期，应力相对处于较低阶段，不同受力状态下岩石的 AE 事件率活跃程度均处于较低水平，累计 AE 事件数增长相对平缓，这是由于加载初期声发射信号主要由岩石内部原生的缺陷（孔隙、裂隙）的闭合压密产生，原始缺陷的闭合压密会产生少量声发射信号。Ⅱ-快速增长阶段：随着应力的进一步增加，不同受力状态下岩石的 AE 事件率活跃程度出现明显增加，累计 AE 事件数出现明显增加，其中部分样品出现了少量的突增点，这可能与岩石样品内部原生缺陷的相关。Ⅲ-突增阶段：该阶段岩石样品的 AE 事件率活跃程度达到了最高水平，AE 事件率出现突增，当载荷临近或到达峰值应力时，AE 事件率达到峰值，这是岩石内部裂隙扩展、连接、相互贯通产生的结果。

5.2.3　b 值分析

由于巴西劈裂试验产生的声发射事件数基本上与单轴、三轴相差一个数量级（图 5.15），若采用一致的窗口大小则可能导致计算出的 b 值数量差别较大，从而影响对 b 值规律的分析。因此，本次计算选取采样窗口 400 个事件计算单轴压缩、三轴压缩试验中的声发射 b 值，选取采样窗口 50 个事件计算巴西劈裂试验中的声发射 b 值，考虑到 b 值与能量之间存在得关联性[327]，为了便于分析，本节将声发射能量与 b 值一同绘制，声发射能量与 b 值特征如图 5.15 所示。

b 值的动态变化特征具有特定的物理意义，一般来说，b 值增大意味着小尺度事件占比增加，说明岩石材料内部以小尺度的破裂为主导；b 值处于稳定阶段，则说明岩石内部大尺度事件与小尺度事件占比处于稳定阶段，说明岩石材料破裂状态处于稳定扩展阶段；b 值减小意味着大尺度事件的比例增加，说明岩石材料内部以大尺度破裂为主导[157, 328]。

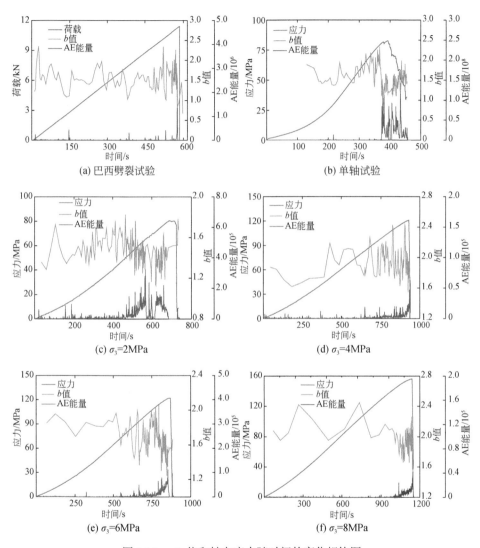

图 5.15 b 值和轴向应力随时间的变化规律图

在巴西劈裂试验中，加载前期声发射 b 值随着荷载的增加，呈现稳定波动阶段，声发射能量出现小幅范围波动，而临近峰值荷载时声发射 b 值出现明显的突降，同时声发射能量出现明显激增。这说明巴西劈裂试验中未临近峰值荷载前，岩石内部裂隙扩展处于较为稳定的阶段，声发射能量的小幅范围波动也解释了该现象的发生；而临近峰值荷载，岩石内部裂隙扩展连通形成大尺度裂隙，声发射能量出现激增，b 值出现骤降，声发射能量的突增与 b 值骤降存在良好的对应关系。在单轴压缩试验中加载前期声发射事件数相对较少，所以存在较长时间没有声发射 b 值的阶段。在加载前期声发射 b 值处于较高水平，这与加载初期荷载较小、岩石材料主要产生微小尺度的裂纹发育相关，而随着荷载临近峰值，岩石内部大尺度裂纹扩展，声发射能量出现突增，声发射 b 值出现明显的下降阶段，能量的突增与声发射 b 值下降存在明显的一致性。三轴压缩试验声发射 b 值规律与单轴压缩较为相似，加载初期声发射 b 值处于波动阶段并处于较高水平，随着荷载的增加，声发射能量水平出现上升，声发射 b 值逐渐下降，临近峰值荷载声发射能量出现激增，声发射 b 值下降至最低点。

5.2.4　峰值频率分布特征

峰值频率是声发射信号分析中的重要参数，为了分析复杂应力下岩石声发射特征，本节对加载过程中不同应力状态下岩石声发射主频分布进行分析，图 5.16 为不同应力状态下岩石声发射主要频率的分布规律图。分析图 5.16 可知，不同受力状态下岩石声发射主频分布存在一定区别。在巴西劈裂试验中，峰值频率主要分布在 0～100kHz 范围内，在临近峰值应力时，峰值频率在 100～200kHz、200～300kHz 出现明显的信号集中现象；在单轴压缩试验中，峰值频率主要分布在 0～100kHz、200～300kHz 范围内；在三轴压缩试验中，不同围压条件的峰频特征较为相似，主要集中于 100～200kHz，上述结果一定程度说明了不同受力状态之间的峰频特征存在一定的区别。

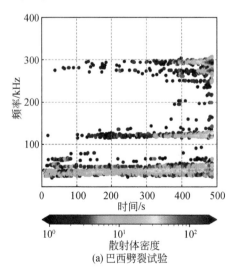

(a) 巴西劈裂试验

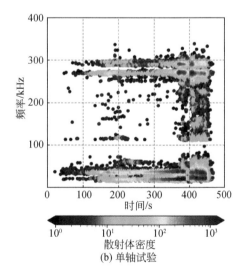

(b) 单轴试验

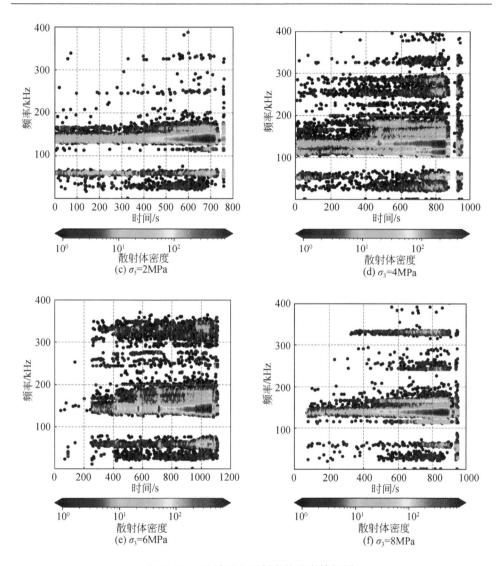

图 5.16　AE 波形主要频率的分布特征图

5.2.5　破坏模式分析

1. RA-AF 分布状态

以往研究表明，拉伸裂纹产生的信号波形主要以纵波形式传播，其 RA 值通常较低，而剪切信号往往具有较长的上升时间，其通常具有较大的 RA 值[329-330]，RA 值的变化一定程度反映出剪切–拉伸裂纹的变化规律。根据加载过程中 RA-AF

的动态变化，分析复杂应力状态下黄砂岩的破坏模式规律。

为了减少数据分散，更好地分析 RA-AF 的演化趋势，RA-AF 曲线上的点是50 个事件的移动平均值，RA-AF 与荷载的关系曲线如图 5.17 所示。对于巴西劈裂试验而言，RA 值在整个加载阶段处于都相对较低的水平，处于 0.5～2ms/V 范围，并且在临近峰值出现了小幅度的下降，AF 值基本处于 50～240kHz 范围。而在单轴压缩试验中，加载初期至临近峰值应力前，RA 值均处于较低水平，而在临近峰值应力时 RA 值出现了明显的上升，而整个峰后阶段 RA 值出现了多次突增，而 AF 值在峰值应力前基本处于 200kHz 左右，而峰值应力后，出现一定程度的下降，基本维持在 50～150kHz。在三轴压缩试验中，不同围压条件则呈现相似

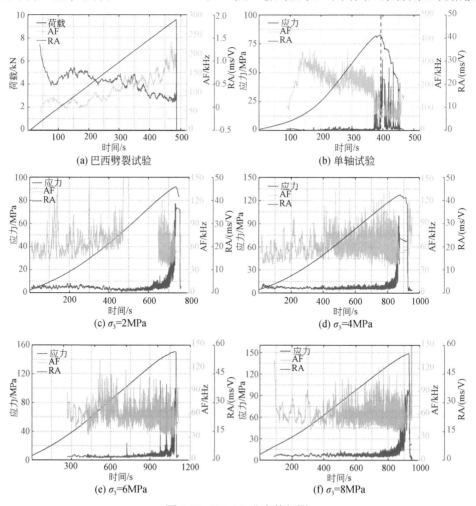

图 5.17　RA-AF 分布特征图

的规律，加载前期 RA 值整体处于较低水平，基本上低于 5ms/V，而随着应力进一步加载，RA 值出现了明显的上升阶段，并在临近峰值应力前出现突增，达到峰值水平，而 AF 值除去少量突增点，基本处于 40～100kHz 范围内。

综合分析上述现象，巴西劈裂试验中 RA 值相对较小，这与劈裂试验主要产生张拉裂纹有关，也一定程度证明了 RA-AF 与破坏模式之间的关联性；在单轴压缩试验中，应力跌落、峰后出现了 RA 值突增，AF 值在峰后发生了下降，反映出应力跌落、峰后剪切裂纹的产生；三轴压缩则是在加载临近峰值应力时，出现了明显的 RA 值上升，并于峰值时应力达到最高水平，这在一定程度上反映了三轴压缩试验中剪切裂纹的产生，与图 5.8 岩石试件破坏图片展示的宏观破坏形式存在一致。

2. 复杂压力下 RA 和 AF 的分布情况

图 5.17 中 RA-AF 与荷载的关系曲线可以在一定程度上反映加载阶段张拉-剪切裂纹的演化，但是无法对整个加载阶段 RA-AF 的分布进行分析，因此本节绘制了复杂应力状态下 RA-AF 数据密度分布图，如图 5.18 所示。

RA-AF 数据密度分布图如图 5.18 所示，其中蓝色区域是低密度区域，红色区域是高密度区域。从 RA 与 AF 数据范围分析，不同应力状态下 AF 数据分布基本相似，而 RA 数据分布则存在明显差异，巴西劈裂试验 RA 值均小于 4 kHz，单轴与三轴的 RA 值分布较广，处于 0～100ms/V 范围。从分布密度特征进行分析，巴西劈裂试验高密度分布区域 AF 值最低值高于 20kHz，单轴-三轴压缩试验高密度分布区域有一定相似，但也存在一定不同，三轴压缩试验密度分布区域相对底部有更多分布，一定程度反映三轴压缩试验与单轴压缩试验破坏模式之间的差异性。

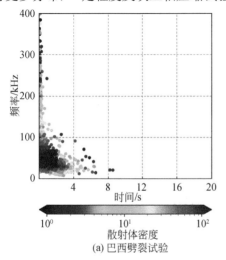

(a) 巴西劈裂试验

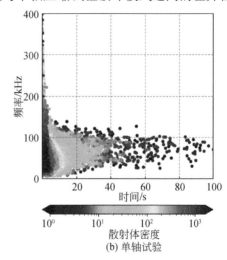

(b) 单轴试验

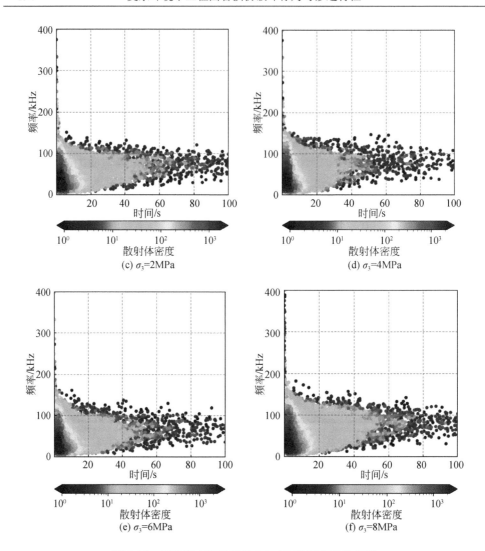

图 5.18　复杂应力下砂岩的 RA-AF 数据密度分布图

3. 拉伸和剪切裂缝的分类

目前主要利用 RA（振铃计数/持续时间）与 AF（上升时间/最大振幅）的分布去分别岩石破坏模式，目前大量结果显示，张拉破坏往往对应较低的 RA 值，AF 值的平均频率较高，剪切及混合破坏则对应较低的 AF 值、较高的 RA 值。但是目前对于 RA-AF 分布的分类并没有一个非常严格的划分方式，最早日本建筑材料工业联合会提出用 AF/RA 的比率作为分别混凝土材料的拉伸、剪切破坏模式[166]，RILEM 建议 AF/RA＞0.1Hz·V/s 被认为是拉伸破坏，AF/RA

＜0.1Hz·V/s 则为剪切、混合破坏，众多学者沿用以 AF/RA 划分岩石材料的破坏模式，但由于岩石材料的多样性，AF/RA 无法设为定值。Du 等[331] 利用巴西劈裂试验与直剪试验 RA-AF 的过渡部分划分 AF/RA 值的比例，而本书借鉴上述文献思路，首先绘制巴西劈裂试验 RA-AF 密度分布图，将密度分布图中高密度区域作为分界区域，设定张拉与剪切信号的分界线，确定分界线斜率为25，如图 5.19 所示。

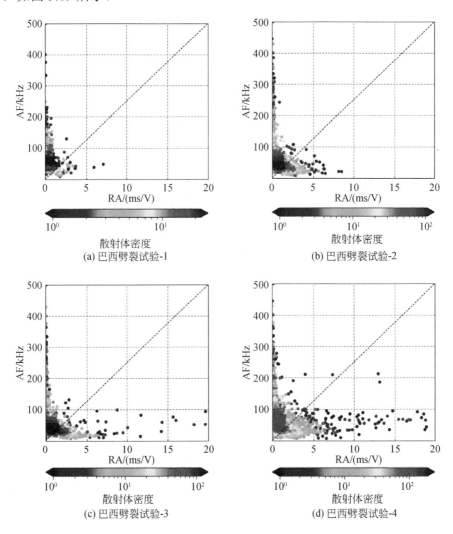

图 5.19　拉伸和剪切裂缝分界线的确定

　　图 5.20（设定分界斜率 25）为 4 个巴西劈裂样品张拉事件与剪切事件占比图，除去 SP-1 的 RA-AF 占比较高，其余 3 个样品的占比波动在 3%左右，从一定程度上说明了分界线斜率为 25 的稳定及合理性，因此本研究采用 25 作为分界斜率。

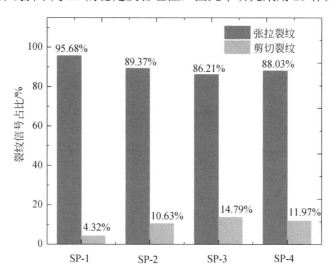

图 5.20　巴西劈裂试验中岩石拉伸裂缝和剪切裂缝之间微裂缝的统计

4. 不同应力水平下的分类裂缝占比

　　根据上文中设定的分界斜率，对整个加载阶段产生的声发射事件进行分类，分析研究整个阶段的张拉事件与剪切事件的演化规律，累计张拉事件与累计剪切事件和荷载关系如图 5.21 所示。由图 5.21 可知，巴西劈裂试验的事件数量相对于单轴、三轴试验事件数量整体相差一个数量级，巴西劈裂试验中整个加载过程的张拉事件都明显多于剪切事件，总体张拉裂纹事件占比为 89.37%，剪切裂纹事件占比为 10.63%。单轴压缩试验中累计张拉事件与累计剪切事件的演化规律类似，在临近峰值应力与峰后阶段事件数出现了突增，但整体上张拉事件要高于剪切事件，这与岩石宏观破坏特征表现一致（图 5.8），总体张拉裂纹事件占比为 75.01%，剪切裂纹事件占比为 24.99%。三轴压缩试验不同围压条件下的累计张拉事件与剪切事件上升规律基本一致，甚至部分样品的累计张拉事件与剪切事件曲线在加载初期出现了一定重合，但是整体不同围压条件下累计剪切事件要多于张拉事件，这与三轴压缩试验不同围压条件的破坏特征存在对应（图 5.8）。

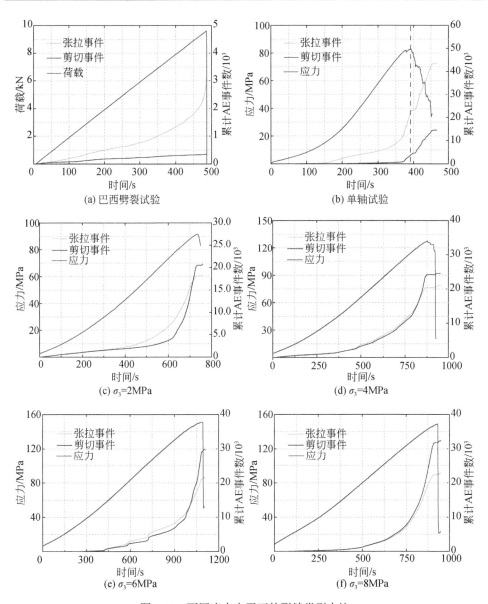

图 5.21　不同应力水平下的裂缝类型占比

5. 不同应力水平下的拉伸-剪切特性

R_E 能有效反映出整个应力阶段岩石受力破坏模式的演化情况，复杂应力状态黄砂岩 R_E 与应力的关系图如图 5.22 所示，为了便于分析，绘制了 $R_E=1$ 的红色水平分界线，表示张拉事件率与剪切事件率相等。

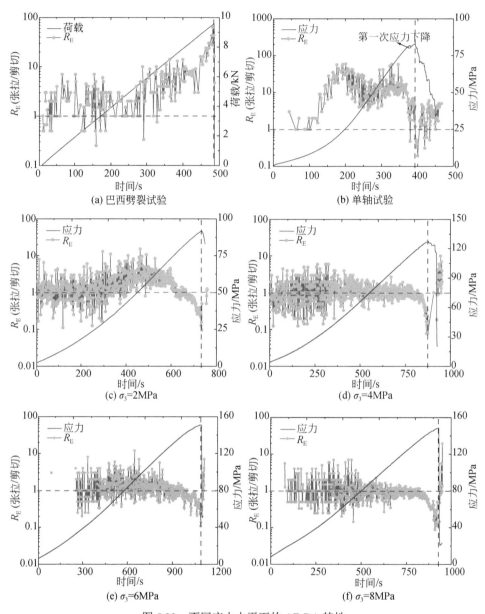

图 5.22　不同应力水平下的 AF-RA 特性

由图 5.22 可知，在巴西劈裂试验的加载过程中，R_E 整体都高于 R_E=1 的水平线，并在临近峰值应力时达到了最高值，这表明临近峰值应力时张拉裂纹的产生在破坏阶段起到主导作用。单轴压缩试验中在第一次应力跌落前，R_E 整体都高于 R_E=1 的水平线，其中除了加载初期 R_E 有一定上升的过程，其余时期 R_E 整体维持在 10 左右，反映出该阶段主要由张拉破坏为主，而第一次应力跌落到峰值应力阶段，R_E 出现了两次明显的跌落现象，均跌落 $R_E=1$ 的水平线，而峰后阶段 R_E 也出现了多次震荡，但相对来说，位于 $R_E=1$ 的水平线之上更多，该现象说明单轴压缩试验中黄砂岩峰值前产生的裂纹由张拉型为主导，峰后阶段虽然仍然以张拉型裂纹为主导，但也产生一定数量的剪切型裂纹，而应力跌落与 R_E 下降的一致性，则可能是由于岩石裂隙扩展、贯通，进而产生了剪切型裂纹引起的。而三轴压缩试验中不同围压状态的 R_E 呈现了相似的规律性，加载初期 R_E 基本在 $R_E=1$ 的水平线上下震荡，而随着荷载的进一步加大，R_E 的震荡幅度相对有所降低，在临近峰值应力时 R_E 出现了明显的下降阶段，并于峰值应力时达到了最低值，值得注意的是，下降阶段的 R_E 数值基本位于 $R_E=1$ 的水平线以下，该现象反映出三轴压缩试验临近破坏时主要由剪切裂纹为主导，一定程度说明了岩石破坏模式与所处应力状态之间的联系。

6. 不同应力阶段的分类裂缝占比

为进一步厘清、量化整个加载阶段复杂应力状态下黄砂岩破坏模式的演化情况，本节将峰值应力作为指标应力，分别设定了 0～25%、25%～50%、50%～75%、75%～100%峰值应力、峰后阶段 5 个阶段，并基于上文的裂纹分类方法对 5 个阶段的张拉-剪切事件进行统计分析，统计结果如图 5.23 所示。

从 0～25%、25%～50%、50%～75%、75%～100%峰值应力阶段以及峰后阶段 5 个阶段产生的事件总数进行对比可以发现，巴西劈裂试验与三轴压缩试验条件声发射事件主要产生在第四阶段（75%～100%峰值应力阶段），单轴压缩试验声发射主要产生在第四、五阶段（75%～100%峰值应力阶段与峰后阶段），声发射事件主要产生阶段将很大程度反映出岩石破坏的主要信息（图 5.23 对声发射主要产生阶段采用红色虚线方框进行标记）。巴西劈裂试验中第四阶段（75%～100%峰值应力）主要由张拉事件为主导，张拉事件占比达到 95.78%，剪切事件占比为 4.22%，而在第五阶段（峰后阶段）剪切事件占比明显升高，这可能是峰后巴西劈裂圆盘已分裂为两半，宏观裂纹之间的滑动导致了剪切信号的产生。单轴压缩试验中第四阶段（75%～100%峰值应力）张拉事件占比达到 82.87%，剪切事件占比为 17.13%，该阶段主要以张拉事件为主导，第五阶段（峰后阶段）产生了整个荷载过程最多的声发射事件数，第五阶段的张拉事件占比达到 66.05%，剪切事件占比为 33.95%，虽然整体上仍然由张拉事件作为主导，相较第四阶段（75%～100%峰值应力）剪切事件占比明显上升，这可能是峰后阶段裂纹之间错动、摩擦、扩展产生了大量的剪切型裂纹。三轴压缩试验中不同围压条件的整体规律类似，在声发射主要产生的第四阶段，均表现出以剪切事件为主导地位，而对比单轴、

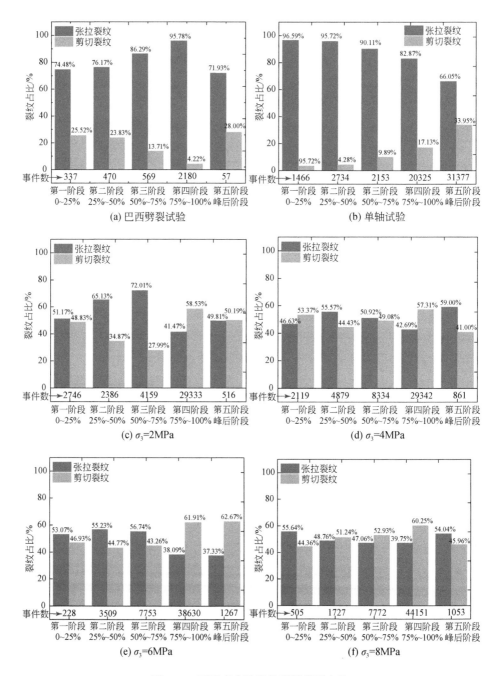

图 5.23　不同应力阶段的裂缝类型占比

三轴试验中第一阶段至第三阶段张拉事件与剪切事件的占比情况可以发现，随着围压的上升张拉事件占比逐渐降低，剪切事件占比有所上升，直至张拉事件与剪切事件处于均势状态，而对比声发射主要产生阶段，剪切事件占比呈现上升的趋势，该现象反映了围压对于岩石破坏模式的影响，一定范围内围压会使得黄砂岩破坏模式由张拉型破坏主导转化为剪切型破坏主导，这与岩石试件宏观破坏形式表现基本一致。

5.2.6 讨论

岩石的变形破坏过程是一个复杂的物理变化过程，涉及微观、宏观等多种尺度、声学、断裂力学、能量等多方面、多视域的演化规律。

从破坏模式上分析，学术界定义了张拉型破坏与剪切型破坏两种典型或纯粹的破坏类型，但是在室内试验或者实际工程中，两种破坏模式并不是孤立出现的，这可能与岩石胶结结构、颗粒尺寸、加载方式等有关。

从声学角度分析，岩石破坏过程中裂纹产生释放的瞬态弹性波包含了裂纹产生、发育、扩展、连接的多尺度、多量级的重要信息，这也是声发射技术与微震技术在岩石力学领域立足之根本，但裂纹产生的多尺度、多量级信息的复杂程度、岩石材料及裂纹自身的复杂性都给研究带来了困难。虽然部分文献探讨了 AE 信号的主频等重要参数与裂纹类型对应关系，但这关联之中存在的机制问题还有待进一步研究。

从加载方式上分析，加载方式对岩石破坏模式具有一定程度的影响，如果从岩石破坏实质分析，即从裂纹产生本质分析，加载方式可能对裂纹产生的分布概率产生一定的影响，从而影响相应的破坏模式，而影响程度的大小同样与岩石材料胶结方式、颗粒尺寸、粒间强度等有关。

而从本节视角上，涉及上述 3 个方面的范畴。①破坏模式上：即宏观破坏上，巴西劈裂实验（间接拉伸）张拉型主导破坏、单轴压缩试验张拉破坏主导、三轴压缩随围压的增加表现出更加明显的剪切主导破坏（图 5.8），破坏模式的区别一定程度体现了加载方式对破坏模式的控制作用。②声学角度：AE 事件率、b 值反映出裂纹产生的频度与尺度的关联性，而三类试验均呈现出类似的规律，AE 事件率经历Ⅰ-平静阶段、Ⅱ-快速增长阶段、Ⅲ-突增阶段，b 值下降与 AE 能量上升呈现良好的相关性，两者均反映了岩石内部损伤破坏的过程。峰值频率分布规律上，巴西劈裂与单轴压缩在峰值频率分布规律的相似性，与三轴压缩试验峰值频率分布存在差异，而峰值频率分布的差异与破坏模式之间的联系还有待进一步研究。RA-AF 分布特征及基于 RA-AF 的裂纹分类，均较好地反映出与宏观破坏模式对应的规律性，巴西劈裂与单轴呈现张拉声发射事件为主导，三轴呈现剪切声发射事件为主导（图 5.17～图 5.19）。③加载方式角度：宏观破坏模式的区别体现出加载方式对破坏模式的控制作用，而破坏模式与声学特征良好的对应性，一定程度也反映了加载方式对于破坏模式与声学特征的影响。

5.3　小　　结

岩石脆性破坏过程的声学特征可以反映出岩石内部裂纹发育、扩展的演化特征，为研究围岩在复杂应力条件下和不同围压下的破坏模式及声发射特征，采用声发射监测技术对岩石进行了单轴压缩试验、巴西劈裂试验和三轴压缩试验，以此采集岩石复杂应力条件下的声发射信号，研究了岩石脆性破坏过程中的声学特征、裂纹类型及关联维数演化规律。同时系统开展了多种围压条件下的岩石室内压缩声发射试验，分析了不同围压下岩石破坏过程中的声发射参数演化规律及岩石破坏分形特征，本章小结如下。

（1）初期压密阶段声发射信号的活跃程度与围压的大小有着密切联系，围压增加会从一定程度上抑制初期压密阶段声发射信号的活跃程度。塑性阶段岩石声发射活动进入活跃期，声发射事件出现激增。

（2）Ib 值变化特征可分为Ⅰ-波动阶段、Ⅱ-稳定阶段、Ⅲ-下降阶段 3 个。在波动阶段，声发射 Ib 值随着荷载的增加，上下波动的范围较大，声发射 Ib 值相对维持较高的水平，而声发射能量处于较低水平。在稳定阶段，Ib 值趋于稳定，波动幅度降低，而声发射能量出现快速增长。荷载临近峰值前，声发射能量出现明显激增现象，Ib 值出现明显的下降阶段，并于峰前降至最低点。

（3）随着围压的增加，岩石破坏形式会由张拉型破坏主导向剪切型破坏主导转化，裂隙数量会不断减小。

（4）破坏岩样表面的分形维数随着围压的增加呈下降的趋势，即一定围压范围随着围压的增大，岩石破坏的有序程度呈现上升的趋势，围压对岩石破坏形态具有一定控制作用。

（5）不同应力状态下的声发射 b 值表现出类似规律。在加载初期，声发射 b 值处于较高水平，荷载临近峰值范围，声发射能量出现明显激增现象，b 值出现明显的下降阶段，并于峰前降至最低点，b 值最低点与声发射能量突增点具有良好的对应关系。

（6）巴西劈裂试验中峰值频率主要分布在 0～100kHz 范围内，在临近峰值应力时，峰值频率在 100～200kHz、200～300kHz 出现明显的信号集中现象；单轴压缩试验的峰值频率主要分布在 100～200kHz、200～300kHz 范围内；三轴压缩试验主要集中于 100～200kHz，反映出不同受力状态之间的主频分布特征存在一定的区别。

（7）巴西劈裂试验 RA 值基本小于 4kHz，高密度分布区域 AF 基本高于 20kHz，单轴与三轴的 RA 值分布较广，处于 0～100ms/V 范围，三轴压缩试验密度分布区域在底部有更多分布，单轴压缩试验密度分布区域相较而言则位于较上部。

（8）通过定义 RA-AF 数据中的分界线对张拉裂纹和剪切裂纹进行分类，并对加载过程的张拉事件与剪切事件演化特征进行分析。巴西劈裂与单轴压缩试验表现出张拉事件为主导，三轴压缩试验以剪切事件为主导。巴西劈裂试验张拉事件最高占比出现在临近峰值应力的破坏阶段；单轴压缩峰值应力前以张拉事件为主，峰值及峰后剪切事件占比会上升；三轴压缩试验剪切事件占比峰值出现在临近峰值应力范围。

第6章 复杂环境下岩石渗透特征

人类工程扰动诱发的岩体内部损伤和破裂及其造成的岩体渗流场改变是导致大规模地下工程失稳和地质灾害的重要原因之一。一方面，围岩发生损伤的同时，不仅会丰富渗流导水路径，增大了岩石本身的渗透性，而且在局部压缩变形带内又会形成隔水屏障，减弱岩石的渗透性；另一方面，岩石渗透性的变化将影响岩石的应力状态和孔隙水压力，从而造成岩石的进一步损伤。加之，随着深埋地下工程的增多，高地应力、高渗透压力与高地温导致塌方、开裂变形、突水突泥等工程失稳灾害的灾变演化过程趋于复杂，如图 6.1 所示。研究围岩在高地应力、高渗透压力与高地温等复杂环境下的渗透演变规律对地下工程防灾减灾具有重要的理论意义和工程应用价值。

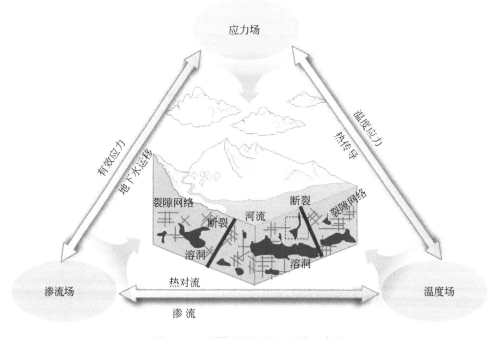

图 6.1 工程围岩所处多场环境示意图

6.1　高温和应力对岩石渗透性的影响规律

6.1.1　试验材料和测试方法

1. 试样特征

本次试验采用的花岗岩取自甘肃北山，根据实验室内气体渗透测试要求，将花岗岩式样制作成 50mm×100mm 的标准圆柱，常温状态下花岗岩试样呈现黑白色，平均波速为 3500m/s，平均密度为 2.34g/cm³。根据 X 射线衍射结果可知，北山花岗岩主要由石英、斜长石、正长石、微斜长石和铁云母组成，如图 6.2 所示。

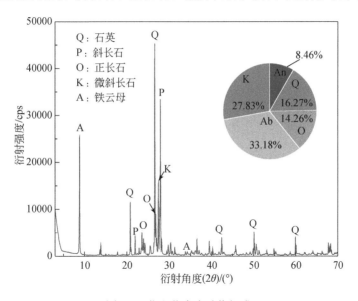

图 6.2　北山花岗岩矿物组成

2. 试验设备及方法

1) 试样热处理

为了研究温度对花岗岩渗透特性的影响，首先，需要对试样进行热处理，采用自动控温的马弗炉对试样进行加热处理，以 8℃/min 将试样加热至预定温度（200℃、300℃、400℃、500℃、600℃、700℃ 和 800℃），每个温度组分别加热 3 个平行试样，为了保证试样在马弗炉内受热均匀，试样在加热至预设温度以后需要在炉内保持恒温 2h，随后在马弗炉内自然冷却至室温。

2）气体渗透测试

采用 THMC 多场耦合渗透系统对高温处理后的花岗岩进行测试，该设备主要由轴压系统、围压系统和气体传输系统组成，精度可达 $10\sim21m^2$，可以开展低渗岩石渗透性实验研究，压力范围：$0\sim20MPa$，精度：10mbar[①]（压力和精度可选，精度最高可达 0.1mbar）。

由于北山花岗岩非常致密，传统上将采用水作为渗流介质需耗费大量的时间，因此，在本次实验中，我们选择惰性气体-氩气作为此次试验的介质。室内渗透测试作为获取岩石渗透率的一种有效方法，主要分为稳态法和瞬态法两种。瞬态法是通过测试岩石在一定时间内渗流压力梯度的变化，从而计算岩石的渗透性，瞬态法一般测试周期短，因此被广泛用于室内岩石渗透性测试。稳态法是测定岩石在稳定状态下的渗透性，通过测试在固定渗透压梯度下渗流速度的稳态值，根据压力梯度和渗流速度之间的关系计算出岩石的渗透性，稳态法最大的优点就是不需要考虑岩石所受的外力影响，计算结果较为准确[332]。本次试验采用稳态法，即在进气口端注入一定压力的气体，出口端保持与大气连通，从而在试样内部形成压力差，当气体在试样内部流动达到平衡状态，压力差和进口端的气体流量也达到稳定，此时，基于达西定律可以计算出试样的渗透率[333-334]：

$$k = \frac{\mu V_0 \Delta P}{A \Delta t} \frac{2h}{P_{mean}^2 - P_0^2} \tag{6.1}$$

式中，k 为试样的有效气体渗透率；A 为试样的横截面积；μ 为气体的黏滞系数；P_0 为大气压力；P_{mean}^2 为钢瓶中平均气体压力；h 为试样的高度。

根据上述渗透率计算公式，在已知试样高度和横截面积的情况下，只要记录 Δt 时间内入口端的气体变化压力 ΔP，即可以得出气体渗透率大小。

6.1.2　渗透率随温度变化规律

图 6.3 给出了不同围压水平下花岗岩的渗透率随温度的变化曲线，从图中可以看出，试样的渗透率随温度的增加而增加，并且渗透率的变化存在明显的阈值温度（400～500℃）。当温度低于阈值温度，岩石的渗透率变化幅度较小；当温度达到阈值温度附近，渗透率开始发生变化；而当温度高于阈值温度时，渗透率增加幅度较为明显。高温导致岩石发生不同程度的损伤，温度越高，热损伤程度越大，主要体现在试样内部结构变化。以围压 5MPa 下渗透率为参考，当温度由 25℃增加至 400℃，有效渗透率从 $2.75\times10^{-17}m^2$ 到 $3.22\times10^{-17}m^2$，增加了约 17.09%；

---

① 1bar=10^5Pa。

400~500℃和500~600℃,有效渗透率增加幅度分别为23.99%和48.62%。对于500℃处理后的试样来说,岩石内部的孔隙结构已经受到严重损伤,这表明随着温度升高,热应力逐渐增大,当热应力超过晶体颗粒间黏结力,热裂纹不断增多,内部孔隙体积也相应增大,从而导致渗透率发生较大程度升高。总的来说,花岗岩的渗透率对温度具有很强的敏感性,当温度低于 400℃时,渗透率变化幅度较小,这表明此时温度对岩石内部结构造成的损伤也相对较弱,而当温度达到 500℃时,渗透率相对于 400℃之前提高较为明显,但是数量级并没有发生变化。

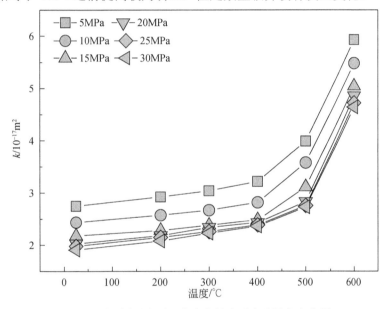

图 6.3　不同围压水平下花岗岩的渗透率随温度变化图

图 6.3 反映出花岗岩的渗透率随温度的变化规律,但是对于表征渗透率的变化规律阶段性特征不是很清晰,因此定义参数 k_T 为花岗岩随温度变化时渗透率改变量[335],计算公式为

$$k_T = \frac{k_{m+1} - k_m}{T_{m+1} - T_m} \times 100\% \qquad (6.2)$$

式中,k_{m+1} 和 k_m 分别为第 m 个和 $m+1$ 个花岗岩的渗透率;T_{m+1} 和 T_m 分别为第 m 个和 $m+1$ 处温度。

图 6.4 给出了围压一定,花岗岩的渗透率改变量随温度的变化,从图中可以看出,当温度低于400℃时,虽然 k_T 值大于零,但是增长速度非常缓慢,个别温度点处的渗透率出现降低,这主要是由于热应力导致花岗岩内部部分矿物颗粒膨胀,堵塞孔隙和裂隙通道,从而导致渗透率略微降低;当温度达到 400℃时,花岗岩的渗

透率显著增大，这表明花岗岩的渗透率存在明显的阈值。低于阈值温度，渗透率变化不明显，一旦接近或大于阈值温度，渗透率变化明显，此后温度继续增加，渗透率值也随之不断增大，说明经过高温处理后花岗岩的渗透率处于较高的水平。

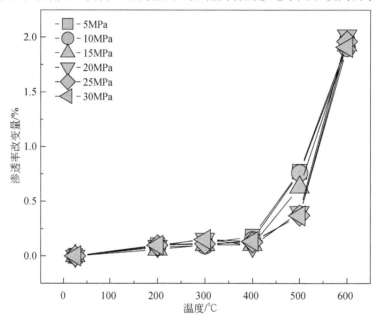

图 6.4　花岗岩的渗透率改变量随温度变化图

　　天然岩石位于地下一定深度，处于三向应力环境，其内部结构和应力状态均处于稳定状态，当岩石受到开挖作用或者外界环境变化，岩石的内部结构会发生相应改变。例如，温度升高导致岩石的物理力学性质弱化，岩石内部矿物颗粒边界产生次生裂纹，改变了岩石的孔隙率，从而导致岩石的渗透率发生较大改变。为了进一步分析温度对岩石渗透率的影响机制，基于岩石热弹性理论，推导了岩石温度与渗透率之间的理论关系[111]，并对试验实测数据进行拟合，对比拟合公式和理论模型，两者具有较好的相关性。当物体的温度发生变化时，物体内部会产生热应力，根据 Duhamel-Neumann 研究结论可知[336]，热应力主要由 σ_T（温变产生的压力）和 σ_P（温度不变压应变产生），设压应力为正，则有

$$\sigma' = \sigma_P - \delta\sigma_T \tag{6.3}$$

$$\sigma_T = \beta T \tag{6.4}$$

$$\beta = \alpha_T E / (1 - 2v) \tag{6.5}$$

式中，σ' 为总应力；β 为热应力系数；T 为温度；α_T 为平均线膨胀系数；E 为平均弹性模量；v 为泊松比；δ 为取值系数，当回灌热水时取-1，抽取热水时取+1，

冷水情况反之。

将岩石看作不同固体颗粒组成的整体，当单个固体颗粒的压缩性与流体压缩性比较可以忽略，即假设固体颗粒的体积为常数。孔隙度与有效应力变化之间可以通过式（6.6）表述：

$$d\varphi = -C_m(1-\varphi)d\sigma' \tag{6.6}$$

$$C_m = \varphi C_s \tag{6.7}$$

式中，φ 为岩石孔隙度；C_m 为岩石压缩指数；C_s 为流体压缩系数。

假设有效应力的变化原因归功于岩石内部连通孔隙，联立式（6.6）和式（6.7），可得

$$d\varphi = -\varphi(1-\varphi)C_s d\sigma' \tag{6.8}$$

对式（6.8）积分，可得岩石孔隙度与有效应力之间的关系：

$$\theta = \frac{\varphi}{1-\varphi} = \frac{\varphi_0}{1-\varphi_0} e^{\left(-\int_{\sigma_0}^{\sigma} C_s d\sigma'\right)} \tag{6.9}$$

岩石的孔隙压缩系数随有效应力改变而变化，根据梁冰等[111]研究可知：

$$\frac{\widetilde{}}{C_p} = \frac{1}{\sigma'-\sigma_0}\int_{\sigma_0}^{\sigma'} C_s d\sigma' \tag{6.10}$$

将式（6.9）代入式（6.10），可得

$$\theta = \frac{\varphi}{1-\varphi} = \frac{\varphi_0}{1-\varphi_0} e^{-\widetilde{C_p}(\sigma'-\sigma_0)} \tag{6.11}$$

$$\varphi = \frac{\varphi_0 e^{-\widetilde{C_p}(\sigma'-\sigma_0)}}{1-\varphi_0\left(1-e^{-\widetilde{C_p}(\sigma'-\sigma_0)}\right)} \tag{6.12}$$

渗透率与孔隙度之间可由 Kozeny-Carman 公式给出[337]：

$$k \propto \frac{\varphi^3}{(1-\varphi)^2} \tag{6.13}$$

式中，k 为岩石渗透率。

结合式（6.13），可得

$$k = \frac{\varphi_0^3}{(1-\varphi_0)^2} \frac{e^{-3\widetilde{C_p}(\sigma'-\sigma_0)}}{1-\varphi_0\left(1-e^{-\widetilde{C_p}(\sigma'-\sigma_0)}\right)} \tag{6.14}$$

令 $k_0 = \dfrac{\varphi_0^3}{(1-\varphi_0)^2}$，式（6.14）可以写为

$$k = k_0 \frac{\mathrm{e}^{-3\frac{\tilde{}}{C_\mathrm{p}}(\sigma'-\sigma_0)}}{1-\varphi_0\left(1-\mathrm{e}^{-\frac{\tilde{}}{C_\mathrm{p}}(\sigma'-\sigma_0)}\right)} \qquad (6.15)$$

根据花岗岩核磁共振测试结果可知，花岗岩的孔隙度为 0.7%，小于 1%，因此，上述公式可以写为

$$k = k_0 \mathrm{e}^{-3\frac{\tilde{}}{C_\mathrm{p}}(\sigma'-\sigma_0)} \qquad (6.16)$$

结合式（6.3）、式（6.4）和式（6.16），可以得出渗透率与温度之间的关系：

$$k = k_0 \mathrm{e}^{3\frac{\tilde{}}{C_\mathrm{p}}\delta\beta\left[T-(\sigma_\mathrm{p}-\sigma_0)/(\delta\beta)\right]} \qquad (6.17)$$

在式（6.17）中，令 $k_0 = m$，$3\dfrac{\tilde{}}{C_\mathrm{p}}\delta\beta = n$，$(\sigma_\mathrm{p}-\sigma_0)/(\delta\beta) = c$，则得

$$k = m\mathrm{e}^{n(T-c)} \qquad (6.18)$$

根据式（6.18）可知，当温度较低时，渗透率增加缓慢，当温度增加至临界值，渗透率开始增加明显，这一温度值就称为渗透率阈值温度[111, 338]。

为了验证以上得出的渗透率与温度之间关系的合理性，对 5MPa 下不同温度后花岗岩的渗透率进行指数拟合，如图 6.5 所示。其中，m 和 c 为线性参数，n 为非线性参数，可以通过 MATLAB 软件求取，c 值即为渗透率变化的阈值温度值。

从图 6.5 中可以看出，花岗岩的渗透率一开始随温度升高增加不明显，而后渗透率随温度升高呈现明显增大的趋势，并且渗透率变化存在一个突变阶段，即存在一个阈值温度值，当温度低于阈值温度，渗透率增加速度较为缓慢，一旦温度超过阈值温度点，渗透率就会急剧增大。通过渗透率和温度的拟合公式可知，阈值温度为 437℃，这与实测数据较为符合。因此，可以初步判断在 5MPa 围压条件下，渗透率的阈值温度点为 437℃，但影响岩石渗透率的因素较多，包括岩石的组成、结构、岩性等，所以试验得出的阈值温度仅代表本次试验条件。

6.1.3　渗透率随有效应力变化规律

根据式（6.1）可以计算出不同温度处理后花岗岩的渗透率，热处理后花岗岩的渗透率随有效应力的变化如图 6.6 所示。总体而言，渗透率的变化趋势随有效应力的增加呈非线性递减趋势。在加载初期阶段，岩石的渗透率随有效应力的增加而快速下降，而后渗透率降低速率开始变缓，直至保持稳定。以 25℃条件下花

岗岩的渗透率变化为例，当有效应力低于 19.5MPa，渗透率由 $2.75 \times 10^{-17} \mathrm{m}^2$ 降低至 $2.02 \times 10^{-17} \mathrm{m}^2$，降低幅度达到 26.55%，随着有效应力继续增加，渗透率由 $2.02 \times 10^{-17} \mathrm{m}^2$ 降低至 $1.91 \times 10^{-17} \mathrm{m}^2$，降低幅度仅为 5.45%，可以看出渗透率的降

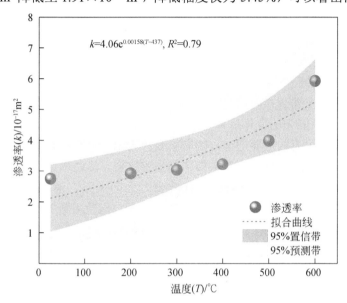

图 6.5　花岗岩的渗透率随温度之间拟合公式

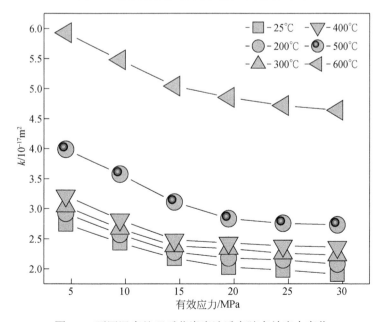

图 6.6　不同温度处理后花岗岩渗透率随有效应力变化

低幅度急剧变缓，其他温度条件下花岗岩的渗透率随有效应力的变化规律基本相似。

因此，本次试验测试的花岗岩渗透率变小主要发生在有效应力为 4.5～14.5MPa 的区间。当有效应力大于 14.5MPa 以后，渗透率的减小幅度变的不明显。从图 6.6 还可以看出，在有效应力不断增加的过程中，不同温度处理后花岗岩的渗透率变化规律存在差异，500℃和 600℃处理后的花岗岩试样的渗透率增大较为明显，这主要是由于高温导致花岗岩内部产生较多的裂纹，试样破坏严重。因此，有效应力不足以压缩试样内部的裂纹和孔隙，相比于 400℃处理，渗透率增加明显。渗透率随有效应力的变化规律可以通过岩石内部裂纹和孔洞演化机制来解释，孔隙和裂纹作为渗流的主要通道，随着有效应力增加，裂纹和孔隙在应力的作用下逐渐发生闭合，从而导致岩石内部结构变的致密，渗透率逐渐降低。

相关学者已经建立了渗透率与有效应力之间关系，有效应力可以通过式（6.19）计算，在以上渗透率与有效应力的关系中，指数函数关系得到了广泛的应用。Mckee 等[339]和郑江韬[340]等推导了有效应力和渗透率之间的经验关系公式，如下所示：

$$\sigma = P_c - P_w \tag{6.19}$$
$$k = k_0 e^{[-\alpha(\sigma - \sigma_0)]} \tag{6.20}$$

式中，σ 为效应力；P_c 为总应力；P_w 为孔隙水压力；k_0 为初始渗透率，m^2；α 为应力敏感系数；k 为有效应力 σ 时渗透率值。

通过将不同温度处理后花岗岩的渗透率和有效应力进行拟合，得到渗透率与有效应力的拟合公式，拟合参数和公式如表 6.1 所示，从图 6.7 可以看出，拟合结果与试验得出的结果基本符合负指数衰减，相关系数均大于 0.97，拟合效果较好。因此，我们可以初步采用拟合公式去预测渗透率随有效应力之间的规律。图 6.8 给出了岩石试样的初始渗透率和压力敏感系数随温度的变化曲线，从图中可以看出，初始渗透率随温度升高整体上呈现上升的趋势，当温度小于 300℃时，初始渗透率开始缓慢降低；在 300～400℃区间，初始渗透率值开始缓慢增大；温度大于 400℃后，初始渗透率迅速增大。初始渗透率这一演化过程主要与岩石内部热裂纹的扩展机制有关，当温度较低时，温度不足以造成岩石产生较大的热损伤，微裂纹的数量没有明显增加，相反，岩石内部某些孔隙会发生闭合，从而导致渗透率略微降低。随着温度升高，热裂纹的数量不断增多，孔隙度也不断增大，岩石热损伤程度加剧，从而导致初始渗透率急剧增加。敏感系数随温度变化表现出阶段性，从 25℃增加到 400℃，α 值由 0.09 增加至 0.14。此温度区间，敏感系数随温度呈近线性增长趋势，当温度超过 400℃后，α 值急剧下降，500℃后，α 值下降的速率变缓。

表 6.1 不同温度处理后花岗岩渗透率随有效围压拟合参数表

T/℃	拟合方程	k_0/m^2	c_f	R^2
25	$k=0.91\times10^{-17}\,e^{-0.09\sigma_e}$	0.91×10^{-17}	0.09	0.99
200	$k=0.88\times10^{-17}\,e^{-0.12\sigma_e}$	0.88×10^{-17}	0.12	0.98
300	$k=0.85\times10^{-17}\,e^{-0.13\sigma_e}$	0.85×10^{-17}	0.13	0.98
400	$k=0.89\times10^{-17}\,e^{-0.14\sigma_e}$	0.89×10^{-17}	0.14	0.97
500	$k=1.40\times10^{-17}\,e^{-0.09\sigma_e}$	1.40×10^{-17}	0.09	0.96
600	$k=1.48\times10^{-17}\,e^{-0.08\sigma_e}$	1.48×10^{-17}	0.08	0.98

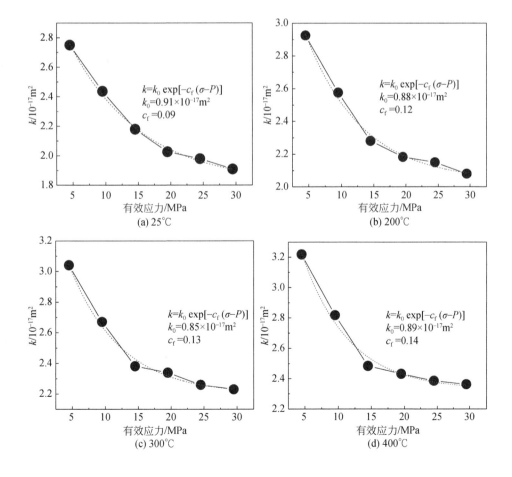

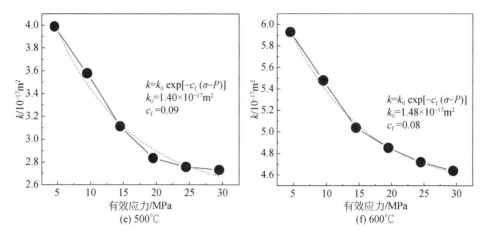

图 6.7　不同温度处理后花岗岩渗透率随有效应力拟合结果

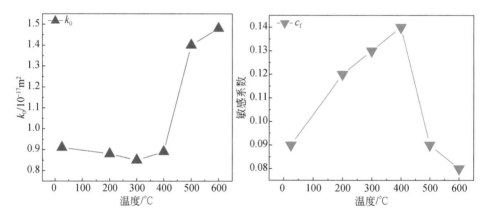

图 6.8　不同温度处理后初始渗透率、敏感系数随温度变化图

　　根据以上的分析可知，敏感系数随温度升高表现出一开始上升较快，而后急剧下降的趋势，最后保持平稳下降，这表明岩石内部孔隙在有效应力的作用下，孔隙的压缩能力在不断改变。总体来说，在 400℃之前，孔隙的压缩性较大；400℃以后，试样的可压缩性随着温度的上升逐渐减缓。有效应力影响花岗岩的渗透率主要是与内部结构演化规律息息相关，有学者表明岩石内部微裂纹的扩展以及新裂纹的萌生是导致渗透率变化的主要原因，有效应力提高，岩石内部矿物颗粒之间的缝隙受到挤压作用，渗流通道宽度变小，从而导致渗透率下降[341]。

　　本书研究了花岗岩的渗透率随温度和有效应力的变化规律，通过试验和分析得出了一些关键结论。在这一部分，我们将对试验结果和分析进行综合讨论，并探讨其对岩石物理力学性质和工程应用的影响。

6.1.4　温度对花岗岩渗透率的影响机制

从试验结果和分析可以看出，花岗岩的渗透率对温度具有很强的敏感性，存在明显的阈值温度。当温度低于阈值温度（400～500℃）时，花岗岩的渗透率变化幅度较小，温度对岩石内部结构造成的损伤也相对较弱；当温度达到阈值温度附近，渗透率开始发生变化；而当温度高于阈值温度时，渗透率增加幅度较为明显。这种现象可以通过岩石内部热应力的作用机制来解释。随着温度升高，岩石内部热应力逐渐增大，当热应力超过晶体颗粒间黏结力时，热裂纹逐渐增多，内部孔隙体积增大，导致渗透率明显升高。图 6.9 为花岗岩经历不同温度处理后扫描电子显微镜图片，当温度为 25℃时［图 6.9（a）］，可以看出花岗岩内部不同矿物之间的排列紧密，晶体表明较为光滑平坦，主要以原生微裂纹为主，没有明显的热裂纹产生；当温度为 200℃时［图 6.9（b）］，微裂纹的宽度略有增大，没有明显的穿晶裂纹产生，结构仍然紧密连接，低温并未破坏花岗岩结构；当温度增加至 400℃时［图 6.9（c）］，可以看到沿晶裂纹和穿晶裂纹同时出现，热裂纹的数量开始明显增多，但是裂纹的张开度仍然较小，并且可以发现局部区域微裂纹发生"闭合"现象；当温度升高至 500℃时［图 6.9（d）］，花岗岩试样内部出现了明显的热裂纹，裂纹的长度延伸较远，不同裂纹之间互相贯通，同时还可以观察到达裂纹附近出现一些小裂纹，并伴有微孔洞出现，晶体表面开始变得不再光滑平坦；当温度增加至 600℃时［图 6.9（e）］，可以很明显地看到部分晶体结构已经遭受很严重的破坏，裂纹的宽度和长度进一步扩展，较大的穿晶裂纹将晶体劈裂，晶体表面变得更加粗糙破碎；当温度达到 800℃时［图 6.9（f）］，热裂纹继续增加，穿晶裂纹与沿晶裂纹贯通，形成裂隙网络，晶体颗粒破碎，此外，还观察到较大的孔洞，可以认为热应力达到一定程度以后，会加剧岩石热损伤。

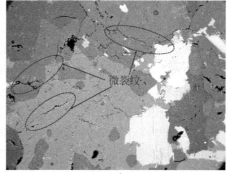

(a) 25℃　　　　　　　　　　　　　　　　　(b) 200℃

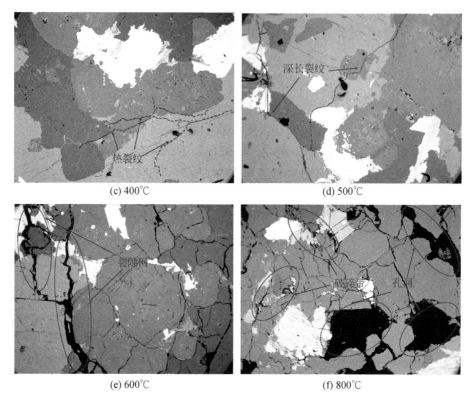

(c) 400℃   (d) 500℃

(e) 600℃   (f) 800℃

图 6.9 不同温度处理后花岗岩扫描电子显微镜图

另外，温度升高也会导致矿物颗粒的热膨胀，进一步加剧岩石内部的损伤和裂纹发展。这些裂纹的存在显著改变了岩石的孔隙结构，从而影响了渗透率。此外，随着温度的升高，矿物中的结合水和结构水逐渐逸出，金属键的断裂、石英的相变等也会影响岩石内部的力学性质，进而影响渗透率的变化。图 6.10 为不同温度处理后花岗岩显微薄片观察结果。通过温度作用后的花岗岩显微薄片分析可知，温度升高对岩石内部的裂纹演化产生重要影响，常温下花岗岩内部仅有少量的微裂纹和孔洞存在，组成花岗岩的各矿物之间接触良好，没有晶界裂纹和穿晶裂纹，仅仅能观察到石英和长石内部的部分裂纹，晶体颗粒完整性较好。随着温度升高，微裂纹逐渐扩展，当温度增加至一定值时，热应力超过矿物颗粒之间黏结力，发生热破裂现象，不同的温度作用后花岗岩内部的裂纹发育规律存在明显差异，岩石是由不同的矿物所组成，这些矿物具有不同的热膨胀系数，从而导致不同的热开裂规律。当温度为 200～300℃时，除了矿物内部出现晶内裂纹外，还可以观察到少量的晶界裂纹，主要存在于石英和长石边界，虽然试样内部出现了晶内裂纹和晶界裂纹，但是裂纹的数量和长度较少，与常温下的薄片结果相比，裂纹有闭合的趋势，这主要是由于温度升高导致自由水分丧失，从而导致岩石的物理力学性质在一定程度上会增强；当温度为 400℃时，裂纹类型仍然以晶内裂纹和晶界裂纹为主，裂纹的长度和宽度有一定程度的增大，整体而言，裂纹对晶体结构未破坏，岩石依然具有很大的强度；当温度达到 500～600℃时，矿物之间出现了穿晶裂纹，晶内裂纹和晶界裂纹的发育程度也逐渐增高，局部区域可以看见部分矿物颗粒出现碎裂化，并且随着温度升高，碎裂化也越严重，晶体的完整

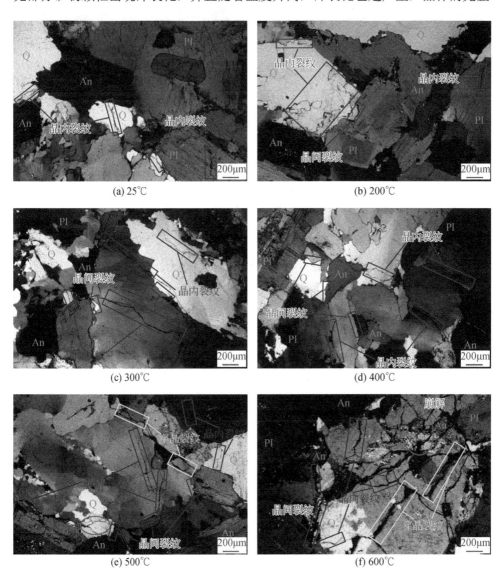

(a) 25℃　　　　　　　　　　　　　　(b) 200℃

(c) 300℃　　　　　　　　　　　　　(d) 400℃

(e) 500℃　　　　　　　　　　　　　(f) 600℃

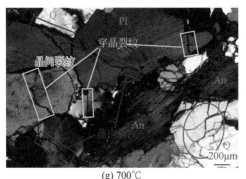

(g) 700℃　　　　　　　　　　　　　　　　(h) 800℃

图 6.10　不同温度处理后花岗岩显微薄片
Q：石英，Pl：斜长石，An：铁云母

性受到破坏，这也是导致岩石的纵波波速快速下降的原因之一；当温度为 700～800℃时，随着温度进一步升高，裂纹发育程度越来越大，碎裂化程度也加剧，已经形成裂隙网络，晶体结构受到严重破坏，裂隙的宽度也变得更宽，岩石的孔隙度急剧上升。此外，可以看出云母的颜色变成红色，这主要是因为铁云母中含有较多的二价铁离子，随着温度的升高，二价铁离子被氧化成三价铁离子，所以，我们会观察到花岗岩的表观颜色随着温度的升高，逐渐变红。

6.1.5　有效应力对花岗岩渗透率的影响机制

围压和孔隙流体压力变化引起的任意物理性质的变化都可以用有效应力来描述[342]。试验结果显示，花岗岩的渗透率随着有效应力的增加呈现非线性递减趋势。这一现象可以通过岩石内部裂纹和孔隙演化机制来解释。有效应力的增加导致裂纹和孔隙逐渐发生闭合，岩石内部结构变得更加致密，渗透率逐渐降低。在加载初期阶段，岩石的渗透率随有效应力增加而下降较快，而后渗透率降低速率开始变缓，直至保持稳定。

另外，温度对岩石内部的损伤也会影响有效应力与渗透率之间的关系。随着温度的升高，花岗岩的弹性模量会降低[343]，因此在相同的有效应力作用下，岩石内部裂纹和孔隙的变形量会更大。矿粒之间的微裂缝可能会随着温度的升高而产生[343]，因此矿粒可能会在增加的有效应力和高温下脱落并堵塞在孔隙之中。这两个过程是相互叠加的，一个可逆，一个不可逆，如图 6.11 所示，虚线表示变形前的裂缝。高温加剧了热应力，导致岩石内部的裂纹逐渐扩展和形成，这会导致矿物颗粒之间的晶间黏结减弱，从而影响了有效应力的传递和分布，进而影响了渗透率与有效应力的关系。因此，在温度和有效应力共同作用下，决定了岩石渗透率的变化趋势。从图 6.11 可以看出，低温状态下的岩石裂缝只发生了变形，高温状态下热应力引起的裂纹扩展导致了矿物颗粒之间的黏结减弱，不仅裂缝发生了变形，更有矿物颗粒发生脱落。这种裂纹逐渐闭合和颗粒间的松弛使得岩石的内部结构更加致密，从而导致渗透率减小。特别是在高温条件下，矿物颗粒内部的晶内裂纹和晶界裂纹逐渐加剧，岩石的物理完整性受到严重影响，有效应力分布受到进一步扰乱，导致渗透率显著降低。这种裂纹和矿物颗粒之间的破坏会导致岩石内部的孔隙度增加，进一步加剧了渗透率的降低。

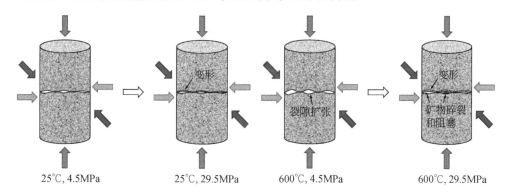

25℃, 4.5MPa　　　25℃, 29.5MPa　　　600℃, 4.5MPa　　　600℃, 29.5MPa

图 6.11　不同有效应力作用下花岗岩内部裂缝变化示意图

因此，有效应力对花岗岩渗透率的影响机制主要是通过矿物颗粒间的黏结强度变化和裂纹发展演化来实现的。温度升高导致裂纹扩展和岩石内部结构的破坏，进而影响了有效应力的分布和传递，从而对花岗岩渗透率产生影响。

6.1.6　渗透率与温度、有效应力的关系

为了更深入地分析渗透率与温度、有效应力的关系，我们推导了渗透率与这两个因素之间的理论关系。根据热弹性理论，推导出了渗透率随温度的指数函数关系，并通过拟合试验数据验证了这一理论模型的有效性。这一模型能够较好地解释温度对渗透率的影响规律，尤其是阈值温度的存在。同时，我们还引入了有效应力与渗透率之间的经验关系公式，通过拟合试验数据得到了相应的参数。这一公式可以较好地描述渗透率随有效应力的变化规律，揭示了有效应力对渗透率的影响机制。

考虑到温度和有效应力对渗透率的综合影响，本节提出了一个预测花岗岩渗透率的新模型公式，如式（6.21）所示：

$$k = k_0 + A\sigma + BT + C\sigma^2 + DT^2 + E\sigma T \tag{6.21}$$

式中，k_0 为初始渗透率，m^2；A、B、C、D、E 为拟合常数；σ 为有效应力；T 为

温度，℃。

利用式（6.21）拟合了不同温度和有效应力下花岗岩的渗透率演变，如图 6.12 所示。并将他人研究中的渗透率数值代入此模型中进行拟合，拟合参数如表 6.2 所示。结果表明，本节提出的新模型具有较好的拟合优度，很好地验证了新模型，有助于我们理解不同温度下花岗岩渗透率随有效应力的演变。

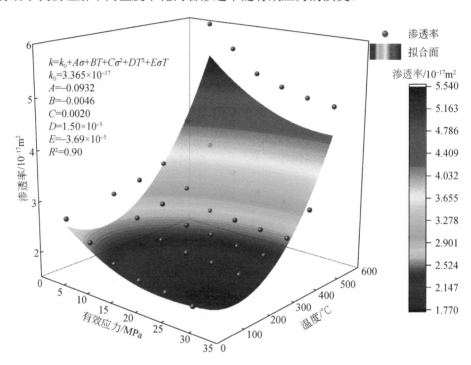

$$k=k_0+A\sigma+BT+C\sigma^2+DT^2+E\sigma T$$
$$k_0=3.365\times10^{-17}$$
$$A=-0.0932$$
$$B=-0.0046$$
$$C=0.0020$$
$$D=1.50\times10^{-5}$$
$$E=-3.69\times10^{-5}$$
$$R^2=0.90$$

图 6.12　不同温度处理后花岗岩渗透率随有效应力拟合结果

表 6.2　不同试验结果的渗透率拟合参数

数据来源		$k_0/10^{-17}\text{m}^2$	A	B	C	D	E	R^2
本书		3.365	−0.0932	−0.0046	0.0020	1.50×10^{-5}	-3.69×10^{-5}	0.90
Shu 等 [344]	A	3.515	−0.2737	0.0112	0.0086	-1.31×10^{-5}	-4.38×10^{-4}	0.92
	B	4.509	−0.3841	−0.0030	0.0173	3.28×10^{-5}	-5.87×10^{-4}	0.81
He 等 [345]		15.049	1.5659	−0.2270	0.0700	6.85×10^{-4}	-13.08×10^{-3}	0.90
李林林等 [346]		0.616	−0.1502	−0.0020	0.0122	4.58×10^{-5}	-1.26×10^{-3}	0.79

6.2　水压对岩石渗透性的影响规律

6.2.1　试验概况

选择鲍店、东滩等矿进行裂隙岩体渗透特性的现场实测研究。综合考虑现场场地环境及钻孔施工条件、测试条件等综合因素，鲍店现场实测选择在十六采区胶带上山中进行，胶带上山宽 3.8m、高 4.6m、腰线为 1.5m、断面面积为 15.46m^2；东滩矿实测选择在东翼第一回风巷中进行，具体位置距离 202DX4 钻场硐室 25m 左右，距离 1303 工作面轨道顺槽 10m 左右。

裂隙岩体渗透特性测试选择 6 个岩层（组）进行，岩性分别为铝质泥岩-粉砂岩、灰岩、铝质泥岩-泥岩-细砂岩、细砂岩、泥岩、泥岩-灰岩，部分岩心照片见图 6.13，层段岩组划分及测试深度见表 6.3。

(a) 测试1，628.9~632.1m

(b) 测试2，641.1~644.3m

(c) 测试3，646.5~649.7m

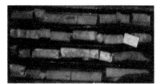
(d) 测试4，764.6~767.8m

(e) 测试5，815.2~818.4m

(f) 测试6，838.8~842.0m

图 6.13　测试岩体岩心照片

表 6.3　压水试验测试岩体情况统计表

类别	测试段埋深/m	岩性	岩体结构	试验次数/次	RQD/%	测试地点
裂隙岩体	625.76～633.76	铝质泥岩-粉砂岩	块裂结构	3	16	鲍店矿、东滩矿
	633.76～643.76	灰岩	完整结构	3	53	
	643.76～659.76	铝质泥岩-泥岩-细砂岩	块裂结构	3	24	
	756.17～768.30	细砂岩	完整结构	2	57	
	805.20～820.10	泥岩	块裂结构	2	23	
	832.23～842.80	泥岩-灰岩	完整结构	2	32	

　　岩层阻渗性可通过多种方法获得，如室内渗透试验、数值模拟、现场压水测试等，目前岩层阻渗性大都基于室内伺服渗透试验结果换算确定。由于室内渗透试验为岩块的渗透性测试，试验条件无法真实反映底板岩层所处的实际地质环境及岩体的结构条件，试验的孔隙水压力、围压条件与实际岩体的渗流情况均有较大的差别。因此，所测试的岩块的渗透性与底板岩层的真实渗透性往往会存在较大差异。与室内试验相比，现场原位压渗试验结果能够真实反映现场地质环境、岩层结构状态条件下的阻渗性能，是揭示岩层隔水能力最可靠的方法。但该测试方法环节烦琐、工艺复杂，且技术要求极为严格，因此现场实测数据积累较少。

　　本次测试采用双孔压渗法，其基本原理如图 6.14 所示，两个钻孔分别用于压

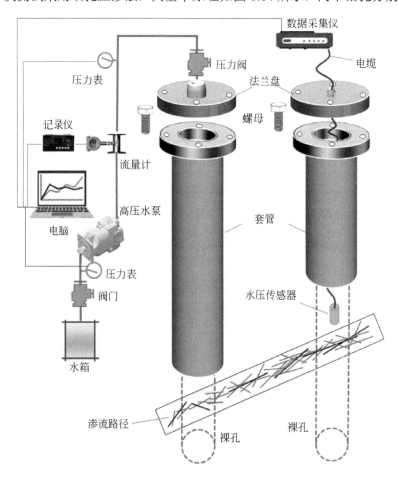

图 6.14　岩体渗透特征测试方法示意图

水、测渗，测试压水过程的注水压力、压渗水量及测渗孔水压值等数据，并以此换算取得底板测试岩层段的渗透系数、阻渗强度、形成导渗状态的水压力条件、水压梯度等参数，取得量化评价天然水动力条件下底板岩层的渗透性、抗渗透破坏强度的基本依据。

目前国内普遍采用的压水试验方法为《水利水电工程钻孔压水试验规程》（SL 31—2003）[347]推荐的常规压水试验法，其最高试验压力仅为 1.0MPa，低压压水试验显然不能准确反映岩体在高水压作用下的渗透特性。高压压水试验在真实反映裂隙岩体高压渗透特征的同时，还可以获得岩体的破坏水头（水力劈裂临界值）、抗渗强度及岩体的渗透阻力等参数[348-349]，为此，必须采用高压压水试验方法来开展高水压条件下的岩体渗透特征研究。

6.2.2　试验结果与分析

图 6.15 为裂隙岩体测试段压水试验过程中监测压力、注水压力、流量和渗透系数随时间的变化曲线，测试段包括完整结构泥岩测试段、完整结构细砂岩测试段、块裂结构泥岩测试段和完整结构泥岩-灰岩测试段。从图 6.15 中可以看出，注水压力随着注入流量的变化而变化，二者表现出较好的同步性，监测压力在整个试验过程中大多表现出前期稳定、然后显著增大、最后稳定的变化过程，表明测试段在高水压的作用下经历了"隔水—导渗—稳渗"的演化过程[350-351]。

此外，对比各测试段初次压水试验结果与重复压水试验结果可知，尽管在初次压水试验之后测试段内裂隙已相互贯通并形成稳定渗流，但经过一段时间之后再次重复压水，依然能观测到"隔水—导渗—稳渗"的试验过程，并且仍然需要较高的注水压力（起始导渗压力）才能使岩体出现导渗，说明岩体内裂隙在地应力作用下重新闭合，出现裂隙愈合现象。现场压水试验获得的裂隙愈合现象与许多现场试验[352-353]及室内试验结果吻合[354-355]。其中 Zhang[354]通过室内渗透试验指出，在围压的作用下，许多微小裂隙出现愈合，并且 7 个月之后岩体的渗透率接近未扰动原岩的渗透率。然而与初次试验相比，重复压水的起始导渗水压降低，说明岩体内产生的裂隙无法完全愈合，在高承压渗透水流的反复作用下岩体的渗透性不断提高、阻水能力不断降低。

但是，不同深度、不同岩性及结构状态岩体的压水试验结果具有一定的差异性；相同岩性，不同结构、不同深度测试段的试验结果差别也较大，说明岩体的渗流特性的影响因素较多，岩性、岩体结构、地质条件、岩体内部裂隙网络及其连通性等均会对岩体的渗流过程产生重要影响[356]。

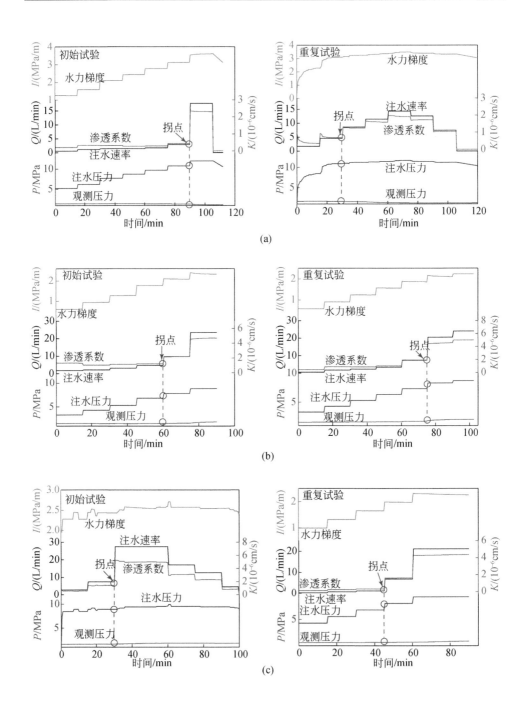

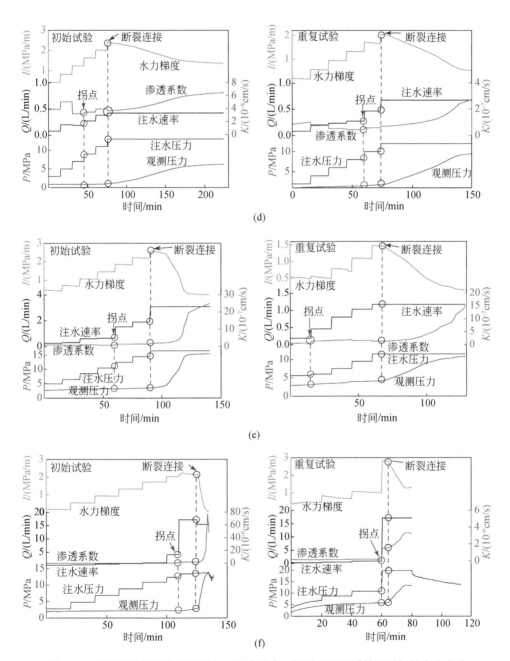

图 6.15　裂隙岩体测试段监测压力、注水压力、流量及渗透系数随时间的变化曲线

（a）～（f）分别对应表 6.3 中的 6 种裂隙岩体（层）

6.2.3 流态转换分析

压水试验过程中的注水压力与压入流量的关系（P-Q）曲线分析对于正确认识和分析岩体的高压渗透特性具有重要的作用[357-358]。《水利水电工程钻孔压水试验规程》（SL 31—2003）[347] 将 P-Q 曲线划分为 A 型（层流型）、B 型（紊流型）、C 型（扩张型）、D 型（冲蚀型）和 E 型（充填型）5 种类型，但该分类仅适用于常规压水试验。现行规程分类对高压压水试验结果的适用性具有明显的不足[357-358]。为此，本节对压水试验获得的 P-Q 曲线关系进行了分析，并据此进一步揭示岩体在高水压作用下的流态转换规律。

图 6.16 为 6 个测试岩体压水试验过程中的 P-Q 关系曲线，从图中可以看出，P-Q 曲线具有明显的分段特征，主要可分为以下两段[359]。

（1）阶段 I：层流阶段，即达西（Darcy）流阶段。该渗流阶段主要发生在高压压水试验的前期，注水压力随流量的增大而不断升高，此时注水压力与注入流量之间表现出明显的线性关系，P-Q 曲线具体表现为通过原点的直线，二者关系可通过式（6.22）表示：

$$P = \alpha Q \quad (0 < P \leqslant P_c) \tag{6.22}$$

式中，α 为比例系数；P_c 为临界破裂水压，即为水力劈裂临界压力。

（2）阶段 II：紊流阶段，即非 Darcy 流阶段。该渗流阶段从注水压力达到临界破裂水压（P_c）开始到最大注水压力为止。随着注水压力达到临界破裂水压，测试段裂隙出现明显扩展，注水孔周围岩体内发生水力劈裂现象，此时随着流量的增大，注水压力不再呈现线性增加，二者表现出明显的非线性关系，测试岩体内渗流开始变为紊流状态，P-Q 曲线关系可通过式（6.23）表示：

$$P = \delta(Q - Q_c)^\zeta + P_c \quad (P > P_c) \tag{6.23}$$

式中，δ 和 ζ 为拟合参数；Q_c 为临界破裂水压 P_c 对应的注水流量。

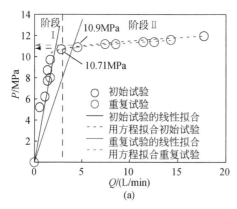

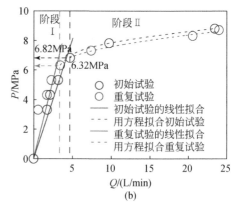

(a)　　　　　　　　　　　　　(b)

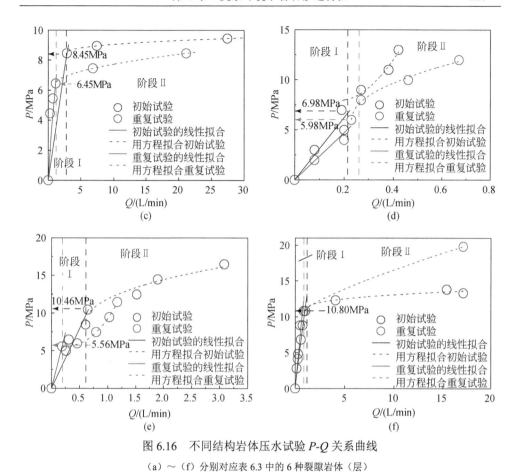

图 6.16　不同结构岩体压水试验 $P\text{-}Q$ 关系曲线

（a）～（f）分别对应表 6.3 中的 6 种裂隙岩体（层）

值得注意的是，临界破裂水压（P_c）即为水力劈裂压力阈值或起裂压力，其值大小在一定程度上反映了裂隙岩体的完整程度及阻水性能[357]。临界破裂水压（P_c）的大小主要受到岩体内的裂隙性质（如裂隙开度、长度、密度、方位角、倾角、填充物、抗拉强度等）及岩体所处的地应力条件等因素的影响。

从图 6.16 可以看出，裂隙岩体的临界破裂水压（P_c）的变化范围为 4.10～11.32MPa，平均临界压力为 7.63MPa。同时可以发现，经过初次试验高水压的作用之后，测试段在重复压水过程中的临界破裂水压均出现降低，且降低幅度随试验次数的增大而增大，说明在重复高水头压力作用下，测试段岩体的阻水能力会出现明显的弱化效应，从而导致岩体内渗流通道的连通性不断增强、岩体的阻水能力下降。

由以上分析可知，岩体高压压水试验 $P\text{-}Q$ 曲线可以总结为如下的概化模式：临界点（Q_c，P_c）前的线性关系以及临界点后的非线性关系。其中临界点（Q_c，P_c）

为一重要特征点，当 $0<P\leqslant P_c$ 时，此时岩体内的渗流为达西流，此时岩体的渗透性较小、阻水能力较大；当 $P>P_c$ 时，岩体内裂隙开始扩展和贯通，渗流形态转变为非达西流，之后渗流通道逐步形成，岩体的渗透性增大、阻水能力降低。由此，高水压作用下岩体内渗流的流态转换数学模型可表示如下：

$$\begin{cases} P=\alpha Q & (0<P\leqslant P_c) \\ P=\delta(Q-Q_c)^\zeta + P_c & (P>P_c) \end{cases} \tag{6.24}$$

6.2.4 高渗压作用下围岩的渗透性演化特征

《水利水电工程钻孔压水试验规程》（SL 31—2003）[347]给出了一个当压水试验得到的透水率较小，且水流流态为层流时的岩体渗透系数计算公式，即为 Hvorslev 公式[360]：

$$K=\frac{Q}{2\pi LH_0}\ln\left[\frac{L}{2r_w}+\sqrt{1+\left(\frac{L}{2r_w}\right)^2}\right] \tag{6.25}$$

式中，K 为渗透系数；Q 为流量；L 为试验段岩体长度；r_w 为钻孔半径；H_0 为注水孔内水头增量。

当 $L/r_w>10$ 时，Hvorslev 公式可简化为目前普遍采用的渗透系数计算公式[361]：

$$K=\frac{Q}{2\pi LH_0}\ln\left(\frac{L}{r_w}\right) \tag{6.26}$$

图 6.17 为压水试验过程中典型岩体测试段渗透系数与注水压力的关系曲线，裂隙岩体渗透系数测试结果如表 6.4 所示。除完整结构泥岩测试段未进行重复压水试验之外，其他测试段均进行了多次试验。从图 6.17 中可以看出，尽管测试段岩体的岩性、结构等工程地质性质具有较大的差异，但在整个压水试验过程中岩体渗透性随注水压力的演化过程具有显著的相似性，渗透系数-压力关系曲线反映出，岩体渗透性随注水压力的增大表现出明显的分段特征，渗透系数-渗流压力关系可划分为以下几段。

（1）阶段 I：初始渗流阶段。此阶段注水压力随流量呈线性增长关系，监测孔尚未监测到明显的水压变化，此阶段岩体渗透性随注水压力的变化基本不变或稍有变化。对该段渗透系数-注水压力曲线进行线性拟合，拟合结果见图 6.17，因此二者关系可通过式（6.27）表示：

$$K_I=\alpha_I+\beta_I P \quad (0<P\leqslant P_{w0}) \tag{6.27}$$

式中，K_I 为初始渗流阶段岩体的渗透系数；P 为注水压力；P_{w0} 为起始导渗水压，是指岩体内开始形成渗流的最低渗流压力，当注水压力达到起始导渗水压 P_{w0} 时，岩体渗透系数将开始增大；α_I 为拟合常数，其值大小相当于岩石的初始（原始）渗透系数，需要指出的是把 α_I 作为岩体渗透系数需要考虑坐标轴（Y 轴）比例系数；β_I 为比例系数，根据结果可知，渗透系数-注水压力近似于平行 x 轴的直线。

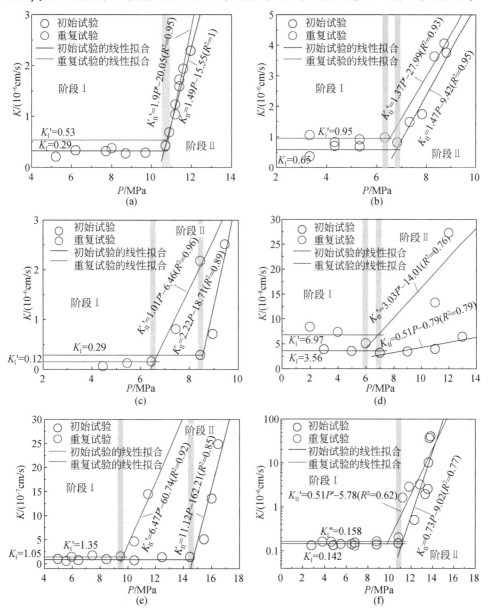

图 6.17　渗透系数（K）-注水压力（P）关系曲线

（a）～（f）分别对应表 6.3 中的 6 种裂隙岩体（层）

因此可进一步将式（6.28）简化为

$$K_I = K_0 \quad (0 < P \leqslant P_{w0}) \tag{6.28}$$

式中，K_0 为岩体的初始渗透系数。

式（6.28）能够较好地反映初始渗流阶段岩体渗透性基本保持不变的情况。

（2）阶段 II：渗流突变阶段。随着注水压力的继续增大，当水压起始导渗水压 P_{w0} 时，监测孔开始监测到明显的水压变化，此阶段岩体渗透性发生显著变化，表现出随注水压力的增加而迅速增大。此阶段岩体渗透系数随注水压力同样呈现出线性增长关系，二者关系可如下表示：

$$K_{II} = \alpha_{II} + \beta_{II} P \quad (P_{w0} < P \leqslant P_m) \tag{6.29}$$

式中，K_{II} 为渗流突变阶段岩体的渗透系数；P 为注水压力；P_m 为稳态渗流水压，其物理意义将在下文中进行解释和说明，这里不再进行赘述；α_{II} 为拟合常数；β_{II} 为比例系数。

表 6.4　裂隙岩体渗透系数测试结果

岩性	初次测试			重复测试		
	K_0/(cm/s)	K_h/(cm/s)	K_h/k_0	K_0'/(cm/s)	K_h'/(cm/s)	K_h/k_0
铝质泥岩-粉砂岩	2.9×10^{-7}	2.3×10^{-6}	7.9	5.3×10^{-7}	1.9×10^{-6}	3.6
灰岩	6.5×10^{-7}	3.8×10^{-6}	5.8	9.5×10^{-7}	4.1×10^{-6}	4.3
铝质泥岩-泥岩-细砂岩	1.2×10^{-7}	2.5×10^{-6}	20.8	2.9×10^{-7}	2.2×10^{-6}	7.6
细砂岩	3.6×10^{-8}	6.4×10^{-8}	1.8	7.0×10^{-8}	2.7×10^{-8}	3.9
泥岩	1.1×10^{-7}	2.5×10^{-6}	22.7	1.4×10^{-7}	1.5×10^{-6}	10.7
泥岩-灰岩	1.4×10^{-7}	4.0×10^{-6}	28.6	1.6×10^{-7}	3.2×10^{-6}	20

基于以上分析提出了高水压作用下岩体渗透性演化的概化模型，其中（P_{w0}, K_0）和（P_m, K_m）为两个重要的特征点，如图 6.18 所示。岩体渗透性随水压力增大的演化过程可分为初始渗流阶段、渗流突变阶段和稳态渗流阶段，当 $0 < P \leqslant P_{w0}$ 时，此时岩体的渗透系数变化很小，该渗透系数为岩体的原始渗透系数 K_0；当 $P_{w0} < P \leqslant P_m$ 时，此时岩体渗透性出现显著变化；当 $P \geqslant P_m$ 时，岩体渗透系数达到峰值，因此时岩体内渗流通道已经达到相对稳定。此外，重复试验过程的 P_{w0} 明显降低，K_0 增大，并且渗透突变阶段的斜率增加。因此，高水压作用下岩体内渗流的流态转换数学模型可由式（6.30）表示，渗透系数-注水压力关系曲线的拟合结果如表 6.5 所示。

$$K = K_0 e^{[-\alpha(\sigma-\sigma_0)]} \begin{cases} K = K_0 & (0 < P \leqslant P_{w0}) \\ K = \alpha_{II} + \beta_{II} P & (P_{w0} < P \leqslant P_m) \end{cases} \tag{6.30}$$

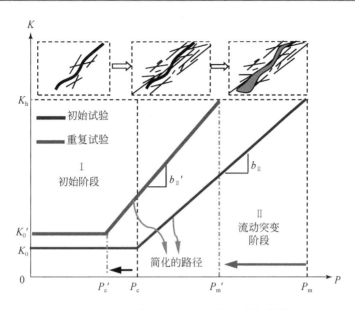

图 6.18 高水压作用下岩体渗透性演化概化模型

表 6.5 渗透系数-注水压力关系曲线拟合情况统计表

岩性	测试	阶段 I	阶段 II	
			拟合公式	R^2
铝质泥岩-粉砂岩	初步测试	$K_{\mathrm{I}}=0.29$	$K_{\mathrm{II}}=1.49P-15.55$	1
	重复测试	$K_{\mathrm{I}}'=0.53$	$K_{\mathrm{II}}'=1.9P-20.05$	0.95
灰岩	初步测试	$K_{\mathrm{I}}=0.65$	$K_{\mathrm{II}}=1.47P-9.42$	0.95
	重复测试	$K_{\mathrm{I}}'=0.95$	$K_{\mathrm{II}}'=1.37P-27.99$	0.93
铝质泥岩-泥岩-细砂岩	初步测试	$K_{\mathrm{I}}=0.12$	$K_{\mathrm{II}}=2.22P-18.71$	0.89
	重复测试	$K_{\mathrm{I}}'=0.29$	$K_{\mathrm{II}}'=1.01P-6.46$	0.96
细砂岩	初步测试	$K_{\mathrm{I}}=3.56$	$K_{\mathrm{II}}=0.51P-0.79$	0.79
	重复测试	$K_{\mathrm{I}}'=6.97$	$K_{\mathrm{II}}'=3.03P-14.01$	0.76
泥岩	初步测试	$K_{\mathrm{I}}=1.05$	$K_{\mathrm{II}}=11.12P-162.21$	0.85
	重复测试	$K_{\mathrm{I}}'=1.35$	$K_{\mathrm{II}}'=6.47P-60.74$	0.92
泥岩-灰岩	初步测试	$K_{\mathrm{I}}=0.14$	$K_{\mathrm{II}}=0.73P-9.02$	0.77
	重复测试	$K_{\mathrm{I}}'=0.16$	$K_{\mathrm{II}}'=0.51P-5.78$	0.62

6.3 小 结

本章深入探究了花岗岩的渗透率在不同温度和有效应力条件下的变化规律,

针对裂隙岩体进行了现场压水试验，在岩体高压渗透特性实测数据的基础上，结合理论分析，从多角度系统研究了裂隙岩体的高压渗透特性及突水灾变演化机制，主要得到的结论如下。

（1）花岗岩的渗透率随温度升高而增加，温度越高，岩石受到的热损伤越严重，渗透率增加越明显，并且渗透率变化存在明显的阈值，试验数据表明花岗岩的阈值温度在 400～500℃；基于热弹性理论，推导了渗透率与温度之间的理论公式，通过该公式对渗透率与温度进行拟合，得出阈值温度为 437℃，试验结果与理论结果基本符合。

（2）花岗岩的渗透率随有效应力的增加而降低，增加速率随有效应力的增大而减缓，最后趋向于稳定，本次试验测试的花岗岩渗透率减小过程主要发生在有效应力为 4.5～14.5MPa 区间；采用指数函数将渗透率与有效应力拟合，得到了初始渗透率和敏感系数，可知初始渗透率随温度的变化在 25～400℃变化不大，在 400～600℃增加明显，敏感系数随温度变化在 25～400℃增加明显，400～600℃以后开始迅速降低。

（3）随着温度增加，花岗岩内部的热裂纹数量不断增多，形成宏观裂隙，进而引起岩石的物理力学性质劣化，为渗流提供良好通道，导致渗透率迅速增大。

（4）花岗岩渗透率的变化受温度和有效应力的综合影响，为此提出了一个新的花岗岩渗透率预测模型，将渗透率、温度和有效应力综合考虑，可以在一定程度上较好地预测花岗岩渗透率的变化趋势，为岩石力学性质和工程设计提供了重要参考。

（5）高水压条件下裂隙岩体在原始结构状态下大都具有较强的阻水能力，但在工程扰动和高压渗流耦合作用的影响下将发生结构性破坏，成为阻水薄弱部位，进而形成突水通道。

（6）建立了岩体高压压水试验 P-Q 曲线的概化模式，指出 P-Q 曲线可划分为层流阶段（达西流段）和紊流阶段（非达西流段）。通过对测试段高压压水试验数据的分析表明，其临界破裂水压的范围为 4.10～11.32MPa。

（7）高水压作用下岩体中渗流宜采用非达西流来进行描述，在流速与水力梯度非线性关系的基础上，建立了利用注水孔和监测孔测试数据的岩体渗透系数计算公式。根据压水试验结果，研究了高渗压作用下岩体渗透性演化特征，指出岩体渗透性随渗透水压的增大均表现出明显的分段特征，并提出了高水压作用下岩体渗透性演化的概化模型。通过综合分析压水试验过程获取的多方面数据和信息，并结合岩体渗透性演化过程，研究了高压渗流过程渗流压力-渗透性耦合关系分段特征。

第7章 总结与展望

7.1 总　　结

复杂环境下工程围岩的损伤破坏行为和渗流问题对于地下工程灾害防控具有重要的科学意义和工程应用价值，相关问题的研究也是岩土工程领域亟待解决的热点难题。随着地下空间开发不断走向地球深部，涌现出了大量深埋地下工程，工程建设面临的地质条件和环境也越发复杂，围岩常常处于复杂地应力、高温、高水压、地下水化学侵蚀等环境中，给工程安全造成了严峻挑战。本书以此为背景和出发点，综合运用理论分析、现场试验、室内试验及数值模拟等研究方法，系统深入研究了高温、酸性地下水侵蚀、复杂地应力、高水压等环境下工程围岩的损伤破坏行为及其渗透特征和机理。

（1）高温对岩石的表观特征、纵波波速、导热系数、强度、破坏特征等物理力学性质具有显著影响。随着温度的逐渐升高，花岗岩内部矿物成分会发生脱水、热分解、石英相变、矿物氧化、化学键断裂及热应力等物理化学反应，导致岩石内部微裂隙发育、扩展和连通，并最终形成宏观裂隙，进而造成岩石的损伤破坏。

（2）随着温度的升高，岩石破裂面的二维高差参数和纹理参数呈现增大趋势，而分形维数呈现减小趋势，三维高度参数、倾角参数、面积参数均呈现增大的趋势，当温度高于 500℃后显著增加，变化趋势符合 Boltzmann 函数分布，可根据岩石破裂面的粗糙度来推断其所受到温度作用的大小。

（3）酸性地下水侵蚀也会进一步加剧岩石的损伤，岩石在高温和地下水侵蚀下会发生水分的蒸发、黏土矿物的分解、石英的相变、矿物的熔融以及各类矿物（石英、长石、黏土矿物、方解石、白云石）与酸溶液的反应，造成内部微孔隙逐渐扩展与连通，进而导致围岩物理力学性质的劣化。

（4）围岩所处的应力环境对其声发射特征、破坏特征和模式等具有显著影响。初期压密阶段声发射信号的活跃程度与围压的大小有着密切联系，围压增加会从一定程度上抑制初期压密阶段声发射信号的活跃程度。塑性阶段岩石声发射活动进入活跃期，声发射事件出现激增。随着围压的增加，岩石的破坏形式会由张拉型破坏主导向剪切型破坏主导转化，裂隙数量会不断减小。破坏岩样表面的分形维数随着围压的增加呈现下降的趋势，围压对岩石破坏形态具有一定控制作用。

（5）岩石渗透率随温度升高而增加，温度越高，岩石受到的热损伤越严重，渗透率增加得越明显，且渗透率变化存在明显的阈值。岩石渗透率随有效应力的增加而降低，增加速率随有效应力的增大而减缓，最后趋向于稳定。随着温度增加，岩石内部的热裂纹数量不断增多，形成宏观裂隙，进而引起岩石的物理力学性质劣化，为渗流提供良好通道，导致渗透率迅速增大。高水压作用下围岩内部存在显著的流态转化过程，可分为层流阶段（达西流段）和紊流阶段（非达西流段），岩体渗透性随渗透水压的增大表现出明显的分段特征。

7.2 展　　望

实际工程围岩所处的环境极为复杂，有些工程更是处于极端复杂的多场耦合环境中，围岩在复杂环境下的损伤破坏和渗流灾变问题涉及工程地质学、岩石力学、流体力学、损伤力学、传热传质学等多个学科领域，很多问题仍有待于进一步研究，主要有以下几点。

（1）在实际工程中，围岩往往处于复杂的多相（流相、固相、气相等）和多场（温度场、渗流场、应力场、化学场等）耦合的环境中，目前有不少关于多场多相耦合条件下的岩石损伤和渗流特征的理论模型、数值模拟方法等研究成果，但限于其复杂性，仍有很多问题有待进一步丰富和完善。

（2）复杂环境下岩石的损伤破坏和渗流致灾问题研究有赖于多学科协同研究，开发我国自主知识产权、特色的、国产化的多场耦合数值计算软件和智能分析算法也是非常重要且有意义的一项任务。

（3）目前地下空间开发已经逐步向深部扩展，我国在超深、超高温、超高压等极端复杂环境下的岩石力学行为及其数据积累尚处于起步阶段，这无疑限制了极端复杂环境下深地资源开采等地下空间开发工作，这是我们向地球深部进军必须要解决的科学难题。

参 考 文 献

[1] 谢和平, 高峰, 鞠杨. 深部岩体力学研究与探索. 岩石力学与工程学报, 2015, 34(11): 2161-2178.

[2] 何满潮, 钱七虎. 深部岩体力学研究进展. 北京: 第九届全国岩石力学与工程学术大会, 2006.

[3] 殷缶, 梅深. 2022 年交通运输行业发展统计公报. 水道港口, 2023, 44(6): 1002, 1006.

[4] 巩江峰, 王伟, 王芳, 等. 截至 2023 年底中国铁路隧道情况统计及 2023 年新开通重点项目隧道情况介绍. 隧道建设(中英文), 2024, 44(2): 377-392.

[5] 星球研究所. 30000 座隧道的诞生. 2020 [2024-11-13]. https://mp.weixin.qq.com/s/iQBi4mr JyM3---BAPiV_1Q.

[6] 郑宗溪, 孙其清. 川藏铁路隧道工程. 隧道建设, 2017, 37(8): 1049-1054.

[7] 刘淑琴, 畅志兵, 刘金昌. 深部煤炭原位气化开采关键技术及发展前景. 矿业科学学报, 2021, 6(3): 261-270.

[8] 罗嗣海, 钱七虎, 周文斌, 等. 高放废物深地质处置及其研究概况. 岩石力学与工程学报, 2004, 23(5): 831-838.

[9] 仝跃, 陈亮, 黄宏伟. 高放废物地下实验室北山预选区岩爆风险预测. 地下空间与工程学报, 2016, 12(4): 1055-1063.

[10] Yin T, Li Q, Li X. Experimental investigation on mode I fracture characteristics of granite after cyclic heating and cooling treatments. Engineering Fracture Mechanics, 2019, 222: 1-21.

[11] Hu J, Sun Q, Pan X. Variation of mechanical properties of granite after high-temperature treatment. Arabian Journal of Geosciences, 2018, 11(2): 1-8.

[12] Ranjith P, Viete D, Bai J, et al. Transformation plasticity and the effect of temperature on the mechanical behaviour of Hawkesbury sandstone at atmospheric pressure. Engineering Geology, 2012, 151: 120-127.

[13] Wang F, Fruehwirt T, Konietzky H. Influence of repeated heating on physical-mechanical properties and damage evolution of granite. International Journal of Rock Mechanics and Mining Sciences, 2020, 136: 104514.

[14] 吴星辉, 李鹏, 郭奇峰, 等. 热损伤岩石物理力学特性演化机制研究进展. 工程科学学报, 2022, 44(5): 827-839.

[15] Lebedev E, Khitarov N. The dependence of electrical conductivity of granite melt and the

beginning of granite melting on high pressure of water. Geokhimiya, 1964, 3: 195-201.

［16］胡建军. 高温作用下石灰岩的热损伤特性研究. 徐州: 中国矿业大学, 2019.

［17］吴星辉, 蔡美峰, 任奋华, 等. 不同热处理作用下花岗岩纵波波速和导热能力的演化规律分析. 岩石力学与工程学报, 2022, 41(3): 457-467.

［18］梁铭, 张绍和, 舒彪. 不同冷却方式对高温花岗岩巴西劈裂特性的影响. 水资源与水工程学报, 2018, 29(2): 186-193.

［19］杜守继, 马明, 陈浩华, 等. 花岗岩经历不同高温后纵波波速分析. 岩石力学与工程学报, 2003, (11): 1803-1806.

［20］Heuze F. High-temperature mechanical, physical and Thermal properties of granitic rocks—a review. International Journal of Rock Mechanics and Mining Sciences, 1983, 20(1): 3-10.

［21］Aurangzeb, Khan L, Maqsood A. Prediction of effective thermal conductivity of porous consolidated media as a function of temperature: a test example of limestones. Journal of Physics D-Applied Physics, 2007, 40(16): 4953-4958.

［22］方荣, 朱珍德, 张勇, 等. 高温和循环高温作用后大理岩力学性能试验研究与比较. 岩石力学与工程学报, 2005, 24(A1): 139-143.

［23］秦本东, 何军, 谌伦建. 石灰岩和砂岩高温力学特性的试验研究. 地质力学学报, 2009, 15(3): 253-261.

［24］Keshavarz M, Pellet F, Loret B. Damage and changes in mechanical properties of a gabbro thermally loaded up to 1000℃. Pure and Applied Geophysics, 2010, 167(12): 1511-1523.

［25］Chen Y, Ni J, Shao W, et al. Experimental study on the influence of temperature on the mechanical properties of granite under uni-axial compression and fatigue loading. International Journal of Rock Mechanics and Mining Sciences, 2012, 56(Complete): 62-66.

［26］Guo P, Wu S C, Zhang G, et al. Effects of thermally-induced cracks on acoustic emission characteristics of granite under tensile conditions. International Journal of Rock Mechanics and Mining Sciences, 2021, 144(1-3): 104820.

［27］Fang X, Xu J, Liu S, et al. Influence of heating on tensile physical-mechanical properties of granite. High Temperature Materials and Processes, 2019, 38(2019): 505-515.

［28］Ding Q, Ju F, Mao X, et al. Experimental investigation of the mechanical behavior in unloading conditions of sandstone after high-temperature treatment. Rock Mechanics and Rock Engineering, 2016, 49(7): 2641-2653.

［29］Peng J, Rong G, Cai M, et al. Comparison of mechanical properties of undamaged and thermal-damaged coarse marbles under triaxial compression. International Journal of Rock Mechanics and Mining Sciences, 2016, 83: 135-139.

［30］万志军, 赵阳升, 董付科, 等. 高温及三轴应力下花岗岩体力学特性的实验研究. 岩石力

学与工程学报, 2008, (1): 72-77.

[31] 韩观胜, 靖洪文, 苏海健, 等. 高温状态砂岩遇水冷却后力学行为研究. 中国矿业大学学报, 2020, 49(1): 69-75.

[32] Trice R, Warren N. Preliminary study on the correlation of acoustic velocity and permeability in two granodiorites from the LASL Fenton Hill deep borehole, GT-2, near the Valles Caldera, New Mexico. New Mexico: Los Alamos Scientific Lab, 1977.

[33] 赵志丹, 高山, 骆庭川, 等. 秦岭和华北地区地壳低速层的成因探讨——岩石高温高压波速实验证据. 地球物理学报, 1996, (5): 642-652.

[34] 陈弛, 朱传庆, 唐博宁, 等. 岩石热导率影响因素研究进展. 地球物理学进展, 2020, 35(6): 2047-2057.

[35] Sun Q, Hu J. Effects of heating on some physical properties of granite, Shandong, China. Journal of Applied Geophysics, 2021, 193: 104410.

[36] 张静华, 王靖涛, 赵爱国. 高温下花岗岩断裂特性的研究. 岩土力学, 1987, 8(4): 11-16.

[37] 邵保平, 吴阳春, 赵阳升. 热冲击作用下花岗岩宏观力学参量与热冲击速度相关规律试验研究. 岩石力学与工程学报, 2019, 38(11): 2194-2207.

[38] 张连英, 茅献彪, 杨逾, 等. 高温状态下石灰岩力学性能实验研究. 辽宁工程技术大学学报, 2006, (S2): 121-123.

[39] 张卫强. 岩石热损伤微观机制与宏观物理力学性质演变特征研究. 徐州: 中国矿业大学, 2017.

[40] Sun Q, Zhao F, Wang S, et al. Thermal effects on the electrical characteristics of Malan loess. Environmental science and pollution research international, 2020, 28(12): 15160-15172.

[41] Zhang S, Paterson M, Cox S. Microcrack growth and healing in deformed calcite aggregates. Tectonophysics, 2001, 335(1-2): 17-36.

[42] David E, Brantut N, Schubnel A, et al. Sliding crack model for nonlinearity and hysteresis in the uniaxial stress-strain curve of rock. International Journal of Rock Mechanics and Mining Sciences, 2012, 52: 9-17.

[43] Fan L, Wu Z, Wan Z, et al. Experimental investigation of thermal effects on dynamic behavior of granite. Applied Thermal Engineering, 2017, 125: 94-103.

[44] Yang S, Ranjith P, Jing H, et al. An experimental investigation on thermal damage and failure mechanical behavior of granite after exposure to different high temperature treatments. Geothermics, 2017, 65: 180-197.

[45] Xu C, Sun Q. Effects of quenching cycle on tensile strength of granite. Geotechnique Letters, 2018, 8(2): 165-170.

[46] Zhu D, Jing H, Yin Q, et al. Mechanical characteristics of granite after heating and

water-cooling cycles. Rock Mechanics and Rock Engineering, 2020, 53(4): 2015-2025.

［47］ Gautam P, Dwivedi R, Kumar A, et al. Damage characteristics of jalore granitic rocks after thermal cycling effect for nuclear waste repository. Rock Mechanics and Rock Engineering, 2020, (9): 1-20.

［48］ Zhang B, Tian H, Dou B, et al. Macroscopic and microscopic experimental research on granite properties after high-temperature and water-cooling cycles. Geothermics, 2021, 93: 1-12.

［49］ 李春, 胡耀青, 张纯旺, 等. 不同温度循环冷却作用后花岗岩巴西劈裂特征及其物理力学特性演化规律研究. 岩石力学与工程学报, 2020, 39(9): 1797-1807.

［50］ Sun Q, Geng J, Zhao F. Experiment study of physical and mechanical properties of sandstone after variable thermal cycles. Bulletin of Engineering Geology and the Environment, 2020, 79(7): 3771-3784.

［51］ Ge Z, Sun Q. Acoustic emission (AE) characteristics of granite after heating and cooling cycles. Engineering Fracture Mechanics, 2018, 200: 418-429.

［52］ Rong G, Peng J, Cai M, et al. Experimental investigation of thermal cycling effect on physical and mechanical properties of bedrocks in geothermal fields. Applied Thermal Engineering, 2018, 141: 174-185.

［53］ 王小江. 岩石结构面力学及水力特性实验研究. 武汉: 武汉大学, 2013.

［54］ 陈辉辉. 考虑三维形貌的岩石裂隙渗流试验及模型研究. 南昌: 南昌大学, 2020.

［55］ 甘磊, 马洪影, 沈振中. 下凹形态裂隙面粗糙程度表征及立方定律修正系数拟合. 水利学报, 2021, 52(4): 420-431.

［56］ Milne D, Germain P, Potvin Y. Measurement of rock mass properties for mine design. International Journal of Rock Mechanics and Mining Sciences, 1993, 30(5): 245-250.

［57］ Barton N, Choubey V. The shear strength of rock joints in theory and practice. Rock Mechanics, 1977, 10(1-2): 1-54.

［58］ 曹平, 贾洪强, 刘涛影, 等. 岩石节理表面三维形貌特征的分形分析. 岩石力学与工程学报, 2011, 30(S2): 3839-3843.

［59］ Maerz N, Franklin J, Nnett B. Joint roughness measurement using shadow profilometry. International Journal of Rock Mechanics and Mining Sciences, 1990, 27(5): 329-343.

［60］ Yu X, Vayssade B. Joint profiles and their roughness parameters. International Journal of Rock Mechanics and Mining Sciences, 1991, 28(4): 333-336.

［61］ Yang Z, Lo S C, Di C C. Reassessing the joint roughness coefficient (JRC) estimation using Z2. Rock Mechanics and Rock Engineering, 2001, 34(3): 243-251.

［62］ Myers N. Characterization of surface roughness. Wear, 1962, 5(3): 182-189.

［63］ Wu T, Ali E. Statistical representation of joint roughness. International Journal of Rock

Mechanics and Mining Sciences, 1978, 15(5): 259-262.

[64] Tse R. Estimating joint roughness coefficients. International Journal of Rock Mechanics and Mining Sciences, 1979, 16(5): 303-307.

[65] 孙辅庭, 佘成学, 万利台. Barton 标准剖面 JRC 与独立于离散间距的统计参数关系研究. 岩石力学与工程学报, 2014, 33(S2): 3539-3544.

[66] 谢和平. 岩石节理的分形描述. 岩土工程学报, 1995, (1): 18-23.

[67] Barton N. Review of a new shear-strength criterion for rock joints. 1973, 7(4): 287-332.

[68] Tse R, Cruden D. Estimating joint roughness coefficients. Proceedings of the International Journal of Rock Mechanics and Mining Sciences and Geomechanics Abstracts, F, 1979, Amsterdam: Elsevier.

[69] Jiang Y, Li B, Tanabashi Y, et al. Estimating the relation between surface roughness and mechanical properties of rock joints, 2006, 43(6): 837-846.

[70] Belem T, Homand-Etienne F, Souley M. Quantitative parameters for rock joint surface roughness. Rock Mechanics and Rock Engineering, 2000, 33: 217-242.

[71] Tang Z, Jiao Y. Choosing appropriate appraisal to describe Peak-Spatial features of rock-joint profiles. International Journal of Geomechanics, 2020, 20(4): 1-9.

[72] Wu Q, Weng L, Zhao Y, et al. On the tensile mechanical characteristics of fine-grained granite after heating/cooling treatments with different cooling rates. Engineering Geology, 2019, 253: 94-110.

[73] 邓龙传, 李晓昭, 吴云, 等. 不同冷却方式对花岗岩力学损伤特征影响. 煤炭学报, 2021, 46(S1): 187-199.

[74] 苏海健, 靖洪文, 赵洪辉, 等. 高温处理后红砂岩抗拉强度及其尺寸效应研究. 岩石力学与工程学报, 2015, 34(S1): 2879-2887.

[75] Tang Z, Zhang Q, Peng J. Effect of thermal treatment on the basic friction angle of rock joint. Rock Mechanics and Rock Engineering, 2020, 53(4): 1973-1990.

[76] Hanbo C, Jupeng T, Xintong J, et al. Effects of different conditions of water cooling at high temperature on the tensile strength and split surface roughness characteristics of hot dry rock. Advances in Civil Engineering, 2020, (4): 1-23.

[77] Ge Z, Sun Q, Zhang N. Changes in surface roughness of sandstone after heating and cooling cycles. Arabian Journal of Geosciences, 2020, 13(10): 1-8.

[78] Dong Z, Sun Q, Ranjith P G. Surface properties of grayish-yellow sandstone after thermal shock. Environmental Earth Sciences, 2019, 78(14): 420. 1-420. 13.

[79] 吴云. 酸化岩石在动静组合作用下的力学性能及岩爆机理研究. 南昌: 华东交通大学, 2017.

[80] 中华人民共和国生态环境部. 2020 年中国生态环境状况公报. 2022 [2024-11-13]. https://www. mee.gov.cn/hjzl/sthjzk/sthjtjnb/202202/t20220218_969391.shtml.

[81] Feucht L, Logan J. Effects of chemically active solutions on shearing behavior of a sandstone. Tectonophysics, 1990, 175(1-3): 159-176.

[82] 陈四利, 冯夏庭. 化学腐蚀对黄河小浪底砂岩力学特性的影响. 岩土力学, 2002, 23(3): 284-287.

[83] 陈四利, 冯夏庭. 化学腐蚀下三峡花岗岩的破裂特征. 岩土力学, 2003, 24(5): 817-821.

[84] 陈四利, 冯夏庭. 化学腐蚀下砂岩三轴细观损伤机理及损伤变量分析. 岩土力学, 2004, 25(9): 1363-1367.

[85] 冯夏庭. 化学环境侵蚀下的岩石破裂特性——第一部分: 试验研究. 岩石力学与工程学报, 2000, 19(4): 403-407.

[86] 刘永胜, 刁心宏, 陈章林, 等. 化学腐蚀作用下围岩的动态力学性能. 南京林业大学学报 (自然科学版), 2014, 57(6): 175.

[87] 刘永胜, 刘旺. 化学腐蚀作用下岩石的动态性能及本构模型研究. 长江科学院院报, 2015, 32(5): 72.

[88] 刘永胜, 杨猛猛. 化学腐蚀下深部巷道高强围岩力学性能的实验研究. 煤炭工程, 2013, 45(3): 108-110.

[89] Li N, Zhu Y M, Su S, et al. A chemical damage model of sandstone in acid solution. International Journal of Rock Mechanics and Mining Sciences, 2003, 40(2): 243-249.

[90] 霍润科, 李宁. 受酸腐蚀砂岩的统计本构模型. 岩石力学与工程学报, 2005, 24(11): 1852-1856.

[91] Fang X, Xu J, Wang P. Compressive failure characteristics of yellow sandstone subjected to the coupling effects of chemical corrosion and repeated freezing and thawing. Engineering Geology, 2018, 233: 160-171.

[92] Li J, Kaunda R, Zhu L, et al. Experimental study of the pore structure deterioration of sandstones under freeze-thaw cycles and chemical erosion. Advances in Civil Engineering, 2019, (1): 1-12.

[93] 王伟, 刘桃根, 吕军, 等. 水岩化学作用对砂岩力学特性影响的试验研究. 岩石力学与工程学报, 2012, 31(A2): 3607-3617.

[94] Han T, Shi J, Chen Y, et al. Effect of chemical corrosion on the mechanical characteristics of parent rocks for nuclear waste storage. Science and Technology and Nuclear Installations, 2016, 2016: 1-11.

[95] 霍润科, 韩飞, 李曙光, 等. 受酸腐蚀砂岩物理化学及力学性质的试验研究. 西安建筑科技大学学报(自然科学版), 2019, 51(1): 21-26.

［96］ Miao S, Cai M, Guo Q, et al. Damage effects and mechanisms in granite treated with acidic chemical solutions. International Journal of Rock Mechanics and Mining Sciences, 2016, 88: 77-86.

［97］ Li H, Zhong Z, Liu X, et al. Micro-damage evolution and macro-mechanical property degradation of limestone due to chemical effects . International Journal of Rock Mechanics and Mining Sciences, 2018, 110: 257-265.

［98］ Huo R, Wang G, Li S, et al. Mechanics properties and pore structure change of acid-corroded sandstone. Journal of Yangtze River Scientific Research Institute, 2019, 36(12): 96-101.

［99］ Carneiro F. A new method to determine the tensile strength of concrete. Rio de Janeiro Proceedings of the 5th meeting of the Brazilian Association for Technical Rules, 1943.

［100］ Akazawa T. New test method for evaluating internal stress due to compression of concrete (the splitting tension test)(part 1). Journal of Japanese Society of Civil Engineering, 1943, 29: 777-787.

［101］ Coviello A, Lagioia R, Nova R, et al. On the measurement of the tensile strength of soft rocks. Rock Mechanics and Rock Engineering, 2005, 38(4): 251-273.

［102］ Fairhurst C. On the validity of the 'Brazilian' test for brittle material. International Journal of Rock Mechanics and Mining Sciences and Geomechanics Abstracts, Pergamon, 1964, 1(4): 535-546.

［103］ Fuenkajorn K, Klanphumeesri S. Laboratory determination of direct tensile strength and deformability of intact rocks. Geotechnical Testing Journal, 2011, 34(1): 97-102.

［104］ Efimov V. The rock strength in different tension conditions . Journal of Mining Science, 2009, 45(6): 569-575.

［105］ Sha S, Rong G, Peng J, et al. Effect of open-fire-induced damage on Brazilian tensile strength and microstructure of granite. Rock Mechanics and Rock Engineering, 2019, 52: 4189-4202.

［106］ 方振. 温度-应力-化学 (TMC) 耦合条件下岩石损伤模型理论与实验研究. 长沙: 中南大学, 2010.

［107］ 王朋. 化学-温度-应力耦合作用对岩石力学性能的影响. 上海: 上海理工大学, 2013.

［108］ 王永岩, 王艳春. 温度-应力-化学三场耦合作用下深部软岩巷道蠕变规律数值模拟. 煤炭学报, 2012, 37(A2): 275-279.

［109］ 刘向君, 高涵, 梁利喜. 温度围压对低渗透砂岩孔隙度和渗透率的影响研究. 岩石力学与工程学报, 2011, 30(S2): 3771-3778.

［110］ 刘均荣, 秦积舜, 吴晓东. 温度对岩石渗透率影响的实验研究. 石油大学学报(自然科学版), 2001, (4): 51-53, 55.

［111］ 梁冰, 高红梅, 兰永伟. 岩石渗透率与温度关系的理论分析和试验研究. 岩石力学与工

程学报, 2005, (12): 2009-2012.

[112] 高红梅, 兰永伟, 赵延林, 等. 花岗岩在围压和温度作用下渗透率变化规律研究. 佳木斯大学学报(自然科学版), 2017, 35(6): 955-958.

[113] 杨建平, 陈卫忠, 田洪铭, 等. 应力-温度对低渗透介质渗透率影响研究. 岩土力学, 2009, 30(12): 3587-3594.

[114] 赵阳升, 万志军, 张渊, 等. 岩石热破裂与渗透性相关规律的试验研究. 岩石力学与工程学报, 2010, 29(10): 1970-1976.

[115] 贺玉龙, 杨立中, 温度和有效应力对砂岩渗透率的影响机理研究. 岩石力学与工程学报, 2005, (14): 2420-2427.

[116] 黄震. 流固耦合作用下岩体渗流演化规律与突水灾变机理研究. 徐州: 中国矿业大学, 2016.

[117] Zhang P, Lu S, Li J, et al. Petrophysical characterization of oil-bearing shales by low-field nuclear magnetic resonance (NMR). Marine and Petroleum Geology, 2018, 89: 775-785.

[118] Ulusay R. The ISRM suggested methods for rock characterization, testing and monitoring: 2007-2014. Springer International Publishing, 2014, 15(1): 47-48.

[119] Li B, Ju F. Thermal stability of granite for high temperature thermal energy storage in concentrating solar power plants. Applied Thermal Engineering, 2018, 138: 409-416.

[120] 张玉良. 冷热循环后岩石物理力学性质研究. 徐州: 中国矿业大学, 2018.

[121] Tiskatine R, Eddemani A, Gourdo L, et al. Experimental evaluation of thermo-mechanical performances of candidate rocks for use in high temperature thermal storage. Applied Energy, 2016, 171: 243-255.

[122] Zhu Z, Tian H, Chen J, et al. Experimental investigation of thermal cycling effect on physical and mechanical properties of heated granite after water cooling. Bulletin of Engineering Geology and the Environment, 2020, 79(5): 2457-2465.

[123] Feng G, Wang X, Kang Y, et al. Effect of thermal cycling-dependent cracks on physical and mechanical properties of granite for enhanced geothermal system. International Journal of Rock Mechanics and Mining Sciences, 2020, 134: 1-12.

[124] 谢晋勇, 陈占清, 吴疆宇. 循环高温-快速冷却处理后的花岗岩力学特性及声发射响应特征. 工程地质学报, 2021, 29(2): 508-515.

[125] 唐旭海, 邵祖亮, 许婧璟, 等. 高温-液氮循环处理下花岗岩损伤劣化机制. 隧道与地下工程灾害防治, 2022, 4(1): 18.

[126] 刘新平, 刘英, 陈颙. 单轴压缩条件下岩石样品声发射信号的频谱分析. 声学学报, 1986, (2): 80-87.

[127] 张茹, 艾婷, 高明忠, 等. 岩石声发射基础理论及试验研究. 成都: 四川大学出版社,

2017.

[128] Li D, Wong L. The Brazilian disc test for rock mechanics applications: Review and new insights. Rock Mechanics and Rock Engineering, 2013, 46(2): 269-287.

[129] Huang Z, Zeng W, Wu Y, et al. Effects of temperature and acid solution on the physical and tensile mechanical properties of red sandstones. Environmental Science and Pollution Research, 2021, 28(3): 1-16.

[130] Beck K, Janvier-Badosa S, Brunetaud X, et al. Non-destructive diagnosis by colorimetry of building stone subjected to high temperatures. European Journal of Environmental and Civil Engineering, 2016, 20(6): 643-655.

[131] Vazquez P, Acuña M, Benavente D, et al. Evolution of surface properties of ornamental granitoids exposed to high temperatures. Construction and Building Materials, 2016, 104(Feb. 1): 263-275.

[132] Wang P, Yin T, Li X, et al. Dynamic properties of thermally treated granite subjected to cyclic impact loading. Rock Mechanics and Rock Engineering, 2019, 52(4): 991-1010.

[133] Chakrabarti B, Yates T, Lewry A. Effect of fire damage on natural stonework in buildings. Construction and Building Materials, 1996, 10(7): 539-544.

[134] Andor N, Ákos A, Ákos T. Physical alteration and color change of granite subjected to high temperature. Applied Sciences, 2021, 11(19): 8297.

[135] Gomez-Heras M, Smith B, Fort R . Influence of surface heterogeneities of building granite on its thermal response and its potential for the generation of thermoclasty. Environmental Geology, 2008, 56(3-4): 547-560.

[136] Shao S, Wasantha P, Ranjith P, et al. Effect of cooling rate on the mechanical behavior of heated Strathbogie granite with different grain sizes. International Journal of Rock Mechanics and Mining Sences, 2014, 70(Complete): 381-387.

[137] Vázquez P, Shushakova V, Gómez-Heras M. Influence of mineralogy on granite decay induced by temperature increase: Experimental observations and stress simulation. Engineering Geology, 2015, 189: 58-67.

[138] 郭平业, 白宝红, 陈思, 等. 温度和含水率对砂岩导热特性影响实验研究. 岩石力学与工程学报, 2017, 36(S2): 3910-3914.

[139] Li Q, Li X, Yin T. Factors affecting pore structure of granite under cyclic heating and cooling: a nuclear magnetic resonance investigation. Geothermics, 2021, 96(4): 1-17.

[140] Violay M, Gibert B, Mainprice D, et al. An experimental study of the brittle-ductile transition of basalt at oceanic crust pressure and temperature conditions. Journal of Geophysical Research Solid Earth, 2012, 117(B3): B03213: 1-B03213: 23.

[141] Sun Q, Zhang W, Pan X, et al. The effect of heating/cooling cycles on chrominance, wave velocity, thermal conductivity and tensile strength of diorite. Environmental Earth Sciences, 2019, 78(14): 403. 1-403. 12.

[142] Glover P, Baud P, Darot M, et al. α/β phase transition in quartz monitored using acoustic emissions. Geophysical Journal International, 1995, 120(3): 775-782.

[143] Sun Q, Zhang W, Xue L, et al. Thermal damage pattern and thresholds of granite. Environmental Earth Sciences, 2015, 74(3): 2341-2349.

[144] Siegesmund S, Mosch S, Scheffzük C, et al. The bowing potential of granitic rocks: rock fabrics, thermal properties and residual strain. Environmental Geology, 2008, 55(7): 1437-1448.

[145] Sun Q, Lü C, Cao L, et al. Thermal properties of sandstone after treatment at high temperature. International Journal of Rock Mechanics and Mining Sciences, 2016, 85: 60-66.

[146] Tang Z, Sun M, Peng J. Influence of high temperature duration on physical, thermal and mechanical properties of a fine-grained marble. Applied Thermal Engineering, 2019, 156: 34-50.

[147] 武晋文, 赵阳升, 万志军, 等. 高温均匀压力花岗岩热破裂声发射特性实验研究. 煤炭学报, 2012, 37(7): 1111-1117.

[148] Baud P, Klein E, Wong T. Compaction localization in porous sandstones: spatial evolution of damage and acoustic emission activity. Journal of Structural Geology, 2004, 26(4): 603-624.

[149] 张航, 李天斌, 陈国庆, 等. 不同温度下花岗岩三轴压缩试验的声发射特性. 现代隧道技术, 2014, 51(5): 33-40.

[150] Geng J, Cao L. Failure analysis of water-bearing sandstone using acoustic emission and energy dissipation. Engineering Fracture Mechanics, 2020, 23: 1-10.

[151] Peng J, Rong G, Yao M, et al. Acoustic emission characteristics of a fine-grained marble with different thermal damages and specimen sizes. Bulletin of Engineering Geology and the Environment, 2019, 78(6): 4479-4491.

[152] 李浩然, 王子恒, 孟世荣, 等. 高温三轴应力下大理岩损伤演化与声发射活动特征研究. 岩土力学, 2021, 42(10): 2672-2682.

[153] Gutenberg B, Richter C F. Frequency of earthquakes in California. Bulletin of the Seismological Society of America, 1944, 34(4): 185-188.

[154] Li S, Yang D, Huang Z, et al. Acoustic emission characteristics and failure mode analysis of rock failure under complex stress state. Theoretical and Applied Fracture Mechanics, 2022, 122: 103666.

[155] Li S, Huang Z, Yang D, et al. Study of the acoustic characteristics and evolution of the failure

mode of yellow sandstone under uniaxial compression. Rock Mechanics and Rock Engineering, 2023, 57: 1059-1078.

[156] Cox S, Meredith P. Microcrack formation and material softening in rock measured by monitoring acoustic emissions. International Journal of Rock Mechanics and Mining Sciences, 1993, 30(1): 11-24.

[157] Huang Z, Gu Q, Wu Y, et al. Effects of confining pressure on acoustic emission and failure characteristics of sandstone. International Journal of Mining Science and Technology, 2021, 31(5): 963-974.

[158] Colombo I, Main I, Forde M. Assessing damage of reinforced concrete beam using "b-value" analysis of acoustic emission signals. Journal of Materials in Civil Engineering, 2003, 15(3): 280-286.

[159] Sagar V, Prasad B, Kumar S. Comparison of acoustic emission b-values with strains in reinforced concrete beams for damage evaluation. Proceedings of the Institution of Civil Engineers-Bridge Engineering, 2012, 165(4): 233-244.

[160] Liu X, Liu Z, Li X, et al. Acoustic emission b-values of limestone under uniaxial compression and Brazilian splitting loads. 2019, 40(S1): 267-274.

[161] Li B, Yu S, Yang L, et al. Multiscale fracture characteristics and failure mechanism quantification method of cracked rock under true triaxial compression. Engineering Fracture Mechanics, 2022, 262: 108257.

[162] Zhao K, Yang D, Zeng P, et al. Effect of water content on the failure pattern and acoustic emission characteristics of red sandstone. International Journal of Rock Mechanics and Mining Sciences, 2021, 142: 104709.

[163] Wang Y, Peng K, Shang X, et al. Experimental and numerical simulation study of crack coalescence modes and microcrack propagation law of fissured sandstone under uniaxial compression. Theoretical and Applied Fracture Mechanics, 2021, 115: 103060.

[164] Meng Q, Zhang M, Han L, et al. Effects of acoustic emission and energy evolution of rock specimens under the uniaxial cyclic loading and unloading compression. Rock Mechanics and Rock Engineering, 2016, 49: 3873-3886.

[165] JCMS-III B5706. Monitoring method for active cracks in concrete by acoustic emission. Federation of Construction Material Industries, Japan, 2003: 23-28.

[166] Ohno K, Ohtsu M. Crack classification in concrete based on acoustic emission. Construction and Building Materials, 2010, 24(12): 2339-2346.

[167] Zhang Z, Deng J. A new method for determining the crack classification criterion in acoustic emission parameter analysis. International Journal of Rock Mechanics and Mining Sciences,

2020, 130: 104323.

[168] 张志镇, 高峰, 徐小丽. 花岗岩单轴压缩的声发射特征及热力耦合模型. 地下空间与工程学报, 2010, 6(1): 70-74.

[169] Geng J, Sun Q, Zhang Y, et al. Studying the dynamic damage failure of concrete based on acoustic emission. Construction and Building Materials, 2017, 149: 9-16.

[170] 杨天鸿, 屠晓利, 於斌, 等. 岩石破裂与渗流耦合过程细观力学模型. 固体力学学报, 2005, (3): 333-337.

[171] Xu X, Zhang Z, Santulli C. Acoustic emission and damage characteristics of granite subjected to high temperature. Advances in Materials Science and Engineering, 2018: 1-13.

[172] 朱小舟, 胡耀青, 靳佩桦, 等. 花岗岩导热系数对裂隙热-流耦合热交换效率的影响研究. 矿业研究与开发, 2019, 39(10): 47-51.

[173] Li M, Wang D, Shao Z. Experimental study on changes of pore structure and mechanical properties of sandstone after high-temperature treatment using nuclear magnetic resonance. Engineering Geology, 2020, 275(1): 1-10.

[174] Wu X, Huang Z, Cheng Z, et al. Effects of cyclic heating and LN2-cooling on the physical and mechanical properties of granite. Applied Thermal Engineering: Design, Processes, Equipment, Economics, 2019, 156: 99-110.

[175] 刘伟. 不同含水过程下红砂岩压缩性能及损伤破裂试验探究. 赣州: 江西理工大学, 2021.

[176] Cohen M, Mendelson K. Nuclear magnetic relaxation and the internal geometry of sedimentary rocks. Journal of Applied Physics, 1982, 53(2): 1127-1135.

[177] Jing X, Sun Q, Jia H, et al. Influence of high-temperature thermal cycles on the pore structure of red sandstone. Bulletin of Engineering Geology and the Environment, 2021: 80(10): 7817-7830.

[178] Lei R, Wang Y, Zhang L, et al. The evolution of sandstone microstructure and mechanical properties with thermal damage. Energy Science and Engineering, 2019, 7(6): 3058-3075.

[179] Shang X, Zhang Z, Xu X, et al. Mineral composition, pore structure, and mechanical characteristics of pyroxene granite exposed to heat treatments. Minerals, 2019, 9(9): 553-576.

[180] 葛小波, 李吉君, 卢双舫, 等. 基于分形理论的致密砂岩储层微观孔隙结构表征——以冀中坳陷致密砂岩储层为例. 岩性油气藏, 2017, 29(5): 106-112.

[181] 张志镇, 高峰, 高亚楠, 等. 高温影响下花岗岩孔径分布的分形结构及模型. 岩石力学与工程学报, 2016, 35(12): 2426-2438.

[182] 孟祥喜. 水岩作用下岩石损伤演化规律基础试验研究. 青岛: 山东科技大学, 2018.

[183] Shi X, Gao L, Wu J, et al. Effects of cyclic heating and water cooling on the physical

characteristics of granite. Energies, 2020, 13(9): 1-18.

[184] Somerton W H, Selim M A. Additional thermal data for porous rocks-thermal expansion and heat of reaction. Society of Petroleum Engineers Journal, 1961, 4(4): 249-253.

[185] 孙强, 张志镇, 薛雷, 等. 岩石高温相变与物理力学性质变化. 岩石力学与工程学报, 2013, 32(5): 935-942.

[186] Stimpson B. A rapid field method for recording joint roughness profiles. International Journal of Rock Mechanics and Mining Sciences, 1982, 19(6): 345-346.

[187] Milne D, Germain P, Grant D, et al. Systematic rock mass characterization for underground mine design. International Journal of Rock Mechanics and Mining Sciences, 1992, 29(3): 293-298.

[188] Yong R, Fu X, Huang M, et al. A rapid field measurement method for the determination of joint roughness coefficient of large rock joint surfaces. Ksce Journal of Civil Engineering, 2018, 22(1): 101-109.

[189] 崔翰博, 唐巨鹏, 姜昕彤. 组合冷却后高温花岗岩物理力学及劈裂面粗糙度试验研究. 岩石力学与工程学报, 2021, 40(7): 1444-1459.

[190] 曲冠政. 粗糙裂缝结构的描述及其渗流规律研究. 青岛: 中国石油大学(华东), 2016.

[191] 赵灿. 粗糙裂隙渗流特性试验研究. 西安: 长安大学, 2020.

[192] 孙骏. 利用分形方法研究裂缝面形貌特征. 成都: 成都理工大学, 2015.

[193] Reeves M. Rock surface roughness and frictional strength. International Journal of Rock Mechanics and Mining Science, 1985, 22(6): 429-442.

[194] Seidel J, Haberfield C. Towards an understanding of joint roughness. Rock Mechanics and Rock Engineering, 1995, 28(2): 69-92.

[195] Mandelbrot B. The fractal geometry of nature. American Journal of Physics, 1983, 51(3): 286-286.

[196] Mandelbrot B. How long is the coast of Britain? Statistical self-similarity and fractional dimension. Science, 1967, 156(3775): 636-638.

[197] Mandelbrot, Benoit B. Self-affine fractals and fractal dimension. Physica Scripta, 1985, 32(4): 257-260.

[198] Turk N, Greig M, Dearman W, et al. Characterization of rock joint surfaces by fractal dimension. Tucson Arizona: ARMA US Rock Mechanics/Geomechanics Symposium, 1987.

[199] Carr J, Wardner J. Rock mass classification using fractal dimension. Tucson Arizona: ARMA US Rock Mechanics/Geomechanics Symposium, 1987.

[200] Xie H, Chen Z. Fractal geometry and fracture of rock. Acta Mechanica Sinica, 1988, 4(3): 255-264.

[201] Xie H. Fractal nature on damage evolution of rock materials. Xuzhou: Proceedings of International Symposium on Application of Computer Methods in Rock Mechnics and Engineering, 1993.

[202] Carr J, Warriner J. Relationship between the fractal dimension and joint roughness coefficient. Bulletin-Association of Engineering Geologists, 1989, 26(2): 253-263.

[203] 谢和平, 周宏伟. 基于分形理论的岩石节理力学行为研究. 中国科学基金, 1998, (4): 17-22.

[204] 胡文萍, 王平, 陈光雄. 基于功率谱法分维的摩擦面波状磨耗分形描述. 兰州: 第十一届全国摩擦学大会论文集. 中国科学院兰州化学物理研究所固体润滑国家重点实验室, 2013.

[205] Stupak P, Kang J, Donovan J. Fractal characteristics of rubber wear surfaces as a function of load and velocity. Wear, 1990, 141(1): 73-84.

[206] 葛世荣, 索双富. 表面轮廓分形维数计算方法的研究. 摩擦学学报, 1997, (4): 66-74.

[207] 黄登仕, 李后强. 分形几何学、R/S 分析与分式布朗运动. 自然杂志, 1990, (8): 477-482.

[208] 晁彩霞. 点磨削零件表面形貌特征及摩擦学特性研究. 沈阳: 东北大学, 2015.

[209] 曹海涛. 基于分形理论裂缝面形态特征及渗流特性研究. 成都: 成都理工大学, 2016.

[210] Tatone B S A. Quantitative characterization of natural rock discontinuity roughness in-situ and in the laboratory. Master's theses, Canada: University of Toronto, 2009.

[211] Bao H, Zhang G, Lan H, et al. Geometrical heterogeneity of the joint roughness coefficient revealed by 3D laser scanning. Engineering Geology, 2019, 265(3): 1-28.

[212] 陈曦, 曾亚武, 孙翰卿, 等. 基于 Grasselli 形貌参数的岩石节理初始剪胀角新模型. 岩石力学与工程学报, 2019, 38(1): 133-152.

[213] 葛世荣, 陈国安. 磨合表面形貌变化的特征粗糙度参数表征. 中国矿业大学学报, 1999, 28(3): 204-207.

[214] 王炳成, 景畅, 任朝晖, 等. 剪切痕迹表面分形维数的结构函数法计算及其应用. 中国人民公安大学学报: 自然科学版, 2004, 10(1): 4-6.

[215] Kulatilake P, Du S, Ankah M, et al. Non-stationarity, heterogeneity, scale effects, and anisotropy investigations on natural rock joint roughness using the variogram method. Bulletin of Engineering Geology and the Environment, 2021, 80(8): 6121-6143.

[216] Grasselli G, Wirth J, Egger P. Quantitative three-dimensional description of a rough surface and parameter evolution with shearing. International Journal of Rock Mechanics and Mining Sciences, 2002, 39(6): 789-800.

[217] Tatone B, Grasselli G. A method to evaluate the three-dimensional roughness of fracture surfaces in brittle geomaterials. Review of Scientific Instruments, 2009, 80(12): 125110.

［218］El-Soudani S M. Profilometric analysis of fractures. Metallography, 1978, 11(3): 247-336.

［219］Hu S, Huang L, Chen Z, et al. Effect of sampling interval and anisotropy on laser scanning accuracy in rock material surface roughness measurements. Strength of Materials, 2019, 51(4): 678-687.

［220］Ban L, Zhu C, Qi C, et al. New roughness parameters for 3D roughness of rock joints. Bulletin of Engineering Geology and the Environment, 2019, 78(6): 4505-4517.

［221］班力壬. 岩石结构面三维粗糙度指标及其剪切力学性质研究. 北京: 中国矿业大学(北京), 2019.

［222］Ren R, Zhou H, Hu Z, et al. Statistical analysis of fire accidents in Chinese highway tunnels 2000−2016. Tunnelling and Underground Space Technology, 2019, 83: 452-460.

［223］赖金星, 周慧, 程飞, 等. 公路隧道火灾事故统计分析及防灾减灾对策. 隧道建设, 2017, 37(4): 409-415.

［224］王万德. 公路隧道衬砌结构火灾损伤检测与评价. 煤炭技术, 2012, 31(6): 142-143.

［225］Huang Z, Zeng W, Zhao K. Experimental investigation of the variations in hydraulic properties of a fault zone in western Shandong, China. Journal of Hydrology, 2019, 574: 822-835.

［226］Huang Z, Li X, Li S, et al. Investigation of the hydraulic properties of deep fractured rocks around underground excavations using high-pressure injection tests. Engineering Geology, 2018, 245: 180-191.

［227］Huang Z, Jiang Z, Zhu S, et al. Influence of structure and water pressure on the hydraulic conductivity of the rock mass around underground excavations. Engineering Geology, 2016, 202: 74-84.

［228］Huang Z, Li S, Zhao K, et al. Estimating the hydraulic conductivity of deep fractured rock strata from high-pressure injection tests. Mine Water and the Environment, 2020, 39(1): 112-120.

［229］中华人民共和国生态环境部. 2019 年中国生态环境状况公报. 2021 [2024-11-13]. https://www.mee.gov.cn/hjzl/sthjzk/sthjtjnb/202108/t20210827_861012.shtml.

［230］Jia X, O'Connor D, Hou D, et al. Groundwater depletion and contamination: Spatial distribution of groundwater resources sustainability in China. Science of the Total Environment, 2019, 672: 551-562.

［231］Singh U, Ramanathan A, Subramanian V. Groundwater chemistry and human health risk assessment in the mining region of East Singhbhum, Jharkhand, India. Chemosphere, 2018, 204: 501-513.

［232］Wasantha P, Guerrieri M, Xu T. Effects of tunnel fires on the mechanical behaviour of rocks in the vicinity—a review. Tunnelling and Underground Space Technology, 2021, 108: 103667.

[233] Liu Q, Qian Z, Wu Z. Micro/macro physical and mechanical variation of red sandstone subjected to cyclic heating and cooling: an experimental study. Bulletin of Engineering Geology and the Environment, 2019, 78: 1485-1499.

[234] Zhao Z, Liu Z, Pu H, et al. Effect of thermal treatment on Brazilian tensile strength of granites with different grain size distributions. Rock Mechanics and Rock Engineering, 2018, 51: 1293-1303.

[235] Li H, Yang D, Zhong Z, et al. Experimental investigation on the micro damage evolution of chemical corroded limestone subjected to cyclic loads. International Journal of Fatigue, 2018, 113: 23-32.

[236] 郭清露, 荣冠, 姚孟迪, 等. 大理岩热损伤声发射力学特性试验研究. 岩石力学与工程学报, 2015, (12): 2388-2400.

[237] Feng X, Ding W. Experimental study of limestone micro-fracturing under a coupled stress, fluid flow and changing chemical environment. International Journal of Rock Mechanics and Mining Sciences, 2007, 44(3): 437-448.

[238] Yao H, Feng X, Cui Q, et al. Meso-mechanical experimental study of meso-fracturing process of limestone under coupled chemical corrosion and water pressure. Rock Soil Mech, 2009, 30(1): 59-66.

[239] Huo R, Li S, Ding Y. Experimental study on physicochemical and mechanical properties of mortar subjected to acid corrosion. Advances in Materials Science and Engineering, 2018, 2018: 1-11.

[240] Lu Z, Chen C, Feng X, et al. Strength failure and crack coalescence behavior of sandstone containing single pre-cut fissure under coupled stress, fluid flow and changing chemical environment. Journal of Central South University, 2014, 21(3): 1176-1183.

[241] 许江, 吴慧, 程立朝, 等. 酸性条件下砂岩剪切破坏特性试验研究. 岩石力学与工程学报, 2012, 31(A2): 3897-3903.

[242] Huo R, Li S, Han F, et al. Experimental Study on the Characteristics of Sandstone Subjected to Acid Corrosion. Bristol: IOP Publishing, 2018.

[243] Li S, Huo R, Yoshiaki F, et al. Effect of acid-temperature-pressure on the damage characteristics of sandstone. International Journal of Rock Mechanics and Mining Sciences, 2019, 122: 104079.

[244] Li S, Huo R, Wang B, et al. Experimental study on physicomechanical properties of sandstone under acidic environment. Advances in Civil Engineering, 2018, 2018: 5784831. 1-5784831. 15.

[245] Yang X, Jiang A, Li M. Experimental investigation of the time-dependent behavior of quartz

sandstone and quartzite under the combined effects of chemical erosion and freeze-thaw cycles. Cold Regions Science and Technology, 2019, 161: 51-62.

[246] Dehestani A, Hosseini M, Beydokhti A T. Effect of wetting-drying cycles on mode I and mode II fracture toughness of sandstone in natural (pH=7) and acidic (pH=3) environments. Theoretical and Applied Fracture Mechanics, 2020, 107: 102512.

[247] Liao J, Zhao Y, Liu Q, et al. Experimental study on shear strength characteristics of limestone under acidizing corrosion. Journal of Mining & Safety Engineering, 2020, 37(3): 639-646.

[248] 邵继喜. 热—力作用下砂岩损伤破裂演化规律实验研究. 太原: 太原理工大学, 2018.

[249] 李仕杰. 不同围压下岩石受力破坏特征及注浆加固试验研究. 赣州: 江西理工大学, 2020.

[250] Sun H, Sun Q, Deng W, et al. Temperature effect on microstructure and P-wave propagation in Linyi sandstone. Applied Thermal Engineering, 2017, 115: 913-922.

[251] Han J, Sun Q, Xing H, et al. Experimental study on thermophysical properties of clay after high temperature. Applied Thermal Engineering, 2017, 111: 847-854.

[252] Geng J, Sun Q. Effects of high temperature treatment on physical-thermal properties of clay. Thermochimica Acta, 2018, 666: 148-155.

[253] Lü C, Sun Q. Electrical resistivity evolution and brittle failure of sandstone after exposure to different temperatures. Rock Mechanics and Rock Engineering, 2018, 51: 639-645.

[254] 周科平, 李杰林, 许玉娟, 等. 基于核磁共振技术的岩石孔隙结构特征测定. 中南大学学报: 自然科学版, 2012, 43(12): 4796-4800.

[255] George C, 肖立志, Manfred P. 核磁共振测井原理与应用. 北京: 石油工业出版社, 2007.

[256] 姚艳斌, 刘大锰. 基于核磁共振弛豫谱的煤储层岩石物理与流体表征. 煤炭科学技术, 2016, 44(6): 14-22.

[257] Xu X, Karakus M. A coupled thermo-mechanical damage model for granite. International Journal of Rock Mechanics and Mining Sciences, 2018, 103: 195-204.

[258] Huang D, Guo Y, Cen D, et al. Experimental investigation on shear mechanical behavior of sandstone containing a pre-existing flaw under unloading normal stress with constant shear stress. Rock Mechanics and Rock Engineering, 2020, 53: 3779-3792.

[259] 肖福坤, 刘刚, 秦涛, 等. 拉-压-剪应力下细砂岩和粗砂岩破裂过程声发射特性研究. 岩石力学与工程学报, 2016, 35(A2): 3458-3472.

[260] 李哲, 陈有亮, 王苏然, 等. 化学溶蚀及高温作用下砂岩力学特性的试验研究. 上海理工大学学报, 2019, 41(3): 244-252.

[261] 陆银龙. 渗流-应力耦合作用下岩石损伤破裂演化模型与煤层底板突水机理研究. 徐州: 中国矿业大学, 2013.

［262］Rodríguez P, Arab P, Celestino T. Characterization of rock cracking patterns in diametral compression tests by acoustic emission and petrographic analysis. International Journal of Rock Mechanics and Mining Sciences, 2016, 83: 73-85.

［263］吴刚, 王德咏, 翟松韬. 单轴压缩下高温后砂岩的声发射特征. 岩土力学, 2012, 33(11): 3237-3242.

［264］王璐, 刘建锋, 裴建良, 等. 细砂岩破坏全过程渗透性与声发射特征试验研究. 岩石力学与工程学报, 2015, (S1): 2909-2914.

［265］Kong B, Wang E, Li Z, et al. Fracture mechanical behavior of sandstone subjected to high-temperature treatment and its acoustic emission characteristics under uniaxial compression conditions. Rock Mechanics and Rock Engineering, 2016, 49: 4911-4918.

［266］Zhang R, Dai F, Gao M, et al. Fractal analysis of acoustic emission during uniaxial and triaxial loading of rock. International Journal of Rock Mechanics and Mining Sciences, 2015, 79: 241-249.

［267］Yanagidani T, Sano O, Terada M, et al. The observation of cracks propagating in diametrically- compressed rock discs. Pergamon: International Journal of Rock Mechanics and Mining Sciences & Geomechanics Abstracts, 1978.

［268］Cai M, Kaiser P. Numerical simulation of the Brazilian test and the tensile strength of anisotropic rocks and rocks with pre-existing cracks. International Journal of Rock Mechanics and Mining Sciences, 2004, 41: 478-483.

［269］Chen S, Yue Z, Tham L. Digital image-based numerical modeling method for prediction of inhomogeneous rock failure. International journal of rock mechanics and mining sciences, 2004, 41(6): 939-957.

［270］Zhu W, Tang C. Numerical simulation of Brazilian disk rock failure under static and dynamic loading. International Journal of Rock Mechanics and Mining Sciences, 2006, 43(2): 236-252.

［271］Swab J, Yu J, Gamble R, et al. Analysis of the diametral compression method for determining the tensile strength of transparent magnesium aluminate spinel. International journal of fracture, 2011, 172: 187-192.

［272］Hudson J, Brown E, Rummel F. The controlled failure of rock discs and rings loaded in diametral compression. Pergamon: International Journal of Rock Mechanics and Mining Sciences & Geomechanics Abstracts, 1972.

［273］Yue Z, Chen S, Tham L. Finite element modeling of geomaterials using digital image processing. Computers and Geotechnics, 2003, 30(5): 375-397.

［274］Zhu S, Zhang W, Sun Q, et al. Thermally induced variation of primary wave velocity in granite from Yantai: experimental and modeling results. International Journal of Thermal

Sciences, 2017, 114: 320-326.

[275] 赵洪宝, 尹光志, 谌伦建. 温度对砂岩损伤影响试验研究. 岩石力学与工程学报, 2009, 28(A1): 2784-2788.

[276] Zhang W, Sun Q, Hao S, et al. Experimental study on the thermal damage characteristics of limestone and underlying mechanism. Rock Mechanics and Rock Engineering, 2016, 49: 2999-3008.

[277] Zhang J, Xu W, Wang H, et al. A coupled elastoplastic damage model for brittle rocks and its application in modelling underground excavation. International Journal of Rock Mechanics and Mining Sciences, 2016, 84: 130-141.

[278] Ip K, Stuart B, Thomas P, et al. Thermal characterization of the clay binder of heritage Sydney sandstones. Journal of Thermal Analysis and Calorimetry, 2008, 92: 97-100.

[279] 胡耀东. X 射线衍射仪在岩石矿物学中的应用. 云南冶金, 2010, 39(3): 61-63.

[280] Diederichs U. High temparature properties and spalling behavior of high strength concrete. Proceedings of the Fourth Weimar Workshop on High Performance Concrete, 1995.

[281] Zhang L, Mao X, Liu R, et al. Meso-structure and fracture mechanism of mudstone at high temperature. International Journal of Mining Science and Technology, 2014, 24(4): 433-439.

[282] Zhang Z, Deng J, Zhu J, et al. An experimental investigation of the failure mechanisms of jointed and intact marble under compression based on quantitative analysis of acoustic emission waveforms. Rock Mechanics and Rock Engineering, 2018, 51: 2299-2307.

[283] 吴刚, 赵震洋. 不同应力状态下岩石类材料破坏的声发射特性. 岩土工程学报, 1998, 20(2): 82-85.

[284] 孙强, 张卫强, 薛雷, 等. 砂岩损伤破坏的声发射准平静期特征分析. 采矿与安全工程学报, 2013, 30(2): 237-242.

[285] Ganne P, Vervoort A. Effect of stress path on pre-peak damage in rock induced by macro-compressive and-tensile stress fields. International Journal of Fracture, 2007, 144: 77-89.

[286] Diederichs M, Kaiser P, Eberhardt E. Damage initiation and propagation in hard rock during tunnelling and the influence of near-face stress rotation. International Journal of Rock Mechanics and Mining Sciences, 2004, 41(5): 785-812.

[287] 吴贤振, 刘建伟, 刘祥鑫, 等. 岩石声发射振铃累计计数与损伤本构模型的耦合关系探究. 采矿与安全工程学报, 2015, 32(1): 28-34.

[288] 吴贤振, 刘祥鑫, 梁正召, 等. 不同岩石破裂全过程的声发射序列分形特征试验研究. 岩土力学, 2012, 33(12): 3561-3569.

[289] 魏嘉磊, 刘善军, 吴立新, 等. 含孔岩石双轴加载过程声发射多参数特征对比分析. 采矿

与安全工程学报, 2015, 32(6): 1017.

[290] 刘力强, 马胜利, 马瑾, 等. 不同结构岩石标本声发射 b 值和频谱的时间扫描及其物理意义. 地震地质, 2001, 23(4): 481-492.

[291] Eberhardt E, Stead D, Stimpson B, et al. Identifying crack initiation and propagation thresholds in brittle rock. Canadian geotechnical journal, 1998, 35(2): 222-233.

[292] 宋朝阳, 纪洪广, 张月征, 等. 不同粒度弱胶结砂岩声发射信号源与其临界破坏前兆信息判识. 煤炭学报, 2020, 45(12): 4028-4036.

[293] 张艳博, 梁鹏, 刘祥鑫, 等. 基于声发射信号主频和熵值的岩石破裂前兆试验研究. 岩石力学与工程学报, 2015, 34(S1): 2959-2967.

[294] 高保彬, 李回贵, 李林, 等. 同组软硬煤煤样声发射及分形特征研究. 岩石力学与工程学报, 2014, 33(A2): 3498-3504.

[295] 李元辉, 刘建坡, 赵兴东, 等. 岩石破裂过程中的声发射 b 值及分形特征研究. 岩土力学, 2009, 30(9): 2559-2563.

[296] 李小军, 路广奇, 李化敏. 基于声发射事件 b 值变化规律的岩石破坏前兆识别及其局限性. 河南理工大学学报 (自然科学版), 2010, 29(5): 663-666.

[297] 尹小涛, 王水林, 党发宁, 等. CT 实验条件下砂岩破裂分形特性研究. 岩石力学与工程学报, 2008, 27(S1): 2721-2726.

[298] 牛双建, 靖洪文, 杨大方, 等. 单轴压缩下破裂岩样强度及变形特征. 采矿与安全工程学报, 2015, 32(1): 112-118.

[299] 牛双建. 深部巷道围岩强度衰减规律研究. 徐州: 中国矿业大学, 2011.

[300] 许江, 袁梅, 李波波, 等. 煤的变质程度, 孔隙特征与渗透率关系的试验研究. 岩石力学与工程学报, 2012, 31(4): 681-687.

[301] 胡耀青, 赵阳升, 杨栋, 等. 煤体的渗透性与裂隙分维的关系. 岩石力学与工程学报, 2002, 21(10): 1452-1456.

[302] Mogi K. Magnitude-frequency relation for elastic shocks accompanying fractures of various materials and some related problems in earthquakes. Bull Earthq Res Inst, 1962, 40: 831-853.

[303] Scholz C. The frequency-magnitude relation of microfracturing in rock and its relation to earthquakes. Bulletin of the Seismological Society of America, 1968, 58(1): 399-415.

[304] Shiotani T, Ohtsu M, Monma K. Rock failure evaluation by AE improved b-value. JSNDI & ASNT, Proc 2nd Japan-US Sym on Advances in NDT, 1998: 421-426.

[305] 张黎明, 马绍琼, 任明远, 等. 不同围压下岩石破坏过程的声发射频率及 b 值特征. 岩石力学与工程学报, 2015, 34(10): 2057-2063.

[306] 马文强, 王同旭. 多围压脆岩压缩破坏特征及裂纹扩展规律. 岩石力学与工程学报, 2018, 37(4): 898-908.

［307］ 周翠英, 梁宁, 刘镇. 红层软岩压缩破坏的分形特征与级联失效过程. 岩土力学, 2019, 40(S1): 21-31.

［308］ Gao C, Zhou Z, Li Z, et al. Peridynamics simulation of surrounding rock damage characteristics during tunnel excavation. Tunnelling and Underground Space Technology, 2020, 97: 103289.

［309］ Wang J, Li S, Li L, et al. Attribute recognition model for risk assessment of water inrush. Bulletin of Engineering Geology and the Environment, 2019, 78: 1057-1071.

［310］ Xu S, Lei H, Li C, et al. Model test on mechanical characteristics of shallow tunnel excavation failure in gully topography. Engineering Failure Analysis, 2021, 119: 104978.

［311］ Zhang C, Feng X, Zhou H, et al. Case histories of four extremely intense rockbursts in deep tunnels. Rock Mechanics and Rock Engineering, 2012, 45: 275-288.

［312］ Li J, Yue J, Yang Y, et al. Multi-resolution feature fusion model for coal rock burst hazard recognition based on acoustic emission data. Measurement, 2017, 100: 329-336.

［313］ Wang C, Chang X, Liu Y. Experimental study on fracture patterns and crack propagation of sandstone based on acoustic emission. Advances in Civil Engineering, 2021, 2021: 1-13.

［314］ Zhang Z, Li Y, Hu L, et al. Predicting rock failure with the critical slowing down theory. Engineering Geology, 2021, 280: 105960

［315］ Rodríguez P, Celestino T. Application of acoustic emission monitoring and signal analysis to the qualitative and quantitative characterization of the fracturing process in rocks. Engineering Fracture Mechanics, 2019, 210: 54-69.

［316］ Turcotte D, Newman W, Shcherbakov R. Micro and macroscopic models of rock fracture. Geophysical Journal International, 2003, 152(3): 718-728.

［317］ Wang Y, Deng H, Deng Y, et al. Study on crack dynamic evolution and damage-fracture mechanism of rock with pre-existing cracks based on acoustic emission location. Journal of Petroleum Science and Engineering, 2021, 201: 108420.

［318］ Sun H, Ma L, Liu W, et al. The response mechanism of acoustic and thermal effect when stress causes rock damage. Applied Acoustics, 2021, 180: 108093.

［319］ Meng Q, Zhang M, Han L, et al. Acoustic emission characteristics of red sandstone specimens under uniaxial cyclic loading and unloading compression. Rock Mechanics and Rock Engineering, 2018, 51: 969-988.

［320］ Stierle E, Vavryčuk V, Kwiatek G, et al. Seismic moment tensors of acoustic emissions recorded during laboratory rock deformation experiments: sensitivity to attenuation and anisotropy. Geophysical Supplements to the Monthly Notices of the Royal Astronomical Society, 2016, 205(1): 38-50.

［321］ Liu J, Wang R, Lei G, et al. Studies of stress and displacement distribution and the evolution law during rock failure process based on acoustic emission and microseismic monitoring. International Journal of Rock Mechanics and Mining Sciences, 2020, 132: 104384.

［322］ Zhang Z, Zhang R, Xie H, et al. Differences in the acoustic emission characteristics of rock salt compared with granite and marble during the damage evolution process. Environmental Earth Sciences, 2015, 73: 6987-6999.

［323］ Wang Q, Chen J, Guo J, et al. Acoustic emission characteristics and energy mechanism in karst limestone failure under uniaxial and triaxial compression. Bulletin of Engineering Geology and the Environment, 2019, 78: 1427-1442.

［324］ Iturrioz I, Lacidogna G, Carpinteri A. Experimental analysis and truss-like discrete element model simulation of concrete specimens under uniaxial compression. Engineering Fracture Mechanics, 2013, 110: 81-98.

［325］ Zhang S, Shou W, Xian J K, et al. Fractal characteristics and acoustic emission of anisotropic shale in Brazilian tests. Tunneling and Underground Space Technology, 2018, 71: 298-308.

［326］ Liu S, Li X, Li Z, et al. Energy distribution and fractal characterization of acoustic emission (AE) during coal deformation and fracturing. Measurement, 2019, 136: 122-131.

［327］ Wu S, Ge H, Wang X, et al. Shale failure processes and spatial distribution of fractures obtained by AE monitoring. Journal of Natural Gas Science and Engineering, 2017, 41: 82-92.

［328］ 刘希灵, 刘周, 李夕兵, 等. 单轴压缩与劈裂荷载下灰岩声发射 b 值特性研究. 岩土力学, 2019, 40(A1): 267-274.

［329］ Wang Y, Zhang B, Gao S, et al. Investigation on the effect of freeze-thaw on fracture mode classification in marble subjected to multi-level cyclic loads. Theoretical and Applied Fracture Mechanics, 2021, 111: 102847.

［330］ Aggelis D. Classification of cracking mode in concrete by acoustic emission parameters. Mechanics Research Communications, 2011, 38(3): 153-157.

［331］ Du K, Li X F, Wang S F. Experimental study on acoustic emission (AE) characteristics and crack classification during rock fracture in several basic lab tests. International Journal of Rock Mechanics and Mining Sciences, 2020, 133: 104411.

［332］ 刘再斌. 岩体渗流-应力耦合作用及煤层底板突水效应研究. 北京: 煤炭科学研究总院, 2014.

［333］ Dana E, Skoczylas F, Sciences M. Gas relative permeability and pore structure of sandstones. International Journal of Rock Mechanics and Mining Sciences, 1999, 36(5): 613-625.

［334］ 刘江峰, 倪宏阳, 浦海, 等. 多孔介质气体渗透率测试理论、方法、装置及应用. 岩石力学与工程学报, 2021, 40(1): 137-146.

［335］ 张渊, 万志军, 康建荣, 等. 温度、三轴应力条件下砂岩渗透率阶段特征分析. 岩土力学, 2011, 32(3): 677-683.

［336］ Huang J, Ju L, Wu B. A fast compact exponential time differencing method for semilinear parabolic equations with Neumann boundary conditions. Applied Mathematics Letters, 2019, 94: 257-265.

［337］ Teng J, Yan H, Liang S, et al. Generalising the Kozeny-Carman equation to frozen soils. Journal of Hydrology, 2021, 594: 125885.

［338］ Guo X, Zou G, Wang Y, et al. Investigation of the temperature effect on rock permeability sensitivity, Journal of Petroleum Science and Engineering, 2017, 156: 616-622.

［339］ Mckee C, Bumb A, Koenig R. Stress-dependent permeability and porosity of coal and other geologic formations. SPE Formation Evaluation, 1988, 3(1): 81-91.

［340］ 郑江韬. 低渗透岩石的应力敏感性与孔隙结构三维重构研究. 北京: 中国矿业大学 (北京), 2016.

［341］ 张艺凡. 中国南方典型地区海相页岩储层孔隙特征与渗透性研究. 北京: 中国地质大学 (北京), 2020.

［342］ Ding Y, Li M, Xiao W. The effect of confining pressure on effective pressurecoefficient for permeability in low-permeability sandstones. Progress in Geophysics, 2012, 27(2): 696-701.

［343］ Zhou X, Li G, Ma H. Real-time experiment investigations on the coupled thermomechanical and cracking behaviors in granite containing three pre-existing fissures. Engineering Fracture Mechanics, 2020, 224: 106797.

［344］ Shu B, Zhu R, Elsworth D, et al. Effect of temperature and confining pressure on the evolution of hydraulic and heat transfer properties of geothermal fracture in granite. Applied Energy, 2020, 272: 115290.

［345］ He L, Yin Q, Jing H. Laboratory investigation of granite permeability after high-temperature exposure. Processes, 2018, 6(4): 36.

［346］ 李林林, 朱俊福, 靖洪文, 等. 高温处理后花岗岩应力作用下渗透特性演化研究. 煤炭科学技术, 2021, 49(7): 45-50.

［347］ 中华人民共和国水利部. 水利水电工程钻孔压水试验规程, SL 31—2003. 北京: 中国水利水电出版社, 2003.

［348］ Obara Y, Ishiguro Y, Sciences M. Measurements of induced stress and strength in the near-field around a tunnel and associated estimation of the Mohr-Coulomb parameters for rock mass strength. International Journal of Rock Mechanics and Mining Sciences, 2004, 41(5): 761-769.

［349］ 蒋中明, 陈胜宏, 冯树荣, 等. 高压条件下岩体渗透系数取值方法研究. 水利学报, 2010,

41(10): 1228-1233.

[350] 刘斌, 聂利超, 李术才, 等. 隧道突水灾害电阻率层析成像法实时监测数值模拟与试验研究. 岩土工程学报, 2012, 34(11): 2026-2035.

[351] 李利平, 路为, 李术才, 等. 地下工程突水机理及其研究最新进展. 山东大学学报(工学版), 2010, (3): 104-112.

[352] 吴立新. 遥感岩石力学及其新近进展与未来发展. 岩石力学与工程学报, 2001, 20(2): 139-146.

[353] Wu L, Cui C, Geng N, et al. Remote sensing rock mechanics (RSRM) and associated experimental studies. International Journal of Rock Mechanics and Mining Sciences, 2000, 37(6): 879-888.

[354] Zhang C. Experimental evidence for self-sealing of fractures in claystone. Physics and Chemistry of the Earth, 2011, 36(17-18): 1972-1980.

[355] Bastiaens W, Bernier F, Li X, et al. SELFRAC: Experiments and conclusions on fracturing, self-healing and self-sealing processes in clays. Physics and Chemistry of the Earth Parts, 2007, 32(8-14): 600-615.

[356] Angulo B, Morales T, Uriarte J, et al. Hydraulic conductivity characterization of a karst recharge area using water injection tests and electrical resistivity logging. Engineering Geology, 2011, 117(1-2): 90-96.

[357] Chen Y, Hu S, Hu R, et al. Estimating hydraulic conductivity of fractured rocks from high-pressure packer tests with an Izbash's law-based empirical model. Water Resources Research, 2015, 51(4): 2096-2118.

[358] Chen Y, Liu M, Hu S, et al. Non-Darcy's law-based analytical models for data interpretation of high-pressure packer tests in fractured rocks. Engineering Geology, 2015, 199: 91-106.

[359] Huang Z, Jiang Z, Fu J, et al. Experimental measurement on the hydraulic conductivity of deep low-permeability rock. Arabian Journal of Geosciences, 2015, 8: 5389-5396.

[360] Hvorslev M. Time lag and soil permeability in ground-water observations, Vicksburg: US Crops of Engineerings Waterways Experimental Station MI Bulletin, 1951, 36: 43-44.

[361] Hamm S, Kim M, Cheng J, et al. Relationship between hydraulic conductivity and fracture properties estimated from packer tests and borehole data in a fractured granite. Engineering Geology, 2007, 92(1-2): 73-87.

编　后　记

　　"博士后文库"是汇集自然科学领域博士后研究人员优秀学术成果的系列丛书。"博士后文库"致力于打造专属于博士后学术创新的旗舰品牌，营造博士后百花齐放的学术氛围，提升博士后优秀成果的学术和社会影响力。

　　"博士后文库"出版资助工作开展以来，得到了全国博士后管委会办公室、中国博士后科学基金会、中国科学院、科学出版社等有关单位领导的大力支持，众多热心博士后事业的专家学者给予积极的建议，工作人员做了大量艰苦细致的工作。在此，我们一并表示感谢！

"博士后文库"编委会